数控电加工机床编程与维修

韩鸿鸾　丛志鹏　董文敏　主编

U0286949

化学工业出版社

·北京·

本书内容包括数控机床的基础知识、电火花机床的结构与故障排除、电火花机床的应用、数控线切割机床的结构与故障排除、数控线切割机床的编程与操作、其他电加工技术简介等。为了方便读者使用，扫描本书中的二维码可观看视频，加深对知识的理解。

本书适合数控电加工机床的操作与编程初学者使用，也是高等职业学校、高等专科学校、成人教育高校及本科院校的二级职业技术学院、技术（技师）学院、高级技工学校、继续教育学院和民办高校的机电专业、数控专业的理想教材。

图书在版编目（CIP）数据

数控电加工机床编程与维修/韩鸿鸾，丛志鹏，董文敏主编 . —北京：化学工业出版社，2016.8
（码上学习）
ISBN 978-7-122-26685-9

Ⅰ.①数…　Ⅱ.①韩…②丛…③董…　Ⅲ.①数控机床-电加工机床-程序设计②数控机床-电加工机床-维修
Ⅳ.①TG661

中国版本图书馆 CIP 数据核字（2016）第 066080 号

责任编辑：王　烨　　　　　　　　　　　　　文字编辑：陈　喆
责任校对：宋　玮　　　　　　　　　　　　　装帧设计：尹琳琳

出版发行：化学工业出版社（北京市东城区青年湖南街 13 号　邮政编码 100011）
印　　装：三河市延风印装有限公司
787mm×1092mm　1/16　印张 15½　字数 401 千字　2016 年 8 月北京第 1 版第 1 次印刷

购书咨询：010-64518888（传真：010-64519686）　售后服务：010-64518899
网　　址：http://www.cip.com.cn
凡购买本书，如有缺损质量问题，本社销售中心负责调换。

定　　价：79.00 元

前言
FOREWORD

数控加工是机械制造业中的先进加工技术，在企业生产中，数控机床的使用已经非常广泛。目前，随着国内数控机床用量的剧增，急需培养一大批能够熟练掌握现代数控机床编程、操作和维护的应用型高级技术人才。

虽然，我们国家的大多数高等院校都开设了数控技术专业，然而，一方面现在所培养的人才还不能满足社会的需要，有些是从机械制造、车工、铣工等专业转过来的，甚至有些企业中数控机床操作编程者是来自农村几乎没有经过任何院校培养的人员，虽然他们通过各种渠道获得了一定的数控知识，但却很不全面，需要进一步的学习；另一方面即使是相关院校数控技术专业毕业的人员，随着科技的发展也有继续学习和进修的必要。本书就是为了满足这部分人员需要而编写的，具有如下特点。

一、编写时不受数控专业及相关标准的限制，而是通过调研确定了目前正在应用的普遍技术，并兼顾了社会的发展而确定的编写内容。

二、针对每条指令都有一个二维码，通过手机扫描就知道它的动作过程，使读者更容易理解，上手更快。

三、针对数控机床的每一个操作步骤也有一个二维码，以联系其操作方法，读者可照此操作，节省学习时间。

四、本套书还针对实际应用，给出了大量的实例，针对每个实例还以二维码的形式给出了加工录像和加工动画，以使读者举一反三，即学即会。

五、本书体系设计合理，循序渐进，文字规范，条理清楚，可读性强；名词术语、量和单位使用规范准确；图文并茂，配合得当；图表清晰、美观，图形绘制和标注规范，放缩比适当。

本书由韩鸿鸾、丛志鹏、董文敏主编，卢超、贾晓莹、张秀娟副主编，王小方、董海萍、宁爽、张瑞社、史先伟、陈国明、李莉、王天娇、安亚楠、赵子云、王静、王开良、刘国涛、刘祥坤、李旭才、刘曙光、马淑香、曲善珍、张鹏、宋文国参加编写。全书由韩鸿鸾统稿。本书的数学建模与动画由韩钰负责制作完成。

本书在编写过程中得到了山东省、河南省、河北省、江苏省、上海市等技能鉴定部门的大力支持，在此深表谢意。

由于时间仓促，水平有限，书中不足之处在所难免，感谢广大读者给予批评指正。

编者于山东威海

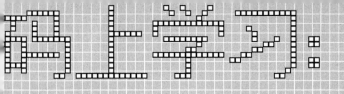

数控电加工机床编程与维修

第3章 电火花机床的应用 069

第4章 数控线切割机床的结构与故障排除 107

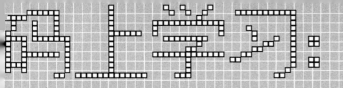

数控电加工机床编程与维修

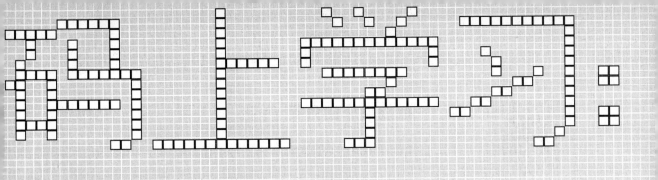

扫码学习：

数控电加工机床编程与维修

chapter **1**

第 1 章 ／ 数控机床的基础知识

1-1 数控机床按工艺用途分类

1.1 数控机床的分类

目前数控机床的品种很多，通常按下面几种方法进行分类。

1.1.1 按工艺用途分类 ［二维码 1-1］

（1）金属切削类数控机床

1）一般数控机床 最普通的数控机床有钻床、车床、铣床、镗床、磨床和齿轮加工机床，如图 1-1 所示。由数控机床、机器人等还可以构成柔性加工单元，能实现工件搬运、装卸的自动化和加工调整准备的自动化，见图 1-2。

(a) 立式数控车床

(b) 卧式数控车床

(c) 立式数控铣床

(d) 卧式数控铣床

■ 图 1-1 常见数控机床

■ 图 1-2 FMC 数控机床 ［二维码 1-2］

2）数控加工中心　这类数控机床是在一般数控机床上加装一个刀库和自动换刀装置，构成一种带自动换刀装置的数控机床。这类数控机床的出现打破了一台机床只能进行单工种加工的传统概念，实行一次安装定位，完成多工序加工方式。加工中心有较多的种类，一般按以下几种方式分类。

1-2 FMC数控机床

① 按加工范围分类　可分为车削加工中心、钻削加工中心、镗铣加工中心、磨削加工中心、电火花加工中心等。一般镗铣类加工中心简称加工中心，其余种类加工中心要有前面的定语。现在发展的复合加工功能的机床，也常称为加工中心，常见的加工中心如表1-1所示。

② 按机床结构分类　可分为立式加工中心、卧式加工中心（图1-3所示）、五面加工中心和并联加工中心（虚拟加工中心）。

③ 按数控系统联动轴数分类　有二坐标加工中心、三坐标加工中心和多坐标加工中心。

④ 按精度分类　可分为普通加工中心和精密加工中心。

■ 表1-1　常见的加工中心

名　称	图　样	说　明
车削加工中心		［二维码1-3］ 1-3 车削加工中心
钻削加工中心		［二维码1-4］ 1-4 钻削加工中心
磨削加工中心		五轴螺纹磨削加工中心

名　　称	图　样	说　明
车铣复合加工中心	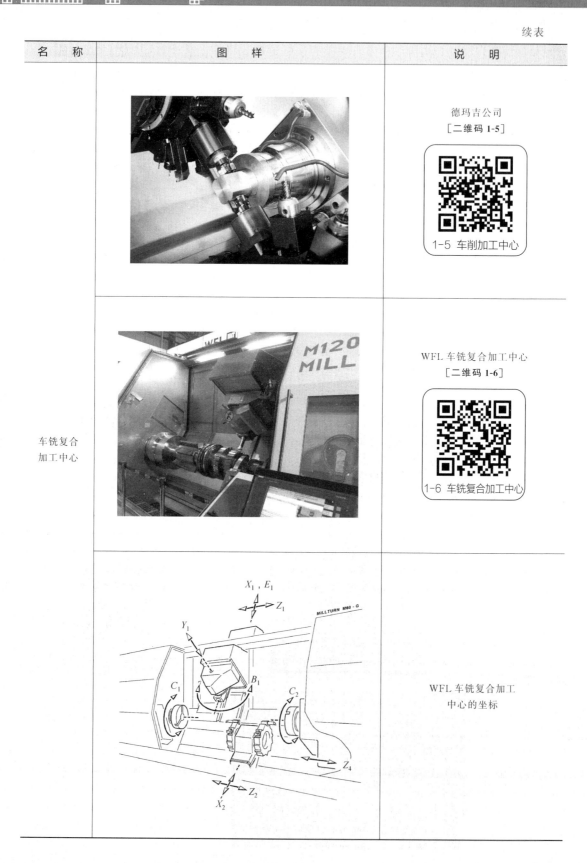	德玛吉公司 ［二维码 1-5］ 1-5　车削加工中心 WFL 车铣复合加工中心 ［二维码 1-6］ 1-6　车铣复合加工中心 WFL 车铣复合加工 中心的坐标

名　称	图　样	说　明
车铣磨插复合加工中心		瑞士宝美 S-191 车铣磨插复合加工中心 [二维码 1-7] 1-7 车铣磨插复合加工中心
铣磨复合加工中心		德国罗德斯铣磨复合加工中心 RXP600DSH
激光堆焊与高速铣削机床		德国罗德斯 RFM760 激光堆焊与高速铣削机床 [二维码 1-8] 1-8 激光堆焊与高速铣削

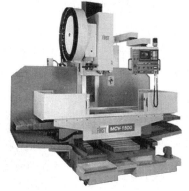

(a) 立式加工中心　　　　　(b) 卧式加工中心

■ 图 1-3　常见加工中心

（2）金属成形类数控机床

如数控折弯机、数控弯管机、数控回转头压力机等，见表1-2。

■ 表1-2　各种机床的实物图

名　称	实　　　物	名　称	实　　　物
数控插齿机		数控旋压机	
数控滚齿机	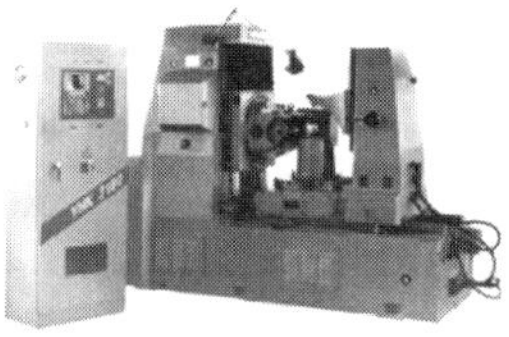	数控电火花线切割机床 ［二维码1-9］ 1-9 电火花线切割加工	
数控刀具磨床			
数控镗床		数控电火花成形机 ［二维码1-10］ 1-10 数控电火花成形加工	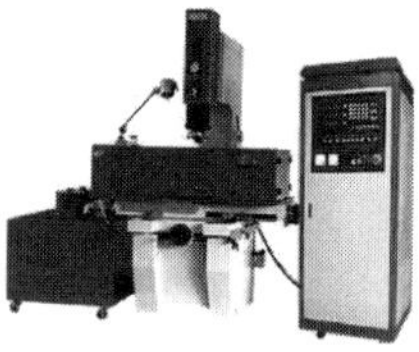
数控折弯机	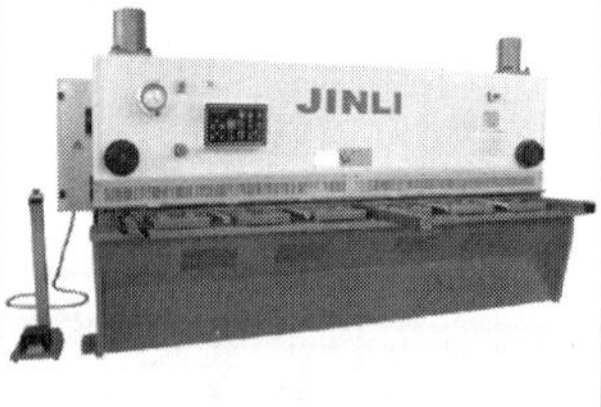		
数控全自动弯管机	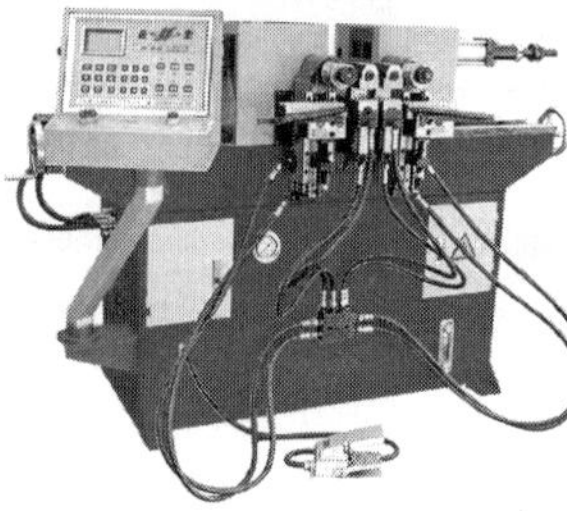	数控火焰切割机 ［二维码1-11］ 1-11 火焰切割	

名　称	实　　物	名　称	实　　物
数控激光加工机 ［二维码 1-12］ 1-12 激光加工		数控对刀仪	
三坐标测量仪		数控绘图仪	

（3）数控特种加工机床

如电加工机床、数控激光切割机等，见表 1-2。不同的机床又有所不同，现以电加工机床为例介绍之。

1）电加工的定义　电加工主要是指利用电的各种效应（如电能、电化学能、电热能、电磁能、电光能等）进行金属材料加工的一种方式。电加工包括电蚀加工（电火花成形加工和线切割加工）、电子束加工、电化学加工（电抛光等）及电热加工（导电磨削、电热整平）等。从狭义而言，电加工大多指直接利用电能（放电）进行金属材料加工的一种方式，主要有电火花成形加工、线电极切割、电抛光、电解磨削加工。

2）数控电加工机床的类型　按工具电极和工件相对运动的方式和用途的不同，大致可分为电火花穿孔成形加工、电火花线切割、电火花磨削和镗磨、电火花同步共轭回转加工、电火花高速小孔加工、电火花表面强化与刻字六大类。前五类属电火花成形、尺寸加工，是用于改变零件形状或尺寸的加工方法；后者则属表面加工方法，用于改善或改变零件表面性质。以上以电火花穿孔成形加工和电火花线切割应用最为广泛。表 1-3 所列为总的电火花加工分类情况及各类加工方法的主要特点和用途。

■ 表 1-3　电火花加工工艺方法分类

类别	工艺方法	特　　点	用　　途	备　　注
1	电火花穿孔成形加工	① 工具和工件间主要只有一个相对的伺服进给运动 ② 工具为成形电极，与被加工表面有相同的截面和相应的形状	① 穿孔加工。加工各种冲模、挤压模、粉末冶金模、各种异形孔及微孔等 ② 型腔加工。加工各类型腔模及各种复杂的型腔零件	约占电火花机床总数的 30%，典型机床有 D7125、D7140 等电火花穿孔成形机床

续表

类别	工艺方法	特　　点	用　　途	备　　注
2	电火花线切割加工	① 工具电极为与电极丝轴线垂直移动着的线状电极 ② 工具与工件在两个水平方向同时有相对伺服进给运动	① 切割各种冲模和具有直纹面的零件 ② 下料、截割和窄缝加工	约占电火花机床总数的60%，典型机床 K7725、DK7740 数控电火花线切割机床
3	电火花内孔、外圆和成形磨削	① 工具与工件有相对的旋转运动 ② 工具与工件间有径向和轴向的进给运动	① 加工高精度、表面粗糙度值小的小孔，如拉丝模、挤压模、微型轴承内环、钻套等 ② 加工外圆、小模数滚刀等	约占电火花机床总数的3%，典型机床有 D6310 电火花小孔内圆磨床等
4	电火花同步共轭回转加工	① 成形工具与工件均做旋转运动，但二者速度相等或成整倍数，相对应接近的放电点有切向相对运动速度 ② 工具相对工件可做纵、横向进给运动	以同步回转、展成回转、倍角速度回转等不同方式，加工各种复杂型面的零件，如高精度的异形齿轮，精密螺纹环规，高精度、高对称度、表面粗糙度值小的内外回转体表面等	占电火花机床总数不足1%，典型机床有 JN-2、JN-8 内外螺纹加工机床
5	电火花高速小孔加工	① 采用细管(>φ0.3mm)电极，管内冲入高压水基工作液 ② 细管电极旋转 ③ 穿孔速度很高（30～60mm/min）	① 线切割穿丝预孔 ② 深径比很大的小孔，如喷嘴等	约占电火花机床总数2%，典型机床有 D703A 电火花高速小孔加工机床
6	电火花表面强化、刻字	① 工具在工件表面上振动，在空气中放电火花 ② 工具相对工件移动	① 模具刃口，刀、量具刃口表面强化和镀覆 ② 电火花刻字、打印记	占电火花机床总数的1%～2%，典型设备有 D9105 电火花强化机等

（4）其他类型的数控机床

如火焰切割机、数控三坐标测量仪等，见表 1-2。

1.1.2　按可控制联动的坐标轴分类

所谓数控机床可控制联动的坐标轴，是指数控装置控制几个伺服电动机，同时驱动机床移动部件运动的坐标轴数目。

（1）两坐标联动

数控机床能同时控制两个坐标轴联动，即数控装置同时控制 X 和 Z 方向运动，可用于加工各种曲线轮廓的回转体类零件。或机床本身有 X、Y、Z 三个方向的运动，数控装置中只能同时控制两个坐标，实现两个坐标轴联动，但在加工中能实现坐标平面的变换，用于加工图 1-4（a）所示的零件沟槽。

（2）三坐标联动

数控机床能同时控制三个坐标轴联动，此时，铣床称为三坐标数控铣床，可用于加工曲面零件，如图 1-4（b）所示。

（3）两轴半坐标联动

数控机床本身有三个坐标，能做三个方向的运动，但控制装置只能同时控制两个坐标，而第三个坐标只能做等距周期移动，可加工空间曲面，如图 1-4（c）所示零件。数控装置在 ZX 坐标平面内控制 X、Z 两坐标联动，加工垂直面内的轮廓表面，控制 Y 坐标做定期等距移动，即可加工出零件的空间曲面。

（4）多坐标联动

能同时控制四个以上坐标轴联动的数控机床为多坐标数控机床，其结构复杂、精度要求高、程序编制复杂，主要应用于加工形状复杂的零件。五轴联动铣床加工曲面形状零件如图 1-4（d）所示，现在常见的五轴加工中心如表 1-4 所示。六轴加工中心如图 1-5 所示。

(a) 零件沟槽面加工

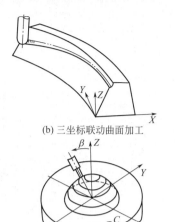

(b) 三坐标联动曲面加工

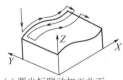

(c) 两坐标联动加工曲面

(d) 五轴联动铣床加工曲面

■ 图 1-4　空间平面和曲面的数控加工

■ 表 1-4　五轴联动加工中心

项　目	图　　样	说　　明
摆头		瑞士威力铭 W-418 五轴联动加工中心
		DMG(德玛吉)公司的 DMU125P ［二维码 **1-13**］ 1-13 主轴摆角
铣头与分度头联动回转		

续表

项 目	图 样	说 明
工作台两轴回转加工中心		
		德国哈默的 C30U 不仅能做镜面切削，还可加工伞齿轮、螺旋伞齿轮等 ［二维码 1-14］ 1-14 摇篮
摇篮		德国哈默的摇篮式可倾工作台
		牧野摇篮式加工中心

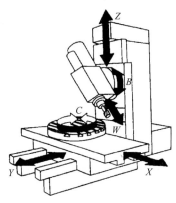

■ 图 1-5 六轴加工中心

1.1.3 按控制方式分类

数控机床按照对被控量有无检测反馈装置可分为开环控制和闭环控制两种。在闭环系统中，根据测量装置安放的部位又分为全闭环控制和半闭环控制两种。具体见表 1-5。

1-15 数控机床按伺服驱动系统的控制方式分类

■ 表 1-5 数控机床按照控制方式分类 ［二维码 1-15］

控制方式		图示与说明	特点	应用
开环控制		数控装置将工件加工程序处理后,输出数字指令信号给伺服驱动系统,驱动机床运动。因为没有检测反馈装置,不能检测运动的实际位置,没有位置反馈信号,所以,指令信息在控制系统中单方向传送,不反馈	采用步进电动机作为驱动元件。 开环系统的速度和精度都较低,但是控制结构简单,调试方便,容易维修,成本较低	广泛应用于经济型数控机床上
闭环控制	全闭环	安装在工作台上的检测元件将工作台实际位移量反馈到计算机中,与所要求的位置指令进行比较,用比较的差值进行控制,直到差值消除为止	采用直流伺服电动机或交流伺服电动机作为驱动元件。 加工精度高,移动速度快,但是电动机的控制电路比较复杂,检测元件价格昂贵,因而调试和维修比较复杂,成本高	广泛应用于加工精度高的精密型数控机床中
	半闭环	系统反馈环内不包含工作台。系统不直接检测工作台的位移量,而是采用转角位移检测元件,测出伺服电动机或丝杠的转角,推算工作台的实际位移量,反馈到计算机中进行位置比较,用比较的差值进行控制	控制精度比闭环控制差,但稳定性好,成本较低,调试维修也较容易,兼具开环控制和闭环控制两者的特点	应用比较普遍

1-16 数控机床按控
制运动的轨迹
分类

1.1.4　按加工路线分类　[二维码 1-16]

　　数控机床按其进刀与工件相对运动的方式,可以分为点位控制、直线控制和轮廓控制,见表 1-6。

■ 表 1-6　数控机床按照加工路线分类

加工路线控制	图示与说明	应用
点位控制	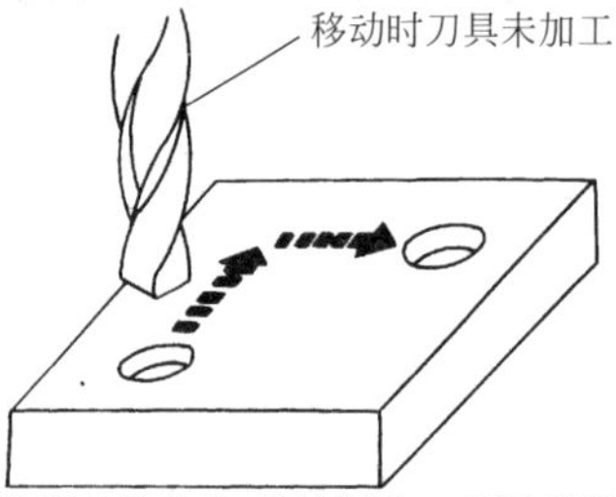 移动时刀具未加工 刀具与工件相对运动时,只控制从一点运动到另一点的准确性,而不考虑两点之间的运动路径和方向	多应用于数控钻床、数控冲床、数控坐标镗床和数控点焊机等
直线控制	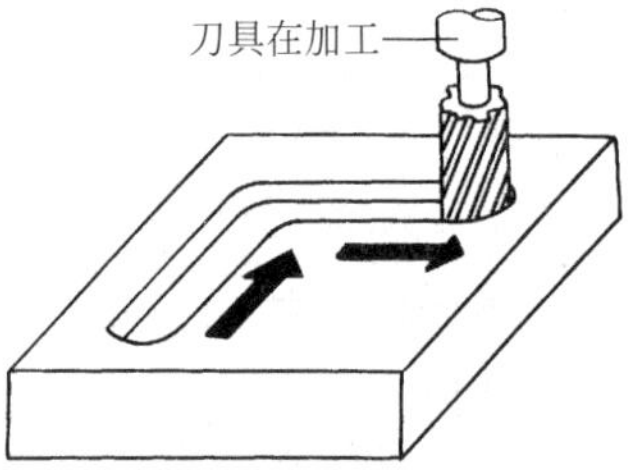 刀具在加工 刀具与工件相对运动时,除控制从起点到终点的准确定位外,还要保证平行坐标轴的直线切削运动	由于只做平行坐标轴的直线进给运动(可以加工与坐标轴成 45°角的直线),因此不能加工复杂的零件轮廓,多用于简易数控车床、数控铣床、数控磨床等
轮廓控制	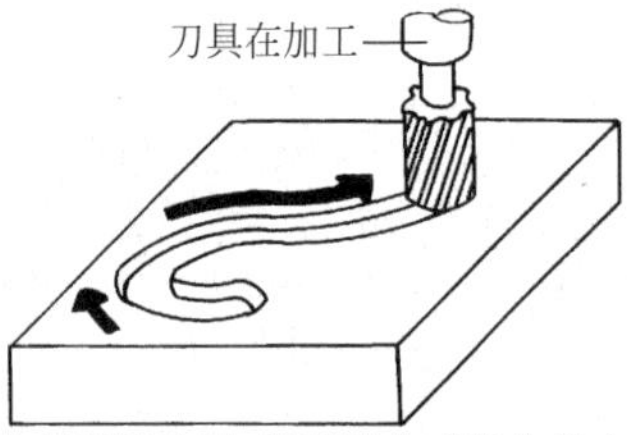 刀具在加工 刀具与工件相对运动时,能对两个或两个以上坐标轴的运动同时进行控制	可以加工平面曲线轮廓或空间曲面轮廓,多用于数控车床、数控铣床、数控磨床、加工中心等

　　需要说明的是,随着工业机器人技术的发展,有的工业机器人也可参与机械加工,如图图 1-6 所示,往往把这种工业机器人称为广义的数控机床。这类工业机器人可以完成轻型铣削 [二维码 1-17]、去毛刺 [二维码 1-18] 等。

1-17 数控加工机器
人工作站

1-18 去毛刺机器人
工作站

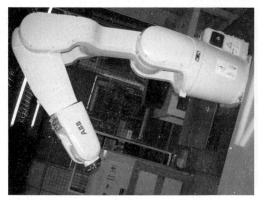

■ 图1-6　广义数控机床

1.2　数控机床的组成与工作原理

1.2.1　数控机床的组成　[二维码 1-19]

1-19 数控机床的组成

　　数控机床一般由计算机数控系统和机床本体两部分组成，其中计算机数控系统是由输入/输出设备、计算机数控装置（CNC 装置）、可编程逻辑控制器、主轴驱动系统和进给伺服驱动系统等组成的一个整体系统，如图 1-7 所示。

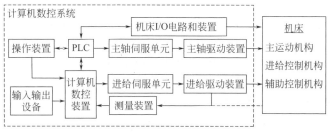

■ 图1-7　数控机床的组成

（1）输入/输出装置

　　数控机床在进行加工前，必须接收由操作人员输入的零件加工程序（根据加工工艺、切削参数、辅助动作以及数控机床所规定的代码和格式编写的程序，简称为零件程序。现代数控机床上该程序通常以文本格式存放），然后才能根据输入的零件程序进行加工控制，从而加工出所需的零件。此外，数控机床中常用的零件程序有时也需要在系统外备份或保存。

　　因此数控机床中必须具备必要的交互装置，即输入/输出装置来完成零件程序的输入/输出过程。

　　零件程序一般存放于便于与数控装置交互的一种控制介质上，早期的数控机床常用穿孔纸带、磁带等控制介质，现代数控机床常用移动硬盘、Flash（U 盘）、CF 卡（图1-8）及其他半导体存储器等控制介质。此外，现代数控机床可以不用控制介质，直接由操作人员通过手动数据输入（Manual Data Input，简称 MDI），键盘输入零件程序，或采用通信方式进行

零件程序的输入/输出。目前数控机床常采用通信的方式有：串行通信（RS232、RS422、RS485 等）；自动控制专用接口和规范，如 DNC（Direct Numerical Control）方式，MAP（Manufacturing Automation Protocol）协议等；网络通信（internet，intranet，LAN 等）及无线通信［无线接收装置（无线 AP）、智能终端］等。

CF 卡 　　　　PCMCIA适配器 　　　　组合

■ 图 1-8　CF 卡

（2）操作装置

操作装置是操作人员与数控机床（系统）进行交互的工具，一方面，操作人员可以通过它对数控机床（系统）进行操作、编程、调试或对机床参数进行设定和修改，另一方面，操作人员也可以通过它了解或查询数控机床（系统）的运行状态，它是数控机床特有的一个输入输出部件。操作装置主要由显示装置、NC 键盘（功能类似于计算机键盘的按键阵列）、机床控制面板（Machine Control Panel，简称 MCP）、状态灯、手持单元等部分组成，如图 1-9 所示为 FANUC 系统的操作装置，其他数控系统的操作装置布局与之大同小异。

1）显示装置　数控系统通过显示装置为操作人员提供必要的信息，根据系统所处的状态和操作命令的不同，显示的信息可以是正在编辑的程序、正在运行的程序、机床的加工状态、机床坐标轴的指令/实际坐标值、加工轨迹的图形仿真、故障报警信号等。

较简单的显示装置只有若干个数码管，只能显示字符，显示的信息也很有限；较高级的系统一般配有 CRT 显示器或点阵式液晶显示器，一般能显示图形，显示的信息较丰富。

2）NC 键盘　NC 键盘包括 MDI 键盘及软键功能键等。

MDI 键盘一般具有标准化的字母、数字和符号（有的通过上挡键实现），主要用于零件程序的编辑、参数输入、MDI 操作及系统管理等。

功能键一般用于系统的菜单操作（如图 1-9 所示）。

3）机床控制面板 MCP　机床控制面板集中了系统的所有按钮（故可称为按钮站），这些按钮用于直接控制机床的动作或加工过程，如启动、暂停零件程序的运行，手动进给坐标轴，调整进给速度等（如图 1-9 所示）。

4）手持单元　手持单元不是操作装置的必需件，有些数控系统为方便用户，配有手持单元，用于手摇方式增量进给坐标轴。

手持单元一般由手摇脉冲发生器 MPG、坐标轴选择开关等组成，如图 1-10 所示为手持单元的常见形式。

（3）计算机数控装置（CNC 装置或 CNC 单元）

计算机数控（CNC）装置是计算机数控系统的核心（如图 1-11 所示）。其主要作用是根据输入的零件程序和操作指令进行相应的处理（如运动轨迹处理、机床输入输出处理等），然后输出控制命令到相应的执行部件（伺服单元、驱动装置和 PLC 等），控制其动作，加工出需要的零件。所有这些工作是由 CNC 装置内的系统程序（亦称控制程序）进行合理的组织，在 CNC 装置硬件的协调配合下，有条不紊地进行的。

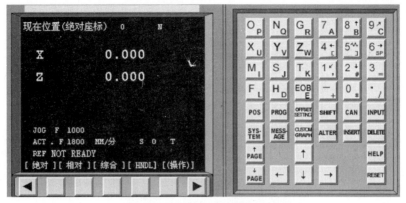

(a) FANUC 0i车床数控系统的控制面板

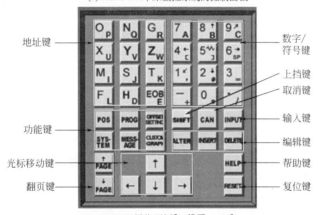

地址键

数字/
符号键

上挡键
取消键

功能键

输入键

编辑键

光标移动键

帮助键

翻页键

复位键

(b) MDI操作面板[二维码 1-20]

(c) 机床控制面板[二维码 1-21]

■ 图 1-9　FANUC 系统操作装置

1-20 机床控制面板
各功能键的含
义与用途1

1-21 机床控制面板
各功能键的含
义与用途2

■ 图 1-10　MPG 手持单元的常见形式

■ 图 1-11　计算机数控装置

(a) 伺服电动机　　　(b) 驱动装置

■ 图 1-12　伺服机构

（4）伺服机构［二维码 1-22］

伺服机构是数控机床的执行机构，由驱动和执行两大部分组成，如图 1-12 所示。它接受数控装置的指令信息，并按指令信息的要求控制执行部件的进给速度、方向和位移。目前数控机床的伺服机构中，常用的位移执行机构有功率步进电动机、直流伺服电动机、交流伺服电动机和直线电动机。

1-22 伺服系统在数控机床中的作用

（5）检测装置

检测装置（也称反馈装置）对数控机床运动部件的位置及速度进行检测，通常安装在机床的工作台、丝杠或驱动电动机转轴上，相当于普通机床的刻度盘和人的眼睛，它把机床工作台的实际位移或速度转变成电信号反馈给 CNC 装置或伺服驱动系统，与指令信号进行比较，以实现位置或速度的闭环控制。

数控机床上常用的检测装置有光栅、编码器（光电式或接触式）、感应同步器、旋转变压器、磁栅、磁尺、双频激光干涉仪等（如图 1-13 所示）。

（6）可编程逻辑控制器

(a) 光栅　　　　　　　　　　　　　(b) 光电编码器

■ 图 1-13　检测装置

可编程逻辑控制器（Programmable Logic Controller，简称 PLC）是一种以微处理器为基础的通用型自动控制装置（如图 1-14 所示），专为在工业环境下应用而设计的。在数控机床中，PLC 主要完成与逻辑运算有关的一些顺序动作的 I/O 控制，它和实现 I/O 控制的执行部件——机床 I/O 电路和装置（由继电器、电磁阀、行程开关、接触器等组成的逻辑电路）一起，共同完成以下任务。

① 接受 CNC 装置的控制代码 M（辅助功能）、S（主轴功能）、T（刀具功能）等顺序动作信息，对其进行译码，转换成对应的控制信号，一方面，它控制主轴单元实现主轴转速控制；另一方面，它控制辅助装置完成机床相应的开关动作，如卡盘夹紧松开（工件的装夹）、刀具的自动更换、切削液（冷却液）的开关、机械手取送刀、主轴正反转和停止、准停等动作。

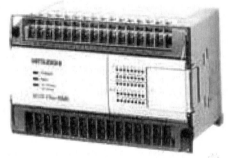

■ 图 1-14　可编程逻辑控制器（PLC）

② 接受机床控制面板（循环启动、进给保持、手动进给等）和机床侧（行程开关、压力开关、温控开关等）的 I/O 信号，一部分信号直接控制机床的动作，另一部分信号送往 CNC 装置，经其处理后，输出指令控制 CNC 系统的工作状态和机床的动作。用于数控机床的 PLC 一般分为两类：内装型（集成型）PLC 和通用型（独立型）PLC。

（7）电加工机床的机械结构

不同的电加工机床，其机械结构也是有差别的，这在后叙章节中有相关介绍。

1.2.2　电加工与特种加工数控机床的基本术语

（1）机床名称

1）特种加工机床（non-traditional machine tools）　用特种加工方法加工工件的机床。

2）电加工机床（electromachining machine tools）　用电加工方法加工工件的特种加工机床。

3）电解加工机床（electrolytic machine tools）　用电解加工方法加工工件的特种加工机床。

4）超声加工机床（utrasonic machine tools）　用超声加工方法加工工件的特种加工机床。

5）激光加工机床（laser beam machine tools）　用激光加工方法加工工件的高能束加工机床。

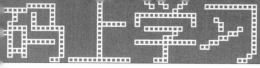

6）电子束加工机床（electron beam machine tools）　用电子束加工方法加工工件的高能束加工机床。

7）磁脉冲加工机床（magnetic impulse machine tools）　用磁脉冲加工方法加工工件的特种加工机床。

8）射流加工机床（jet machine tools）　用射流加工方法加工工件的特种加工机床。

9）磨料流喷射加工机床（abrasive jet machine tools）　喷射磨料的射流加工机床。

（2）加工方法

1）特种加工〔non-traditional machining（NTM）〕　将电、磁、声、光、化学等能量或其组合施加在工件的被加工部位上，从而使材料被去除、变形、改变性能或被镀覆的非传统加工方法。

2）电加工（electromachining）　将电能施加在工件的被加工部位上而使材料被去除、变形、改变性能或被镀覆的特种加工。

3）放电加工〔electro-discharge machining（EDM）〕　通过工件和工具电极间的放电而有控制地去除工件材料以及使材料变形、改变性能或被镀覆的特种加工。工件和工具电极间通常充有液体的电介质。

4）电解加工（electrolytic machining）　利用金属在电解液中产生阳极溶解的原理去除工件材料的特种加工。

5）超声加工〔ultrasonic machining（USM）〕　利用超声振动的工具在有磨料的液体介质中或干磨料中，产生的磨料冲击、抛磨、液压冲击及由之产生的气蚀作用以去除材料，以及利用超声振动使工件相互结合的加工方法。

6）高能束加工（high-energy beam machining）　利用能量密度很高的激光束、电子束或离子束等去除工件材料的特种加工方法的总称。

7）激光加工〔laser beam machining（LBM）〕　利用能量密度很高的激光束使工件材料熔化、蒸发和气化而予以去除的高能束加工。

8）磁脉冲加工（magnetic impulse machining）　利用脉冲强磁场和在被加工导电材料中感应出的涡流所形成的磁场间的机械力对工件进行加工的特种加工。

9）射流加工（jet machining）　将单纯的或混有微细磨料的高压水流或将混合在不助燃气体中的微细磨料喷向工件表面，以去除材料的特种加工。

（3）电火花加工中常用名词术语与符号

1）工具电极（有时简称工具或电极）（tool-electrode）　电火花加工用的工具，因其是火花放电时电极之一，故称工具电极。

2）放电间隙 s（discharge gap）　加工时工具和工件之间产生火花放电的距离。在加工过程中，称加工间隙（又分为端面间隙和侧面间隙）。

3）电蚀产物（erosion product）　电火花加工过程中被电火花蚀除下来的金属微粒细屑和煤油工作液分解出来的炭黑及气体。

4）脉冲宽度 t_i（μs）（pulse duration）　加到工具和工件两端的电压脉冲的持续时间，简称脉宽。日、美常用 t_{on} 或 τ_{on} 表示。

5）脉冲间隙 t_o（μs）（pulse interval）　两个电压脉冲之间的间隔时间，简称脉间或间隔，也称脉冲停歇时间（脉停）。日、美常用 t_{off} 或 τ_{off} 表示。

6）放电时间（电流脉宽）t_e（μs）（discharge duration）　工作介质击穿后放电间隙中流过放电电流的时间，它比电压脉宽小一些（相差一个击穿延时）。

7）击穿延时 t_d（μs）（ignition delay time）　间隙两端加上脉冲电压后，要经过一小段

延续时间 t_d，工作介质才能被击穿放电，这个延续时间 t_d 称为击穿延时。

8）脉冲周期 t_p（μs）（pulse cycle time） 一个电压脉冲开始到下一个电压脉冲开始之间的时间。显然 $t_p = t_i + t_o$。

9）脉冲频率 f_p（Hz）（pulse frequency） 单位时间内在间隙上发生的放电次数。它与脉冲周期 t_p 互为倒数，即 $f_p = 1/t_p$。

10）脉宽系数 τ（duty factor） 脉冲宽度与脉冲周期之比。$\tau = t_i/t_p$。

11）开路电压（open circuit voltage） 没有电流通过时，电极间隙上的极间电压（V），即等于电源的直流电压。

12）加工电压 U（working voltage） 电火花加工时放电间隙两端电压的算术平均值（电压表上指示的平均电压）。

13）加工电流 I（working current） 电火花加工时通过放电间隙电流的算术平均值（电流表指示的平均电流）。

14）短路电流 I_s（A）（short-circuit current） 连续发生短路时通过"间隙"电流的算术平均值（电流表上指示的平均电流，它比正常加工电流要大 20%～40%）。

15）极性效应（polarity effect） 阳极和阴极之间电蚀量的差别，即使两极材料和形状完全相同也有差别。

16）吸附效应（absorption effect） 放电时绝缘介质（煤油）分解出来的炭黑吸附在电极上，并在热的作用下形成黑膜的现象。

17）电极损耗（electrode wear） 从工具电极上蚀除的材料量（mm^3 或 g）。

18）相对损耗（relative wear） 电极损耗速度与材料加工速度之比。

19）低损耗（low electrode wear；low wear） 相对损耗小于或等于 1% 的电极损耗。

20）无损耗（no wear） 由于工件材料向电极转移，抵消电极损耗，使其损耗近似等于零。

21）脉冲电源［spark-erosion generator；generator；pulse generator（PG）］ 电火花加工设备重要组成之一，用来发出时间上彼此分离的能量脉冲。

22）加工精度（machining precision） 加工零件与设计图样相符合的程度。通常包括尺寸精度、形状精度、位置精度和表面粗糙度。

23）多电极加工（multi-electrode machining） 多个电极与脉冲电源相连接，在同一电位下进行的电火花加工。

24）多回路加工（multi-lead machining） 采用一个总的伺服系统，分割电极或相互绝缘的多电极与多电源或一个总电源的多个回路一一连接，并同时进行的电火花加工。

25）面积效应（area effect） 随加工面积的变化，加工特性发生变化的现象。

26）加工屑（debris；swarf） 电火花加工时从电极和工件上蚀除下来的材料微粒。

27）二次放电（irregular discharge；secondary discharge） 在已加工表面上，由于加工屑等的存在再次发生的火花放电。

28）激光合金化（laser alloying） 通过化学处理过程，改变表面的化学成分。

1.2.3 电加工机床的机床坐标系

为了便于编程时描述机床的运动，简化程序的编制方法及保证记录数据的互换性，数控机床的坐标和运动的方向均已标准化。

（1）坐标系的确定原则

根据 GB/T 19660—2005 标准，数控铣床/加工中心坐标系的确定原则如下。

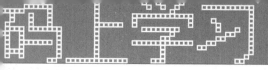

① 刀具相对于静止工件而运动的原则。

② 标准坐标（机床坐标）系的规定。确定数控机床上运动方向和距离的坐标系为数控机床坐标系。[二维码 1-23]

标准的机床坐标系是一个右手笛卡儿直角坐标系，如图 1-15 所示。图中规定了 X、Y、Z 三个直角坐标轴的方向，这个坐标系的各个坐标轴与机床的主要导轨相平行，它与安装在机床上、并且按机床的主要直线导轨找正的工件相关。根据右手螺旋方法，可以很方便地确定出 A、B、C 三个旋转坐标的方向。

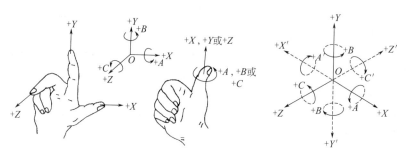

■ 图 1-15　右手笛卡儿直角坐标系

（2）运动方向的确定

机床的某一运动部件的运动正方向，规定为增大工件与刀具之间距离的方向。

① Z 坐标的运动。Z 坐标的运动由传递切削力的主轴所决定，与主轴轴线平行的标准坐标轴即为 Z 坐标，如图 1-16 所示的电火花成形机床、图 1-17 所示的数控线切割机床。

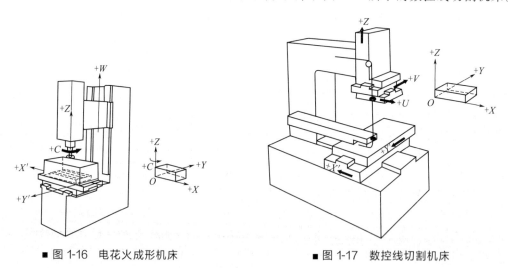

■ 图 1-16　电火花成形机床　　　　　　■ 图 1-17　数控线切割机床

② X 坐标的运动。X 坐标运动是水平的，它平行于工件装夹面，是刀具或工件定位平面内运动的主要坐标。

在有刀具回转的机床上（如铣床），若 Z 坐标是水平的（主轴是卧式的），当由主要刀具的主轴向工件看时，X 运动的正方向指向右方，若 Z 坐标是垂直的（主轴是立式的），当由主要刀具主轴向立柱看时，X 运动正方向指向右方，对于桥式龙门机床，当由主要刀具的主轴向左侧立柱看时，X 运动的正方向指向右方。

③ Y 坐标的运动。正向 Y 坐标的运动，根据 X 和 Z 的运动，按照右手笛卡儿坐标系来

确定。

（3）旋转运动

旋转运动在图 1-15 中，A、B、C 相应的表示其轴线平行于 X、Y、Z 的旋转运动。A、B、C 正向为在 X、Y 和 Z 方向上右旋螺纹前进的方向。

（4）机床坐标系的原点及附加坐标

标准坐标系的原点位置是任意选择的。A、B、C 的运动原点（0°的位置）也是任意的，但 A、B、C 原点的位置最好选择与相应的 X、Y、Z 坐标平行。

如果在 X、Y、Z 主要直线运动之外另有第二组平行于它们的坐标运动，就称为附加坐标。它们应分别被指定为 U、V 和 W，如还有第三组运动，则分别指定为 P、Q 和 R，如有不平行或可以不平行于 X、Y、Z 的直线运动，则可相应地规定为 U、V、W、P、Q 或 R。

如果在第一组回转运动 A、B、C 之外，还有平行或不平行于 A、B、C 的第二组回转运动，可指定为 D、E 或 F。

1.2.4　数控机床的插补原理

数控系统在处理轨迹控制信息时，一般情况，用户编程时给出了轨迹的起点和终点，以及轨迹的类型（即是直线、圆弧或是其他曲线），并规定其走向（如圆弧是顺时针还是逆时针），然后由数控系统在控制过程中计算出运动轨迹的各个中间点，这个过程称之为插补。即"插入"、"补上"轨迹运动的中间点。插补结果输出运动轨迹的中间点的坐标值，机床伺服系统根据此坐标值控制各坐标轴协调运动，走出预定轨迹。[二维码 1-24]

1-24　装置的插补原理

（1）插补算法的种类 [二维码 1-25]

插补工作可用硬件（插补器）或软件来完成，也可由软硬件结合一起来完成。早期的数控系统（NC）中，插补器是一个由专门的硬件接成的数字电路装置，这种插补称之为硬件插补，它把每次插补运算产生的指令脉冲输出到伺服系统，驱动工作台运动。每插补运算一次，便发出一个脉冲，工作台就移动一个基本长度单位，即脉冲当量。它的柔性较小，计算能力较弱，但其计算速度快，它采用电压脉冲作为插补坐标增量输出，这种插补方法称之为基准脉冲插补法（也称脉冲增量插补法），它包括逐点比较插补方法、数字积分插补法等。随着计算机数控系统（CNC）的发展，因软件插补法柔性好，计算能力强，可以进行复杂轮廓的插补，所以应用得越来越广。软件插补法可分成基准脉冲插补法和数据采样插补法（Sampled-data）（也称数字增量插补法）两类。基准脉冲软件插补法是模拟硬件插补的原理，其插补输出仍是脉冲；数字增量插补法即在数据采样系统中，计算机定时对反馈回路采样，在与插补程序所产生的指令数据进行比较后，得出误差信号（跟随误差）输出，位置伺服软件将根据当前的误差信号（跟随误差）算出适当的坐标轴进给，输出给输出驱动装置。现在大多数数控系统将软件插补法与硬件插补法结合起来，软件插补完成粗

1-25　插补算法的种类

1-26　第1象限的直线插补

插补，硬件完成精插补，既可获得高的插补速度又能完成较高的插补精度。

（2）逐点比较法直线插补步骤 [二维码 1-26]

逐点比较法直线插补有四方向和八方向两种，后一种是在前一种的基础上发展起来的，同样脉冲当量的情况下，八方向逐点比较法精度要高。但四方向逐点比较法是八方向逐点比

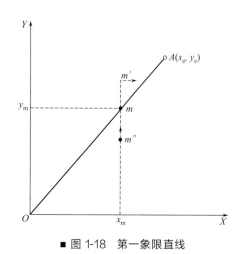

■ 图 1-18　第一象限直线

较法的基础，故现以四方向逐点比较法为例来介绍之，并统称为逐点比较法。

用逐点比较法进行直线插补计算，每走一步，都需要进行以下四个节拍：

1）偏差判别　假定加工如图 1-18 所示的直线 OA。取直线起点为坐标原点，已知直线终点坐标为 $A(x_e，y_e)$，即直线 OA 为给定轨迹。$m(x_m，y_m)$ 点为加工点（动点）。定义直线插补的偏差判别式如下

$$F_m = y_m x_e - x_m y_e$$

若 $F_m = 0$，表示动点在直线 OA 上，如 m；

若 $F_m > 0$，表示动点在 OA 直线上方，如 m'；

若 $F_m < 0$，表示动点在 OA 直线下方，如 m''。

偏差判别是逻辑运算，即判别偏差 $F_m \geq 0$ 还是 $F_m < 0$，从而判别当前动点偏离理论直线的位置，以确定哪个坐标轴进给。

2）坐标进给　从图 1-18 上可以看出，第一象限直线插补，当 $F_m > 0$ 时应沿 X 的正方向进给一步才能逼近给定直线，而当 $F_m < 0$ 时应沿 Y 的正方向进给一步才能逼近给定直线。当 $F_m = 0$ 时，动点在直线上，为了插补能继续进行，需从无偏差状态进给一步，到有偏差状态，这时可以沿 $+X$ 方向走，也可沿 $+Y$ 方向走，通常规定为沿 $+X$ 方向走一步。坐标进给也是逻辑运算，根据直线所在象限及偏差符号，决定沿 $+X$、$+Y$、$-X$、$-Y$ 四个方向中哪个方向进给。

3）偏差计算　偏差计算是算术运算，进给一步后，计算新的加工点的偏差，作为下次偏差判别的依据。

就第一象限而言，当 $F_m \geq 0$ 时，表明加工点 m 点在直线 OA 上或直线 OA 的上方，应沿 $+X$ 方向进给一步以逼近给定直线。因坐标值的单位为脉冲当量，走步后新点的坐标值 $(x_{m+1}，y_{m+1})$ 为：

$$x_{m+1} = x_m + 1$$
$$y_{m+1} = y_m$$

新点的偏差为：$F_{m+1} = F_m - y_e$

若 $F_m < 0$，表明 m 点在直线 OA 的下方，应沿 $+Y$ 方向进给一步，走步后新点的坐标值 $(x_{m+1}，y_{m+1})$ 为：

$$x_{m+1} = x_m$$
$$y_{m+1} = y_m + 1$$

新点的偏差为：$F_{m+1} = F_m + x_e$

简化后的偏差计算公式只有加减运算，并且不必计算出每一点的坐标，每一新加工点的偏差是由前一点的偏差加上或减去终点坐标 x_e 或 y_e 即可，大大简化了运算，不过需要逐步递推，这样需知道开始加工时那一点的偏差值，我们可用人工方法将刀具移到加工起点（对刀），这点就无偏差（刀在直线上），所以开始加工点的偏差 $F_0 = 0$。这样，随着加工点的前进，每一新加工点的偏差 F_{m+1} 都可由前一点的偏差 F_m 与终点坐标值相加或相减得到。

4）终点的判别方法　终点的判别方法有三种：

① 设置 $\sum_x$、$\sum_y$ 两个减法计数器，加工开始前，在 $\sum_x$、$\sum_y$ 计数器中分别存入终点坐标值 x_e、y_e，当沿 X 或 Y 坐标方向每进给一步时，就在相应的计数器中减去 1，直到两个

计数器中的数都减为零时，停止插补，到达终点。

② 设置一个终点计数器，计数器中存入 X 和 Y 两坐标方向进给步数的总和 Σ，$\Sigma = x_e + y_e$，无论沿 X 或 Y 坐标方向进给时均在 Σ 中减 1，当减到零时，停止插补，到达终点。

③ 因为终点坐标值大的坐标轴一般后结束插补。选终点坐标值较大的坐标轴作为计数坐标值，放入终点计数器内，如 $x_e \geqslant y_e$，则用 x_e 值作终点计数器初值，仅 X 轴进给时，计数器才减 1，计数器减到零便到达终点。如 $y_e > x_e$，则用 y_e 值作终点计数器初值。

【例 1-1】 设加工第一象限直线，起点为坐标原点，终点坐标 $x_e = 6$，$y_e = 4$，试采用逐点比较法进行插补计算，并画出进给轨迹图。计算过程如表 1-7 所示，表中的终点判别采用了上述的第二种方法，即设置一个终点计数器，用来寄存 X 轴和 Y 轴两个方向的步数和 Σ，每进给一步 Σ 减 1，若 $\Sigma = 0$，表示到达终点，停止插补。进给轨迹如图 1-19 所示。

■ 表 1-7 直线插补过程

步数	偏差判别	坐标进给	偏差计算	终点判别
起点			$F_0 = 0$	$\Sigma = 10$
1	$F = 0$	$+X$	$F_1 = F_0 - y_e = 0 - 4 = -4$	$\Sigma = 10 - 1 = 9$
2	$F < 0$	$+Y$	$F_2 = F_1 + x_e = -4 + 6 = 2$	$\Sigma = 9 - 1 = 8$
3	$F > 0$	$+X$	$F_3 = F_2 - y_e = 2 - 4 = -2$	$\Sigma = 8 - 1 = 7$
4	$F < 0$	$+Y$	$F_4 = F_3 + x_e = -2 + 6 = 4$	$\Sigma = 7 - 1 = 6$
5	$F > 0$	$+X$	$F_5 = F_4 - y_e = 4 - 4 = 0$	$\Sigma = 6 - 1 = 5$
6	$F = 0$	$+X$	$F_6 = F_5 - y_e = 0 - 4 = -4$	$\Sigma = 5 - 1 = 4$
7	$F < 0$	$+Y$	$F_7 = F_6 + x_e = -4 + 6 = 2$	$\Sigma = 4 - 1 = 3$
8	$F > 0$	$+X$	$F_8 = F_7 - y_e = 2 - 4 = -2$	$\Sigma = 3 - 1 = 2$
9	$F < 0$	$+Y$	$F_9 = F_8 + x_e = -2 + 6 = 4$	$\Sigma = 2 - 1 = 1$
10	$F > 0$	$+X$	$F_{10} = F_9 - y_e = 4 - 4 = 0$	$\Sigma = 1 - 1 = 0$

第一象限直线插补方法经适当处理后可推广到其余象限的直线插补。为便于四个象限的直线插补，在偏差计算时，无论哪个象限直线，都用其坐标的绝对值进行计算。由此，可得偏差符号如图 1-20 所示。动点位于直线上时偏差 $F = 0$，动点不在直线上，偏向 Y 轴一侧时 $F > 0$，偏向 X 轴一侧时 $F < 0$。由图 1-20 还可以看到，当 $F \geqslant 0$ 时应沿 X 轴进给，第一、四象限沿 X 轴正方向进给，第二、三象限沿 X 轴负方向进给；当 $F < 0$ 时应沿 Y 轴进给，

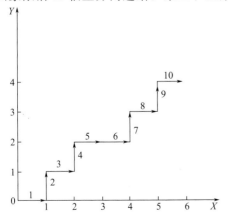

■ 图 1-19 逐点比较法直线插补进给轨迹

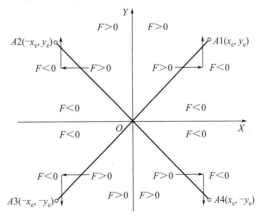

■ 图 1-20 四象限直线偏差符号

第一、二象限沿 Y 轴正方向进给，第三、四象限沿 Y 轴负方向进给。终点判别也应用终点坐标的绝对值作为计数器初值。象限的判别可根据直线终点坐标的正负号。

四个象限直线插补的偏差计算公式与进给方向列于表 1-8 之中。表中 L_1、L_2、L_3、L_4 分别表示第一、二、三、四象限的直线。

■ 表 1-8　直线插补计算公式及进给方向

$F_m \geqslant 0$			$F_m < 0$		
直线线型	进给方向	偏差计算	直线线型	进给方向	偏差计算
L_1、L_4	$+X$	$F_{m+1} = F_m - y_e$	L_1、L_2	$-X$	$F_{m+1} = F_m + x_e$
L_2、L_3	$+Y$		L_3、L_4	$-Y$	

（3）逐点比较法圆弧插补

1）插补原理　如图 1-21 所示，要加工一段圆弧 AB，设圆弧的圆心在坐标原点，已知圆弧的起点 $A(x_0，y_0)$，终点为 $B(x_e，y_e)$，圆弧半径为 R。令瞬时加工点（动点）为 m $(x_m，y_m)$，它到圆心的距离为 R_m。从图上可以看出，加工点 m 可能有三种位置，即圆弧上、圆弧内或圆弧外。

① 当动点 m 位于圆上有：$x_m^2 + y_m^2 - R^2 = 0$。

② 当动点 m 位于圆内有：$x_m^2 + y_m^2 - R^2 < 0$。

③ 当动点 m 位于圆外有：$x_m^2 + y_m^2 - R^2 > 0$。

因此，可定义圆弧偏差判别公式如下

$$F_m = R_m^2 - R^2 = x_m^2 + y_m^2 - R^2$$

如图 1-21 所示，为了使加工点逼近圆弧，进给方向规定如下：

若 $F_m > 0$，动点 m 在圆外，这样只能沿 X 轴负方向进给一步才能向给定圆弧逼近；若 $F_m < 0$，动点 m 在圆内，只能沿 Y 轴正方向进给一步才能向给定圆弧逼近；若 $F_m = 0$ 说明动点在圆弧上，这时无论沿 X 轴或 Y 轴进给一步都行，这里就规定沿 X 轴走一步。如此进给一步，计算一步，直至到达圆弧终点后停止，即可插补出如图 1-21 所示的第一象限逆圆弧 AB。

2）终点判别方法　不跨象限的圆弧插补其终点判别方法与直线插补的方法基本相同。可将 X、Y 轴进给数总和存入一个计数器 Σ，$\Sigma = |x_e - x_0| + |y_e - y_0|$，每进给一步，$\Sigma$ 减 1，当 $\Sigma = 0$ 发出停止信号。

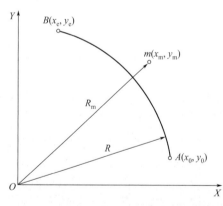

■ 图 1-21　第一象限逆圆弧

3）圆弧插补计算的步骤　圆弧插补的计算步骤与直线插补计算步骤基本相同，但由于其新点的偏差计算公式不仅与前一点偏差有关，还与前一点坐标有关，故在新点偏差计算的同时要进行新点坐标计算，以便为下一新点的偏差计算做好准备。对于不过象限的圆弧插补来说，其步骤可分为偏差判别、坐标进给、新点偏差计算、新点坐标计算及终点判别五个步骤。当然，对于过象限的圆弧加工，其步骤就要加上过象限判别了。

用 SR_1、SR_2、SR_3、SR_4 分别表示第一、二、三、四象限的顺圆弧；用 NR_1、NR_2、NR_3、NR_4 分别表示第一、二、三、四象限的逆圆弧。表 1-9 列出了 8 种圆弧插补的计算公式和进给方向。

■ 表 1-9　圆弧插补计算公式和进给方向

偏差符号 $F_m \geq 0$				偏差符号 $F_m < 0$			
圆弧线型	进给方向	偏差计算	坐标计算	圆弧线型	进给方向	偏差计算	坐标计算
SR_1、NR_2	$-Y$	$F_{m+1}=F_m-$ $2y_m+1$	$x_{m+1}=x_m$ $y_{m+1}=y_m-1$	SR_1、NR_4	$+X$	$F_{m+1}=F_m+$ $2x_m+1$	$x_{m+1}=x_m+1$ $y_{m+1}=y_m$
SR_3、NR_4	$+Y$			SR_3、NR_2	$-X$		
NR_1、SR_4	$-X$	$F_{m+1}=F_m-$ $2x_m+1$	$x_{m+1}=x_m-1$ $y_{m+1}=y_m$	NR_1、SR_2	$+Y$	$F_{m+1}=F_m+$ $2y_m+1$	$x_{m+1}=x_m$ $y_{m+1}=y_m+1$
NR_3、SR_2	$+X$			NR_3、SR_4	$-Y$		

　　由逐点比较法插补原理可以看出，逐点比较插补法的特点是以阶梯折线来逼近直线和圆弧等曲线的，它与理论要求的直线或圆弧之间的最大误差为一个脉冲当量。因此只要把脉冲当量取得足够小，就可达到较高的加工精度要求。并且，每插补一次只能一个坐标轴进给，坐标轴不能联动。

1-27　第1象限逆圆弧插补

　　【例 1-2】　设加工第一象限逆圆 AB，已知起点 $A(4，0)$，终点 B $(0，4)$。试进行插补计算并画出进给轨迹。[**二维码 1-27**]

　　计算过程如表 1-10 所示，根据表 1-10 作出进给轨迹如图 1-22 所示。

■ 表 1-10　圆弧插补过程

步数	偏差判别	坐标进给	偏差计算	坐标计算	终点判别
起点			$F_0=0$	$x_0=4，y_0=0$	$\sum =4+4=8$
1	$F_0=0$	$-x$	$F_1=F_0-2x+1$ $=0-2\times4+1=-7$	$x_1=4-1=3$ $y_1=0$	$\sum =8-1=7$
2	$F_1<0$	$+y$	$F_2=F_1+2y_1+1$ $=-7+2\times0+1=-6$	$x_2=3$ $y_2=y_1+1=1$	$\sum =7-1=6$
3	$F_2<0$	$+y$	$F_3=F_2+2y_2+1=-3$	$x_3=3，y_3=2$	$\sum =5$
4	$F_3<0$	$+y$	$F_4=F_3+2y_3+1=2$	$x_4=3，y_4=3$	$\sum =4$
5	$F_4>0$	$-x$	$F_5=F_4-2x_4+1=-3$	$x_5=2，y_5=3$	$\sum =3$
6	$F_5<0$	$+y$	$F_6=F_5+2y_5+1=4$	$x_6=2，y_6=4$	$\sum =2$
7	$F_6>0$	$-x$	$F_7=F_8-2x_6+1=1$	$x_7=1，y_7=4$	$\sum =1$
8	$F_7>0$	$-x$	$F_8=F_7-2x_7+1=0$	$x_8=0，y_8=4$	$\sum =0$

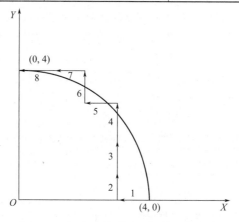

■ 图 1-22　逐点比较法圆弧插补走步轨迹图

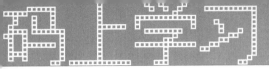

1.3 数控技术的发展

1.3.1 数控系统的发展

数控系统的发展方向如下。
① 开放式数控系统逐步得到发展和应用。
② 小型化以满足机电一体化的要求。
③ 改善人机接口,方便用户使用。
④ 提高数控系统产品的成套性。
⑤ 研究开发智能型数控系统。

1.3.2 制造材料的发展

为使机床轻量化,常使用各种复合材料,如轻合金、陶瓷和碳素纤维等。目前用聚合物混凝土制造的基础件性能优异,其密度大、刚性好、内应力小、热稳定性好、耐腐蚀、制造周期短,特别是其阻尼系数大,抗振减振性能特别好。

(a) 聚合物混凝土底座

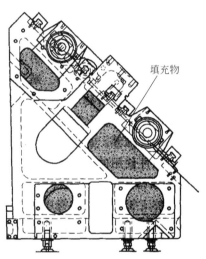

(b) 铸铁件中填充混凝土或聚合物混凝土

■ 图 1-23 聚合物混凝土的应用

聚合物混凝土的配方很多,大多申请了专利,通常是将花岗岩和其他矿物质粉碎成细小的颗粒,以环氧树脂为粘接剂,以一定比例充分混合后浇注到模具中,借助振动排除气泡,固化约 12h 后出模。其制造过程符合低碳要求,报废后可回收再利用。图 1-23 (a) 所示为用聚合物混凝土制造的机床底座,图 1-23 (b) 所示为在铸铁件中填充混凝土或聚合物混凝土,这些都能提高振动阻尼性能,其减振性能是铸铁件的 8~10 倍。

1.3.3 结构的发展

(1) 新结构

1) 箱中箱结构 为了提高刚度和减轻重量,采用框架式箱形结构,将一个框架式箱形移动部件嵌入另一个框架箱中,如图 1-24 所示。

■ 图 1-24 箱中箱结构

(a) 可倾转台

(b) 多轴转台

■ 图 1-25　台上台结构

2）台上台结构　如立式加工中心，为了扩充其工艺功能，常使用双重回转工作台，即在一个回转工作台上加装另一个（或多个）回转工作台，如图 1-25 所示。[**二维码 1-28**]

3）主轴摆头　卧式加工中心中，为了扩充其工艺功能，常使用双重主轴摆头，如图 1-26 所示，两个回转轴为 C 和 B。

4）重心驱动　对于龙门式机床，横梁和龙门架用两根滚珠丝杠驱动，形成虚拟重心驱动。如图 1-27 所示，Z_1 和 Z_2 形成横梁的垂直运动重心驱动，X_1 和 X_2 形成龙门架的重心驱动。近年来，由于机床追求高速、高精，重心驱动为中小型机床采用。

如图 1-27 所示，加工中心主轴滑板和下边的工作台由单轴偏置驱动改为双轴重心驱动，消除了启动和定位时由单轴偏里驱动产生的振动，因而提高了精度。

5）螺母旋转的滚珠丝杠副　重型机床的工作台行程通常有几米到十几米，过去使用齿轮齿条传动。为消除间隙使用双齿轮驱动，但这种驱动结构复杂，且高精度齿条制造困难。目前使用大直径（直径已达 200～250mm）、长度通过接长可达 20m 的滚珠丝杠副，通过丝杠固定、螺母旋转来实现工作台的移动，如图 1-28 所示。

1-28　回转工作台

1-29　主轴摆头

■ 图 1-26　主轴摆头　[二维码 1-29]

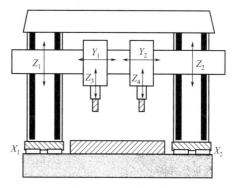
■ 图 1-27　重心驱动

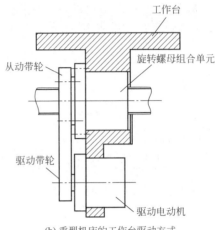

(a) 螺母旋转的滚珠丝杠副　　　　　　(b) 重型机床的工作台驱动方式

■ 图 1-28　螺母旋转的滚珠丝杠副驱动

6）电磁伸缩杆　近年来，将交流同步直线电动机的原理应用到伸缩杆上，开发出一种新型位移部件，称之为电磁伸缩杆。它的基本原理是在功能部件壳体内安放环状双向电动机绕组，中间是作为次级的伸缩杆，伸缩杆外部有环状的永久磁铁层，如图 1-29 所示。

电磁伸缩杆是没有机械元件的功能部件，借助电磁相互作用实现运动，无摩擦、磨损和润滑问题。若将电磁伸缩杆外壳与万向铰链连接在一起，并将其安装在固定平台上，作为支点，则随着磁伸缩杆的轴向移动，即可驱动平台。从图 1-30 可见，采用 6 根结构相同的电磁伸缩杆、6 个万向铰链和 6 个球铰链连接固定平台和动平台就可以迅速组成并联运动机床。

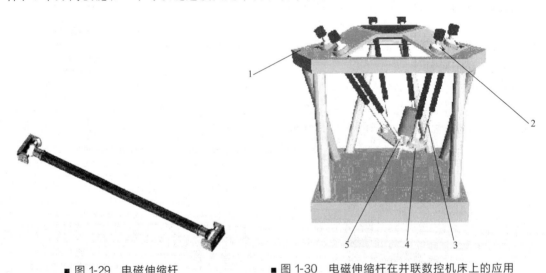

■ 图 1-29　电磁伸缩杆　　　　　■ 图 1-30　电磁伸缩杆在并联数控机床上的应用

1—固定平台；2—万向铰链；3—电磁伸缩杆；4—动平台；5—球铰链

7）八角形滑枕　如图 1-31 所示，八角形滑枕形成双 V 字形导向面，导向性能好，各向热变形均等，刚性好。

（2）新结构的应用

1）并联数控机床　基于并联机械手发展起来的并联机床，因仍使用直角坐标系进行加工编程，故称虚拟坐标轴机床。并联机床发展很快，有六杆机床与三杆机床，一种六杆加工中心的结构如图 1-32 所示，图 1-33 是其加工示意图，图 1-34 是另一种六杆数控机床的示意

(a) 结构图

(b) 示意图

(c) 实物图

■ 图 1-31 八角形滑枕

图，图 1-35 是这种六杆数控机床的加工图。六杆数控机床既有采用滚珠丝杠驱动又有采用滚珠螺母驱动。三杆机床传动副如图 1-36 所示。在三杆机床上加装了一副平行运动机构，主轴可水平布置，总体结构如图 1-37 所示。

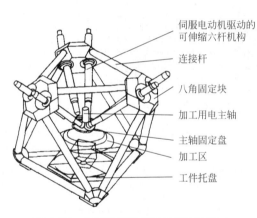

伺服电动机驱动的
可伸缩六杆机构

连接杆

八角固定块

加工用电主轴

主轴固定盘

加工区

工件托盘

■ 图 1-32 六杆数控机床的结构示意图之一

■ 图 1-33 六杆加工中心的示意图之一

■ 图 1-34 六杆数控机床的结构示意图之二

■ 图 1-35 六杆加工中心的示意图之二 ［二维码 1-30］

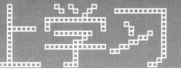
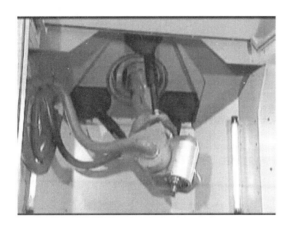

■ 图 1-36　三杆机床传动副 ［二维码 1-31］

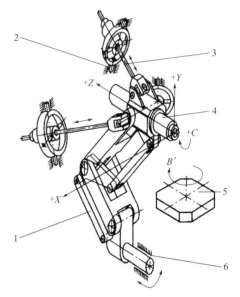

■ 图 1-37　加装平行运动机构的三杆机床

1—平行运动机构;2,6—床座；3—两端带万向联轴器的传动杆；
4—主轴；5—回转工作台

1-30　6杆并联运动
机床

1-31　三杆混联机床

1-32　倒立加工中心

2）倒置式机床　1993 年德国 EMAG 公司发明了倒置立式车床，特别适宜对轻型回转体零件的大批量加工，随即倒立加工中心、倒立复合加工中心及倒立焊接加工中心等新颖机床应运而生。图 1-38 所示是倒置式立式加工中心示意图，图 1-39 所示是其各坐标轴分布情

■ 图 1-38　EMAG 公司的倒立加工中心
［二维码 1-32］

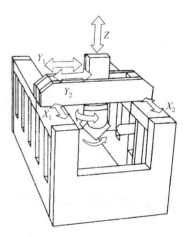

■ 图 1-39　倒置式立式加工中心
各坐标轴的分布

况，倒置式立式加工中心发展很快，倒置的主轴在 XYZ 坐标系中运动，完成工件的加工。这种机床便于排屑，还可以用主轴取放工件，即自动装卸工件。

3）没有 X 轴的加工中心　通过极坐标和笛卡儿坐标的转换来实现 X 轴运动。主轴箱是由大功率力矩电动机驱动的，绕 Z 轴做 C 轴回转，同时又迅速做 Y 轴上下升降，这两种运动方式的合成就完成了 X 轴轴向的运动，如图 1-40 所示。由于是两种运动方式的叠加，故机床的快进速度达到 120m/min，加速度为 2g（g 为重力加速度）。

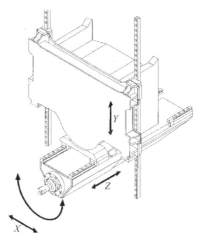

(a) 加工图　　　　　　　　　　　　　(b) 示意图

■ 图 1-40　德国 ALFING 公司的 AS 系列（没有 X 轴的加工中心）

4）立柱倾斜或主轴倾斜　机床结构设计成立柱倾斜（图 1-41 所示）或主轴倾斜（图 1-42 所示），其目的是为了提高切削速度，因为在加工叶片、叶轮时，X 轴行程不会很长，但 Z 和 Y 轴运动频繁，立柱倾斜能使铣刀更快切至叶根深处，同时也可以让切削液更好地冲走切屑并避免与夹具碰撞。[二维码 1-33]

1-33 立柱倾斜型加工中心

5）四立柱龙门加工中心　图 1-43 为新日本工机株式会社开发的类似模架状的四立柱龙门加工中心，其将铣头置于中央位置。机床在切削过程中，受力分布始终在框架范围之中，这就克服了龙门加工中心铣削中主轴因受切削力而前倾的弊端，从而增强刚性并提高加工精度。

(a) 瑞士LIECHTI公司的立柱倾斜型加工中心　　　　(b) 瑞士LIECHTI公司的斜立柱模型

■ 图 1-41　立柱倾斜型加工中心

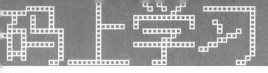

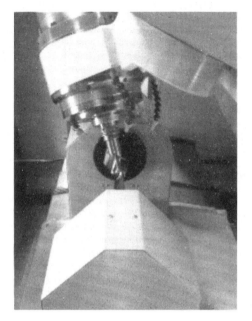

■ 图 1-42　瑞士 Starrag 公司的铣头
倾斜式叶片加工中心

■ 图 1-43　新日本工机株式会社开发的
四立柱龙门加工中心

6）特殊机床　特殊数控机床是为特殊加工而设计的数控机床，如图 1-44 轨道铣磨机床（车辆）。

■ 图 1-44　轨道铣磨机床（车辆）

7）未来机床　未来机床应该是 SPACE center，也就是具有高速（speed）、高效（power）、高精度（accuracy）、通信（communication）、环保（ecology）功能。MAZAK 建立的未来机床模型是主轴转速 100000r/min，加速度 8g，切削速度 2 马赫，同步换刀，干切削，集车、铣、激光加工、磨、测量于一体，如图 1-45 所示。

1.3.4　加工方式的发展

（1）激光加工

激光加工的主要方式分为去除加工、改性加工和连接加工。去除加工主要包括激光切割、打孔等，改性加工主要包括激光表面热处理等，连接加工主要包括激光焊接等，如图 1-46 所示。

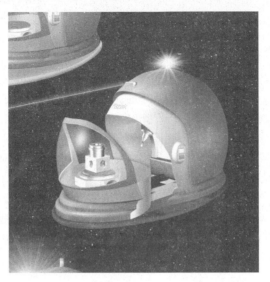

■ 图 1-45 未来数控机床 ［二维码 1-34］

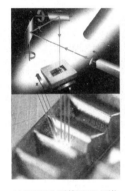

(a) DMG公司的DML40激
光加工机床

(b) DMG公司的激光 LT Shape

(c) 激光成形加工

■ 图 1-46 激光加工 ［二维码 1-35］

（2）超声波振动加工

超声加工是功率超声应用的一个重要方面。早期的超声加工也叫传统超声加工。它依靠工具作超声频（16～25 kHz）、小振幅（10～40μm）振动，通过分散的磨料来破除材料，不受材料是否导电的限制。研究表明：超声加工的效果取决于材料的脆度和硬度。材料的脆度越大，越容易加工；而材料越硬，加工速度越低。因此，常采用适当方法改变材料特性，如用阳极溶解法使硬质合金的黏结剂——钴先行析出，使硬质合金表面变为脆性的碳化钨（WC）骨架，易被去除，以适应超声加工的特点。

1-34 未来数控机床

随着各种脆性材料（如玻璃、陶瓷、半导体、铁氧体等）和难加工材料（耐热合金和难熔合金、硬质合金、各种人造宝石、聚晶金刚石以及天然金刚石等）的日益广泛应用，各种超声加工技术均取得了长足的进步。

1-35 激光加工

图 1-47 是由工业金刚石颗粒制成的铣刀、钻头或砂轮，通过

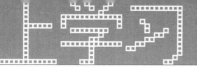

1-36 超声振动加工

1-37 水射流切割

20000 次/s 的超声波振动高频敲击，对超硬材料进行精密加工。

（3）水射流切割［二维码 1-37］

水射流切割（Water Jet Cuting，简称 WJC）又称液体喷射加工（Liquid Jet Machining，简称 LJM），是利用高压高速液流对工件的冲击作用来去除材料的，如图 1-48 所示。水刀就是将普通水经过一个超高压加压器，加压至 380MPa（55000psi）甚至更高压力，然后通过一个细小的喷嘴（其直径为 0.010~0.040mm），可产生一道速度为 915m/s（约音速的 3 倍）的水箭，来进行切割。如图 1-49 所示水刀分为两种类型：纯水水刀及加砂水刀。

切割精度主要受喷嘴轨迹精度的影响，切缝大约比所采用的喷嘴孔径大 0.025mm，加工复合材料时，采用的射流速度要高，喷嘴直径要小，并具有小的前角，喷嘴紧靠工件，喷射距离要小。喷嘴愈小，加工精度愈高，但材料去除速度降低。

■ 图 1-47　DMG 公司 DMS35 超声振动加工机床 ［二维码 1-36］

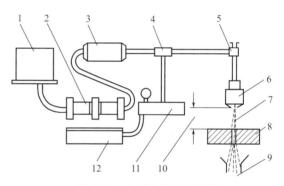

■ 图 1-48　水射流切割原理图

1—带有过滤器的水箱；2—水泵；3—储液蓄能器；4—控制器；5—阀；6—蓝宝石喷嘴；7—射流；8—工件；9—排水口；10—压射距离；11—液压机构；12—增压器

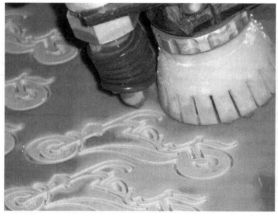

(a) 加砂水刀

(b) 纯水水刀

■ 图 1-49　水刀

切边质量受材料性质的影响很大，软材料可以获得光滑表面，塑性好的材料可以切割出高质量的切边。液压过低会降低切边质量，尤其对复合材料，容易引起材料离层或起鳞。采用正前角（如图 1-50 所示）将改善切割质量，进给速度低也可以改善切割质量，因此，加工复合材料时应采用较低的切割速度，以避免在切割过程中出现材料的分层现象。

切割过程中，"切屑"混入液体中，故不存在灰尘，不会有爆炸或火灾的危险。对某些材料，射流束中夹杂有空气，将增加噪声，噪声随喷射距离的增加而增加。在液体中加入添加剂或调整到合适的前角，可以降低噪声。

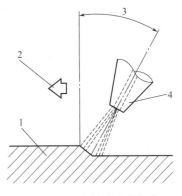

■ 图 1-50　水射流喷嘴角度

1—工件；2—喷嘴运动方向；
3—正前角；4—喷嘴

水射流切割可以加工很薄、很软的金属和非金属材料，例如铜、铝、铅、塑料、木材、橡胶、纸等七八十种材料和制品。水射流切割可以代替硬质合金切槽刀具，而且切边的质量很好，所加工的材料厚度少则几毫米，多则几百毫米，例如切割 19mm 厚的吸音天花板，采用的水压为 310MPa，切割速度为 76m/min。玻璃绝缘材料可加工到 125mm 厚。由于加工的切缝较窄，可节约材料和降低加工成本。

（4）微纳制造

微纳制造主要应用于超硬脆性、超硬合金、模具钢、无电解镀层镍等材料的微小机电光学零部件的纳米级精度磨削加工。图 1-51 为纳米磨床。

■ 图 1-51　上海机床厂有限公司的纳米磨床

（5）智能制造

智能化制造又是先进制造业的重要组成部分，它集信息技术、光电技术、通信技术、传感技术等为一体，推动着机床制造不断进步。智能制造一般具有如下特点。图 1-52 为智能加工中心。

① 集成的自适应进给控制功能（AFC，Adaptive Feed Control）：数控系统可按照主轴功率负载大小，自动调节进给速率。

② 自动校准和优化机床精度功能（Kinematic Opt）：该功能是自动校准多轴机床精度的有效工具。

③ 智能颤纹控制功能（ACC-Active Chatter Control）：在数控加工过程中，由于主轴或

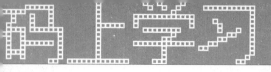

■ 图 1-52　GF 的智能加工中心

切削力的变化，工件上会产生颤纹，海德汉数控系统的颤纹控制功能可以大幅降低工件表面的颤纹，并且能提高切削率 25％以上，以降低机床载荷，并提高刀具使用寿命。

1-38　液氮冷冻加工

（6）液氮冷冻加工 ［二维码 1-38］

切削加工中的切削热导致刀具加工超硬材料时磨损快，刀具消耗量大，刀具消耗成本甚至超过机床的成本。如图 1-53 所示，超低温液氮冷却切削技术的推出，可以实现通过主轴中心和刀柄中心在刀片切削刃部的微孔中打出液氮，刀具切削产生的热量被液氮气化（液氮的沸点为－320℃）的瞬间带走，尤其是在超硬材料加工和复合材料加工上会有更好的效果，切削速度可以大大提高，刀具寿命也可以大大延长。

■ 图 1-53　超低温液氮冷却切削刀具

1.4　数控机床的维修管理

1.4.1　数控机床故障诊断技术

由维修人员的感觉器官对机床进行问、看、听、触、嗅等的诊断，称为"实用诊断技术"，实用诊断技术有时也称为"直观诊断技术"。

（1）问

弄清故障是突发的，还是渐发的，机床开动时有哪些异常现象。对比故障前后工件的精度和表面粗糙度，以便分析故障产生的原因。传动系统是否正常，出力是否均匀，背吃刀量和进给量是否减小等。润滑油品牌号是否符合规定，用量是否适当。机床何时进行过保养检修等。

（2）看

1）看转速　观察主传动速度的变化。如：带传动的线速度变慢，可能是传动带过松或负荷太大。对主传动系统中的齿轮，主要看它是否跳动、摆动。对传动轴主要看它是否弯曲或晃动。

2）看颜色　主轴和轴承运转不正常，就会发热。长时间升温会使机床外表颜色发生变化，大多呈黄色。油箱里的油也会因温升过高而变稀，颜色变样；有时也会因久不换油、杂质过多或油变质而变成深墨色。

3）看伤痕　机床零部件碰伤损坏部位很容易发现，若发现裂纹时，应做记号，隔一段时间后再比较它的变化情况，以便进行综合分析。

4）看工件　若车削后的工件表面粗糙度 Ra 数值大，主要是由于主轴与轴承之间的间隙过大，溜板、刀架等压板楔铁有松动以及滚珠丝杠预紧松动等原因所致。若是磨削后的表面粗糙度 Ra 数值大，这主要是由于主轴或砂轮动平衡差，机床出现共振以及工作台爬行等原因所引起的。工件表面出现波纹，则看波纹数是否与机床主轴传动齿轮的齿数相等，如果相等，则表明主轴齿轮啮合不良是故障的主要原因。

5）看变形　观察机床的传动轴、滚珠丝杠是否变形。直径大的带轮和齿轮的端面是否跳动。

6）看油箱与冷却箱　主要观察油或冷却液是否变质，确定其能否继续使用。

（3）听

一般运行正常的机床，其声响具有一定的音律和节奏，并保持持续稳定。

（4）触

1）温升　人的手指触觉是很灵敏的，能相当可靠地判断各种异常的温升，其误差可准确到 3～5℃。

2）振动　轻微振动可用手感鉴别，至于振动的大小可找一个固定基点，用手同时触摸便可以比较出振动的大小。

3）伤痕和波纹　肉眼看不清的伤痕和波纹，若用手指去摸则可很容易地感觉出来。摸的方法是：对圆形零件要沿切向和轴向分别去摸；对平面则要左右、前后均匀去摸；摸时不能用力太大，只轻轻把手指放在被检查面上接触便可。

4）爬行　用手摸可直观的感觉出来。

5）松或紧　用手转动主轴或摇动手轮，即可感到接触部位的松紧是否均匀适当。

（5）嗅

剧烈摩擦或电气元件绝缘破损短路，使附着的油脂或其他可燃物质发生氧化蒸发或燃烧，产生油烟气、焦煳气等异味，应用嗅觉诊断的方法可收到较好的效果。

1.4.2　数控机床的故障维修

（1）数控机床故障维修的原则

1）先外部后内部　数控机床是机械、液压、电气一体化的机床，故其故障的发生必然要从机械、液压、电气这三者综合反映出来。数控机床的检修要求维修人员掌握先外部后内部的原则，即当数控机床发生故障后，维修人员应先采用望、闻、听、问等方法，由外向内逐一进行检查。例如：数控机床的行程开关、按钮开关、液压气动元件以及印制线路板插头座、边缘接插件与外部或相互之间的连接部位、电控柜插座或端子排这些机电设备之间的连接部位，因其接触不良造成信号传递失灵，是产生数控机床故障的重要因素。此外，由于工业环境中温度、湿度变化较大，油污或粉尘对元件及线路板的污染，机械的振动等，对于信号传送通道的接插件都将产生严重影响，在检修中应重视这些因素，首先检查这些部位可以迅速排除较多的故障。另外，尽量避免随意地启封、拆卸，不适当的大拆大卸，往往会扩大故障，使机床大伤元气，丧失精度，降低性能。

2）先机械后电气　由于数控机床是一种自动化程度高，技术复杂的先进机械加工设备。机械故障一般较易察觉，而数控系统故障的诊断则难度要大些。先机械后电气就是首先检查机械部分是否正常，行程开关是否灵活，气动、液压部分是否存在阻塞现象等等。因为数控机床的故障中有很大部分是由机械动作失灵引起的，所以，在故障检修之前，首先注意排除机械性的故障，往往可以达到事半功倍的效果。

3）先静后动　维修人员本身要做到先静后动，不可盲目动手，应先询问机床操作人员故障发生的过程及状态，阅读机床说明书、图样资料后，方可动手查找处理故障。其次，对有故障的机床也要本着先静后动的原则，先在机床断电的静止状态通过观察测试、分析，确认为非恶性循环性故障，或非破坏性故障后，方可给机床通电，在运行工况下，进行动态的观察、检验和测试，查找故障，然而对恶性的破坏性故障，必须先行处理排除危险后，方可进入通电，在运行工况下进行动态诊断。

4）先公用后专用　公用性的问题往往影响全局，而专用性的问题只影响局部。如机床的几个进给轴都不能运动，这时应先检查和排除各轴公用的 CNC、PLC、电源、液压等公用部分的故障，然后再设法排除某轴的局部问题。又如电网或主电源故障是全局性的，因此一般应首先检查电源部分，看看断路器或熔断器是否正常，直流电压输出是否正常。总之，只有先解决影响一大片的主要矛盾，局部的、次要的矛盾才有可能迎刃而解。

5）先简单后复杂　当出现多种故障互相交织掩盖、一时无从下手时，应先解决容易的问题，后解决较大的问题。常常在解决简单故障的过程中，难度大的问题也可能变得容易，或者在排除容易故障时受到启发，对复杂故障的认识更为清晰，从而也有了解决办法。

6）先一般后特殊　在排除某一故障时，要先考虑最常见的可能原因，然后再分析很少发生的特殊原因。例如：一台 FANUC-0T 数控车床 Z 轴回零不准常常是由于降速挡块位置走动所造成的，一旦出现这一故障，应先检查该挡块位置，在排除这一常见的可能性之后，再检查脉冲编码器，位置控制等环节。

（2）维修前的准备

接到用户的直接要求后，应尽可能直接与用户联系，以便尽快地获取现场信息、现场情况及故障信息。如数控机床的进给与主轴驱动型号、报警指示或故障现象、用户现场有无备件等。据此预先分析可能出现的故障原因与部位，而后在出发到现场之前，准备好有关的技术资料与维修服务工具、仪器备件等，做到有备而去。

每台数控机床都应设立维修档案（表 1-11），将出现过的故障现象、时间、诊断过程、故障的排除做出详细的记录，就像医院的病历一样。这样做的好处是给以后的故障诊断带来很大的方便和借鉴，有利于数控机床的故障诊断。

■ 表 1-11 某单位机床维修档案

某单位机床维修档案 时间 年 月 日						
设备名称					NC系统维修	年 次
目 的	故障 维修 改造				维修者	
					编 号	
理由						
此表由维修单位填						
维修单位名称					承担者签名	
故障现象及部位						
原 因						
排除方法						
再次发生	预见				有 无 其他	
	使用者要求					
年 月 日						
费用	无偿 有偿					
内容	零件名	修理费	交通费	其他	停机时间	
对修理要求的处理						

这里应强调实事求是，特别是涉及操作者失误造成的故障，应详细记载。这只作为故障诊断的参考，而不能作为对操作者惩罚的依据。否则，操作者不如实记录，只能产生恶性循环，造成不应有的损失。这是故障诊断前的准备工作的重要内容，没有这项内容，故障诊断将进行得很艰难，造成的损失也是不可估量的。

1.4.3 数控机床维修常用工具

（1）拆卸及装配工具

数控机床拆卸及装配工具见表 1-12。

■ 表 1-12 拆卸及装配工具

名称	外观图	说 明
单手钩形扳手	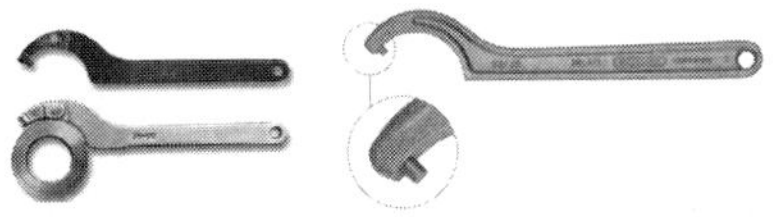	单头钩形扳手：有固定式和调节式，可用于扳动在圆周方向上开有直槽或孔的圆螺母
端面带槽或孔的圆螺母扳手	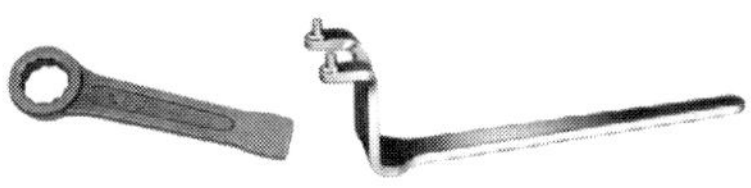	端面带槽或孔的圆螺母扳手：可分为套筒式扳手和双销叉形扳手

续表

名称	外观图	说　明
弹性挡圈装卸用钳子		弹性挡圈装卸用钳子:分为轴用弹性挡圈装卸用钳子和孔用弹性挡圈装卸用钳子
弹性锤子		弹性手锤:可分为木锤和铜锤
平键工具		拉带锥度平键工具:可分为冲击式拉锥度平键工具和抵拉式拉锥度平键工具
拔销器		拉带内螺纹的小轴、圆锥销工具
拉卸工具		拆装在轴上的滚动轴承、带轮式联轴器等零件时,常用拉卸工具,拉卸工具常分为螺杆式及液压式两类,螺杆式拉卸工具分两爪、三爪和铰链式
尺		有平尺、刀口尺和90°角尺
垫铁		角度面为90°的垫铁、角度面为55°的垫铁和水平仪垫铁

名称	外观图	说　明
检验棒		有带标准锥柄检验棒、圆柱检验棒和专用检验棒
杠杆千分尺		当零件的几何形状精度要求较高时,使用杠杆千分尺可满足其测量要求,其测量精度可达 $0.001mm$
万能角度尺	0-320 游标万能角尺 上海	用来测量工件内外角度的量具,按其游标读数值可分为 $2'$ 和 $5'$ 两种,按其尺身的形状可分为圆形和扇形两种
限力扳手	电子式　　机械式	又称为扭矩扳手、扭力扳手
装轴承胎具		适用于装轴承的内、外圈
钩头楔键拆卸工具		用于拆卸钩头楔键

(2) 数控机床装调与维修(维护)常用仪表(仪器)

数控机床装调与维修(维护)常用仪表(仪器)见表 1-13。

■ 表 1-13　数控机床装调与维修(维护)常用仪表(仪器)

名称	外观图	说　明
百分表		百分表用于测量零件相互之间的平行度、轴线与导轨的平行度、导轨的直线度、工作台台面平面度以及主轴的端面圆跳动、径向圆跳动和轴向窜动

续表

名称	外观图	说　明
杠杆百分表		杠杆百分表适用于受空间限制的工件,如内孔跳动、键槽等。使用时应注意使测量运动方向与测头中心垂直,以免产生测量误差
千分表及杠杆千分表		千分表及杠杆千分表的工作原理与百分表和杠杆百分表一样,只是分度值不同,常用于精密机床的修理
水平仪		水平仪是机床制造和修理中最常用的测量仪器之一,用来测量导轨在垂直面内的直线度、工作台台面的平面度以及两件相互之间的垂直度、平行度等,水平仪按其工作原理可分为水准式水平仪和电子水平仪
光学平直仪		在机械维修中,常用来检查床身导轨在水平面内和垂直面内的直线度、检验用平板的平面度,光学平直仪是导轨直线度测量方法中较先进的仪器之一
经纬仪		经纬仪是机床精度检查和维修中常用的高精度的仪器之一,常用于数控铣床和加工中心的水平转台和万能转台的分度精度的精确测量,通常与平行光管组成光学系统来使用
转速表		转速表常用于测量伺服电动机的转速,是检查伺服调速系统的重要依据之一,常用的转速表有离心式转速表和数字式转速表等
万用表		包含有机械式和数字式两种,万用表可用来测量电压、电流和电阻等

名称	外观图	说　明
相序表		用于检查三相输入电源的相序,在维修晶闸管伺服系统时是必需的
逻辑脉冲测试笔		对芯片或功能电路板的输入端注入逻辑电平脉冲,用逻辑测试笔检测输出电平,以判别其功能是否正常
测振仪		测振仪是振动检测中最常用、最基本的仪器,它将测振传感器输出的微弱信号放大、变换、积分、检波后,在仪器仪表或显示屏上直接显示被测设备的振动值大小。为了适应现场测试的要求,测振仪一般都做成便携式与笔式测振仪
故障检测系统		由分析软件、微型计算机和传感器组成多功能的故障检测系统,可实现多种故障的检测和分析
红外测温仪		红外测温是利用红外辐射原理,将对物体表面温度的测量转换成对其辐射功率的测量,采用红外探测器和相应的光学系统接受被测物不可见的红外辐射能量,并将其变成便于检测的其他能量形式予以显示和记录
激光干涉仪		激光干涉仪可对机床、三坐标测量机及各种定位装置进行高精度的精度校正,可完成各项参数的测量,如线形位置精度、重复定位精度、角度、直线度、垂直度、平行度及平面度等。其次它还具有一些选择功能,如自动螺距误差补偿、机床动态特性测量与评估、回转坐标分度精度标定、触发脉冲输入输出功能等

第 1 章　数控机床的基础知识

续表

名称	外观图	说　明
短路追踪仪		短路是电气维修中经常碰到的故障现象，使用万用表寻找短路点往往很费劲。如遇到电路中某个元器件击穿电路，由于在两条线之间可能并接有多个元器件，用万用表测量出哪个元件短路比较困难。再如对于变压器绕组局部轻微短路的故障，一般万用表测量也无能为力。而采用短路故障追踪仪可以快速找出电路板上的任何短路点
示波器		主要用于模拟电路的测量，它可以显示频率相位、电压幅值，双频示波器可以比较信号相位关系，可以测量测速发电机的输出信号，其频带宽度在 5MHz 以上，有两个通道
逻辑分析仪		逻辑分析仪是按多线示波器的思路发展而成的，不过它在测量幅度上已经按数字电路的高低电平进行了 1 和 0 的量化，在时间轴上也按时钟频率进行了数字量化，因此可以测得一系列的数字信息，再配以存储器及相应的触发机构或数字识别器，使多通道上同时出现的一组数字信息与测量者所规定的目标字相符合时，触发逻辑分析仪，以便将需要分析的信息存储下来
微机开发系统		这种系统配置进行微机开发的硬软件工具。在微机开发系统的控制下对被测系统中的 CPU 进行实时仿真，从而对被测系统进行实时控制
特征分析仪		它可从被测系统中取得 4 个信号，即启动、停止、时钟和数据信号，使被测电路在一定信号的激励下运行起来。其中时钟信号决定进行同步测量的速率。因此，可将一对信号"锁定"在窗口上，观察数据信号波形特征

名称	外观图	说　明
故障检测仪		这种新的数据检测仪器各自出发点不同，具有不同的结构和测试方法。有的是按各种不同时序信号来同时激励标准板和故障板，通过比较两种板对应节点响应波形的不同来查找故障。有些则是根据某一被测对象类型，利用一台微机配以专门接口电路及连接工装夹具与故障机相连，再编写相关的测试程序对故障进行检测
IC 在线测试仪		这是一种使用通用微机技术的新型数字集成电路在线测试仪器。它的主要特点是能对电路板上的芯片直接进行功能、状态和外特性测试，确认其逻辑功能是否失效
比较仪	扭簧比较仪　　杠杆齿轮比较仪	可分为扭簧比较仪与杠杆齿轮比较仪。扭簧比较仪特别适用于精度要求较高的跳动量的测量

1.4.4　数控机床机械部件的拆卸

（1）拆卸的一般原则

① 首先必须熟悉机床设备的技术资料和图样，弄懂机械传动原理，掌握各个零部件的结构特点，装配关系以及定位销、轴套、弹簧卡圈、锁紧螺母、锁紧螺钉与顶丝的位置和退出方向。

② 拆卸前，首先切断并拆除机床设备的电源和车间动力联系的部位。

③ 在切断电源后，机床设备的拆卸程序要坚持与装配程序相反的原则。先拆外部附件，再将整机拆成部件总成，最后全部拆成零件，按部件归并放置。

④ 放空润滑油、切削液、清洗液等。

⑤ 在拆卸机床轴孔装配件时，通常应坚持用多大力装配就基本上用多大力拆卸的原则。如果出现异常情况，应查找原因，防止在拆卸中将零件碰伤、拉毛甚至损坏。热装零件要利用加热来拆卸，如热装轴承可用热油加热轴承外圈进行拆卸。滑动部件拆卸时，要考虑到滑动面间油膜的吸力。一般情况下，在拆卸过程中不允许进行破坏性拆卸。

⑥ 拆卸机床大型零件要坚持慎重、安全的原则。拆卸中要仔细检查锁紧螺钉及压板等零件是否拆开。吊挂时，必须粗估零件重心位置，合理选择直径适宜的吊挂绳索及吊挂受力点。注意受力平衡，防止零件摆晃，避免吊挂绳索脱开与断裂等事故发生。吊装中设备不得磕碰，要选择合适的吊点慢吊轻放，钢丝绳和设备接触处要采取保护措施。

⑦ 要坚持拆卸机床服务于装配的原则。如果被拆卸机床设备的技术资料不全，拆卸中必须对拆卸过程做必要的记录，以便安装时遵照"先拆后装"的原则重新装配。在拆卸中，为防止搞乱关键件的装配关系和配合位置，避免重新装配时精度降低，应在装配件上用划针做出明显标记。对于拆卸出来的轴类零件应悬挂起来，防止弯曲变形。精密零件要单独存放，避免损坏。

⑧ 先小后大，先易后难，先地面后高空，先外围后主机，必须要解体的设备要尽量少分解，同时又要满足包装要求，最终达到设备重新安装后的精度性能同拆卸前一致。为加强岗位责任，采用分工负责制，谁拆卸、谁安装。

⑨ 所有的电线、电缆不准剪断，拆下来的线头都要有标号，对有些线头没有标号的，要先补充后再拆下，线号不准丢失，拆线前要进行三对照（内部线号、端子板号、外部线号），确认无误后，方可拆卸，否则要调整线号。

⑩ 拆卸中要保证设备的绝对安全，要选用合适的工具，不得随便代用，更不得使用大锤敲击。

⑪ 不要拔下设备的电气柜内插线板，应该用胶带纸封住加固。

⑫ 做好拆卸记录，并交相关人员。

（2）常用的拆卸方法

1）击卸法　利用锤子或其他重物在敲击零件时产生的冲击能量把零件卸下。

2）拉拔法　对精度较高不允许敲击或无法用击卸法拆卸的零部件应使用拉拔法。它采用专门器具进行拆卸。

3）顶压法　利用螺旋C形夹头、机械式压力机、液压式压力机或千斤顶等工具和设备进行拆卸。顶压法适用于形状简单的过盈配合件。

4）温差法　拆卸尺寸较大、配合过盈量较大的配合件或无法用击卸、顶压等方法拆卸时，或为使过盈量较大、精度较高的配合件容易拆卸，可采用此种方法。温差法是利用材料热胀冷缩的性能，加热包容件，使配合件在温差条件下失去过盈量，实现拆卸。

5）破坏法　若必须拆卸焊接、铆接等固定连接件，或轴与套互相咬死，或为保存主件而破坏副件时，可采用车、锯、钻、割等方法进行破坏性拆卸。

1.4.5　更换单元模块的注意事项

（1）测量电路板操作注意事项

① 电路板上刷有阻焊膜，不要任意铲除。测量线路间阻值时，先切断电源，每测一处均应红黑笔对调一次，以阻值大的为参考值，不应随意切断印制电路。

② 需要带电测量时，应查清电路板的电源配置及种类，按检测需要，采取局部供电或全部供电。

（2）更换电路板及模块操作注意事项

① 如果没确定某一元件为故障元件，不要随意拆卸。更换故障元件时避免同一焊点的长时间加热和对故障元件的硬取，以免损坏元件。

② 更换 PMC 控制模块、存储器、主轴模块和伺服模块会使 SRAM 资料丢失，更换前必须备份 SRAM 数据。

③ 用分离型绝对脉冲编码器或直线尺保存电动机的绝对位置，更换主印制电路板及其印制电路板上安装的模块时，不保存电动机的绝对位置。更换后要执行返回原点的操作。

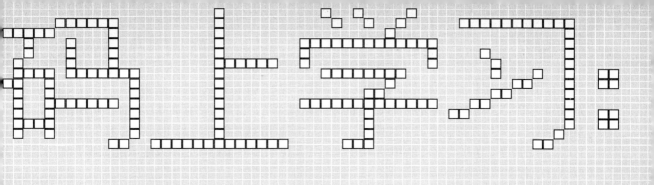

边学边习

数控电加工机床编程与维修

chapter2

第2章

电火花机床的结构与故障排除

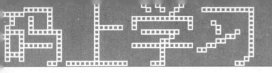

我国常用的电火花成形加工机床，有 A35/B35 电火花成形加工机床（见图 2-1），ACTSPARK SA 系列电火花成形加工机床（见图 2-2），以及京美 RNC 系列、亚特 ARD M60 CAX 系列电火花成形加工机床等。当然，也会用到其他型号的电火花成形加工机床，如图 2-3、图 2-4 所示。有时还用到多轴数控电火花成形加工机床，以及电火花成形加工中心（一种带电极库能自动更换电极的电火花成形加工机床）。

■ 图 2-1　B35 电火花成形加工机床

■ 图 2-2　ACTSPARK SA 系列电火花成形加工机床

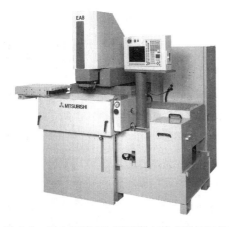

■ 图 2-3　日本三菱 EA 系列电火花成形加工机床

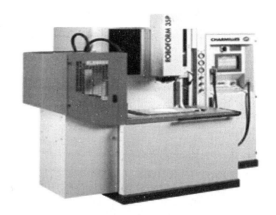

■ 图 2-4　瑞士夏米尔公司产品

2.1　电火花机床的结构

2.1.1　数控电火花成形加工原理　[二维码 2-1]

2-1 电火花成形加工

电火花成形加工也称为放电加工、电蚀加工或电脉冲加工，是基于脉冲放电的蚀除原理，直接利用电能和热能进行加工的新工艺。图 2-5 所示为电火花成形加工原理图。电火花成形加工与传统的机械切削加工原理完全不同，在加工过程中，工具电极与工件并不接触。当工具电极（简称电极）与工件电极（简称工件）在绝缘介质中相互接近，达到某一小距离时，脉冲电源施加的电压把两电极间距离最小处（为 0.005～0.10mm）的介质击穿，形成脉冲放电，产生局部、瞬时高温，将电极对的金属材料蚀除。

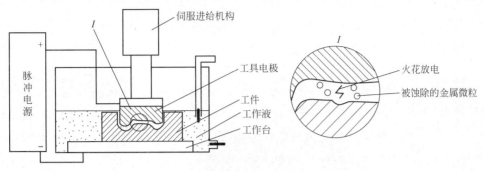

■ 图 2-5　电火花成形加工系统示意图

放电蚀除过程是一个复杂的物理过程，大致可分为电离、放电、高热熔化、汽化、金属抛出、消电离几个阶段。由于电极及工件的微观表面是凹凸不平的，当脉冲电压加到两极时，两极间距离最靠近处的绝缘介质（工作液，大多用煤油）被击穿，形成放电通道，电流急剧增加，电子和离子在电场力作用下高速运动，相互碰撞，在放电通道内瞬间产生大量的热能，使放电部位（突出的尖点）金属局部熔化甚至气化，并在放电爆炸力的作用下，将熔化的金属抛出。被熔化和气化的金属在抛离电极表面时，绝大部分在工作液中冷凝成球状微小颗粒，有些则可能飞溅或黏附到电极表面上，工作液（煤油）裂解后产生的炭也会附着到电极表面。放电加工后的电极表面经常可以看到明显的炭的附着现象。单个脉冲经过这样一系列过程，完成一次脉冲放电，在工件表面便留下一个带凸边的小坑穴。

2.1.2　数控机床的机械结构

电火花成形加工机床的组成如图 2-6 所示。

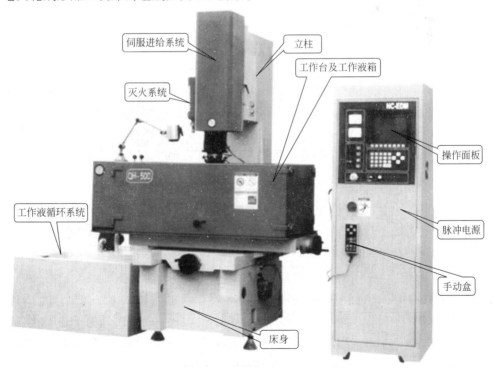

■ 图 2-6　电火花成形加工机床的设备组成

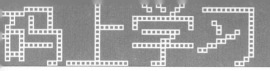
（1）机床本体

机床本体主要是指床身和立柱等基础件，它用来保证电极与工作台、工件之间的相对位置，床身和立柱如图 2-7、图 2-8 所示。

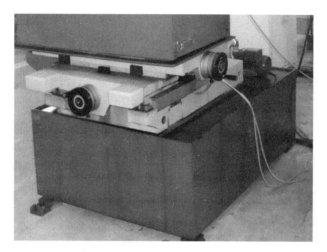

■ 图 2-7　床身

■ 图 2-8　立柱

（2）主轴箱结构

主轴箱包括主轴伺服系统和主轴箱平衡机构。图 2-9 是主轴箱传动结构。电动机 1 直接通过联轴器 2 安装在滚珠丝杠 3 上，滚珠丝杠螺母 4 装在滑板上，主轴头 5 固定在滑板上，滑板移动采用精密直线滚动导轨副。主轴箱装有平衡机构 6 和刹车装置 7。强电接通时，刹车器放松，电动机可带滚珠丝杠旋转，使滑板带动主轴箱上下移动。当强电关闭时，刹车器锁住丝杠，防止主轴箱因自重掉下来。

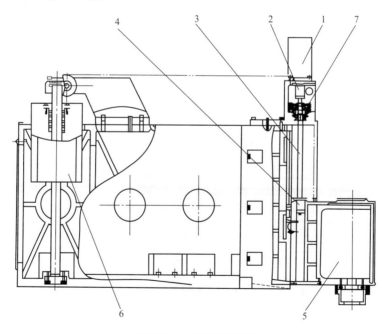

■ 图 2-9　主轴箱传动结构

1—电动机；2—联轴器；3—滚珠丝杠；4—丝杠螺母；5—主轴头；6—重锤；7—刹车器

（3）工作台和滑枕结构

工作台和滑枕均采用电动机直接与滚珠丝杠副相连，移动采用精密直线滚动导轨副。图2-10是工作台、滑枕传动结构图，电动机1通过联轴器2与滚珠丝杠3相连，滚珠丝杠螺母4安装在滑座5上。

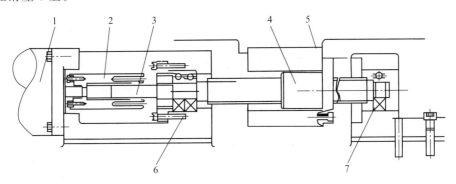

■ 图 2-10　工作台、滑枕传动结构

1—电动机；2—联轴器；3—滚珠丝杠；4—丝杠螺母；5—滑座；6, 7—高精度轴承

（4）工作液槽结构

工作液槽安装在工作台上，工作液槽采用单开门的结构形式，门外密封采用O形密封结构。图2-11是工作液循环原理。油泵启动，旋转手柄1至通油位置，工作液槽进油。上下移动手柄2，调节工作液槽放油量的大小。上下移动手柄3，调节油面的高度。旋转手柄4，使油嘴为吸油状态。旋转手柄5，使油嘴为冲油状态，冲油、吸油的压力大小可以通过旋转手柄1获得。

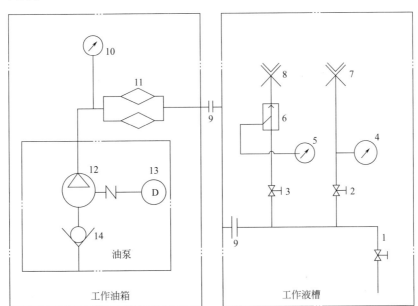

■ 图 2-11　工作液循环原理

1—进油阀及冲吸油压力调节阀；2—冲油阀；3—吸油阀；4—压力表；5—真空表；6—吸引器；7—冲油管接头；
8—吸油管接头；9—进油管接头；10—压力表；11—过滤器；12—泵；13—电动机；14—单向阀

图2-12是工作液槽图，通过调节进油开关及冲吸油压力调节阀来改变油压压力。为了保证加工过程安全进行，加工时工作液面必须比工件上表面高出一定高度，因而在工作液槽

上装有液面高度控制器，随着不同高度的工件调节手柄3的高度。液面控制器和温度控制器装在手柄3下面的连接板上，当液面升到一定位置时，液面控制器接通，此时才能进行放电工作。当加工中液面降低时，液面控制器断开，电柜报警，停止加工。当加工中工作液油温超过60℃时，温度控制器断开，电柜报警，停止加工。

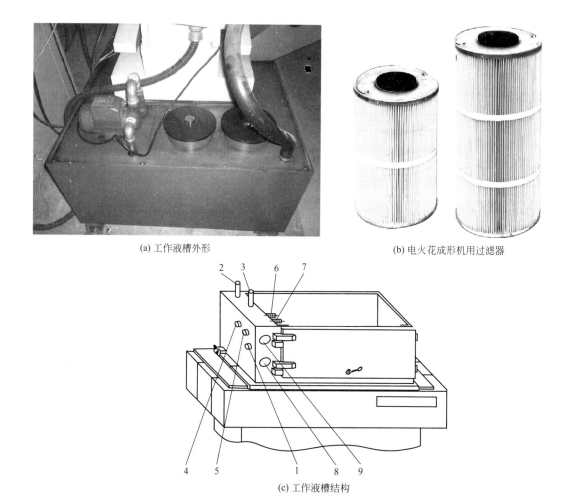

(a) 工作液槽外形

(b) 电火花成形机用过滤器

(c) 工作液槽结构

■ 图 2-12　工作液槽图

1—进油开关及冲吸油压力调节阀；2—放油手柄；3—调节液面高度手柄；4—吸油开关；

5—冲油开关；6—吸油嘴；7—冲油嘴；8—真空表；9—压力表

（5）主轴头和工作台的主要附件

1）可调节工具电极角度的夹头　装夹在主轴下端的工具电极，在加工前需要调节到与工件基准面垂直的位置；在加工型孔或型腔时，还需在水平面内调节、转动一个角度，使工具电极的截面形状与加工出工件型孔或型腔预定的位置一致。如图 2-13 所示，工具电极相对工件基准面的垂直度调节功能，采用由球面螺钉 3 和摆动法兰盘 2 组成的球面铰链来实现。通过均布在调角校正架 4 上的垂直度调节螺钉 11，即可调整球面铰链使工具电极垂直于工件的基准面。在水平面内工具电极的调节功能，靠主轴与工具电极安装面的相对转动机构来调节，拧动调节螺钉 1，可以使工具电极相对工件转动。垂直度与水平转角调节正确后，都应分别用螺钉紧固。

此外，机床主轴、立柱和床身连成一体接地，而装工具电极的夹持调节部分应单独绝缘，以防止操作人员触电。这种带有绝缘结构的主轴头如图 2-14 所示，在主轴 7 的内孔装有主轴端盖 4，主轴端盖的锥孔与锥套 6 之间是环氧树脂绝缘层 5，主轴端盖下端的紧固螺母 3 和固定销钉 8 用于固定绝缘垫圈 2，1 是装夹工具电极的夹头。

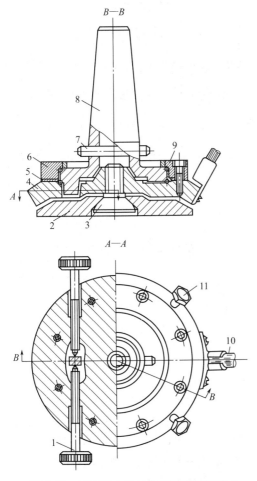

■ 图 2-13　垂直和水平转角调整装置的夹头

1—调节螺钉；2—摆动法兰盘；3—球面螺钉；4—调角校正架；
5—调整垫；6—上压板；7—销钉；8—锥柄座；9—滚珠；
10—电源线；11—垂直度调节螺钉

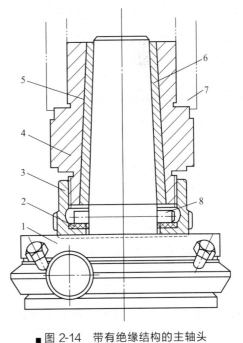

■ 图 2-14　带有绝缘结构的主轴头

1—夹头；2—绝缘垫圈；3—紧固螺母；4—主轴端盖；5—环氧
树脂绝缘层；6—锥套；7—滑枕(主轴)；8—固定销钉

2）平动头的结构　平动头常见的结构形式有停机手动调偏心量平动头、不停机调偏心量平动头和数控平动头。一般平动头由两部分构成：电动机驱动的偏心机构及平动轨迹保持机构。

图 2-15 是停机手动调偏心量平动头结构示意图。整个装置通过壳体 8 用螺钉固定在主轴头上。电极的平面圆周平移动作是由平动头的旋转副和平面圆周平移机构来完成的。当加工间隙的电压信号使伺服电动机 20 转动时，可通过一对蜗杆 10、蜗轮 9 带动偏心套 11 转动，蜗轮与偏心套之间通过键连接。螺母 7 将偏心轴 13 在某一角度上与偏心套锁紧在一起共同旋转。支承板 12 通过向心球轴承与偏心轴相连，又通过推力轴承支承在与壳体相接的圆盘上，并与其有较大的径向间隙。支承板与链片的轴 23 连接，轴 23 另一端通过链片 19、

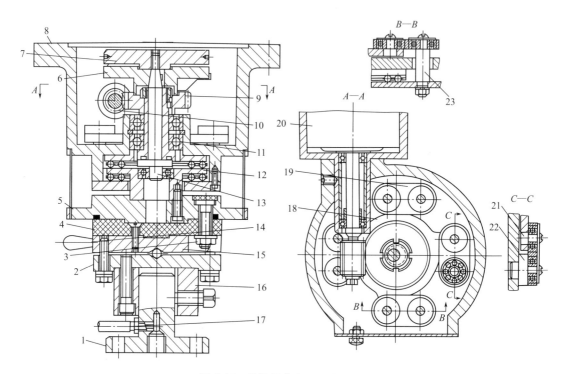

■ 图 2-15　停机调偏心量平动头结构

1—电极柄；2,5,15—法兰；3,7—螺母；4—绝缘板；6—刻度盘；8—壳体；9—蜗轮；10—蜗杆；11—偏心套；12—支承板；
13—偏心轴；14—手柄；16—钳口体；17—油管；18—过渡板；19—链片；20—伺服电动机；21,22,23—轴

轴 22 与过渡板 18 连接。轴 21 一端与壳体连接，另一端通过链片 19、轴 22 与过渡板连接，从而构成四连杆机构。当偏心轴旋转时，支承板 12 由于受到四连杆机构的约束而做给定偏心量的平面圆周平移运动。

偏心量的调节机构是由偏心轴 13、偏心套 11、刻度盘 6 及螺母 7 等组成的。偏心轴与偏心套的偏心量相等（$\delta_1 = \delta_2 = 1$），调节偏心量时可将螺母 7 松开，脱开轴与套的摩擦力，再旋转刻度盘 6，通过键带动偏心轴使它相对偏心套转过一个角度 α，该角度可通过与蜗轮 9 连接的指针在刻度盘上指示的角度值读出。当两个偏心的方向重合（即 $\alpha = 0°$）时，则偏心量为零；当两个偏心的方向相反（即 $\alpha = 180°$）时，则偏心量最大且为两个偏心之和。在调节得到所需的适当偏心量之后，须将螺母锁紧。加工时还可继续调节偏心量，即可得到所需的旋转轨迹半径，从而实现工具电极的侧向进给。

不停机调偏心量平动头主体部分的结构及工作原理与停机手动调偏心量平动基本相同，所不同的是偏心量调节部分。如图 2-16 所示，转动手轮 4 由螺纹齿轮 5 带动螺旋蜗轮 17 旋转，而使螺杆 19 产生升降，并带动偏心套 15 同时升降。由于在偏心轴上开有螺旋槽，偏心套上的顶丝即插在螺旋槽内。因此，当偏心套 15 升降时，迫使偏心轴 14 产生相对转角，从而进行偏心量的调节。

数控平动头的结构如图 2-17 所示，由数控装置和平动头两部分组成。当数控装置的工作脉冲送到 X、Y 两方向的步进电动机时，丝杠和螺母就相对移动，使中间溜板和下溜板按给定轨迹做平动。平动时，相对运动由上、下两组圆柱滚珠导轨支承，可保证较高精度和刚度。

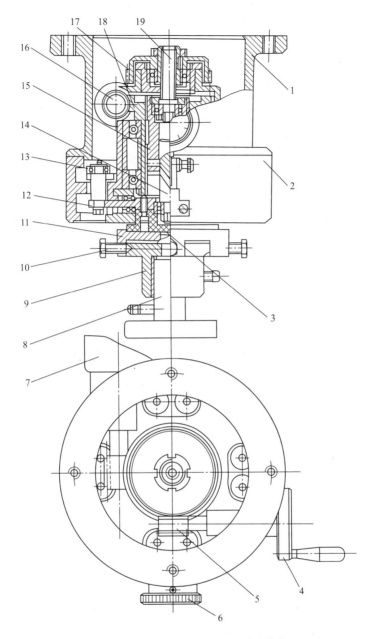

■ 图 2-16　不停机调偏心量平动头结构

1,2—壳体；3—绝缘垫板；4—手轮；5—螺纹齿轮；6—百分表；7—伺服电动机；8,9—工具电极夹头；10—螺钉；
11—夹盘；12—支承板；13—连接板；14—偏心轴；15—偏心套；16—蜗杆；17—螺旋蜗轮；18—蜗轮；19—螺杆

2.1.3　电火花成形机床系统组成

如图 2-18 电火花成形机床系统要由主机、脉冲电源、工作槽循环系统和液压油路伺服系统等组成。

（1）主轴伺服进给系统

图 2-19 是主轴伺服进给系统的结构示意图，从图中可以看出，该伺服系统由以下几部分构成：控制系统（CNC 系统）、伺服驱动系统、执行装置和反馈装置等构成。其工作原理

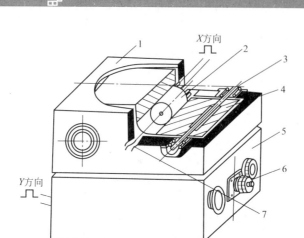

■ 图 2-17　数控平动头结构示意图

1—上溜板; 2—步进电动机; 3—圆柱滚珠导轨; 4—中间溜板; 5—下溜板; 6—刻度端盖; 7—丝杠、螺母

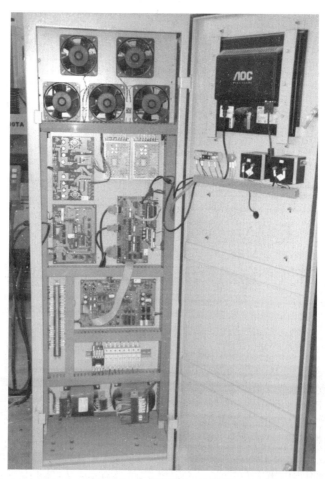

■ 图 2-18　电火花成形机床系统

是：CNC 系统根据输入的程序经过运算后发出指令，信号经过放大，驱动直流伺服电动机，带动滚珠丝杠副运动，此时制动器自动放开，主轴作上下伺服运动。同时主轴的旋转速度及主轴的上下升降位移通过安装在主轴上的速度传感器及位移传感器传递给 CNC 系统，与程

(a) 实物图

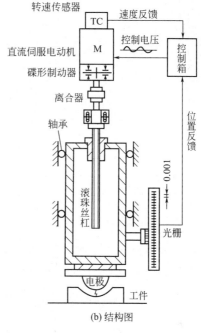

(b) 结构图

■ 图 2-19　电火花机床主轴伺服进给机构

序要求的理论速度及位移进行比较，由比较的结果决定主轴的旋转速度的大小和位移走向，从而保证工具电极和工件之间的合适的放电间隙。

当在任何位置切断主轴伺服主回路电源时，与滚珠丝杠副直联的电磁制动器将同时断电，系统依靠制动器内的弹簧力进行位移而产生制动作用，确保主轴位移与指令要求在任意位置一致。

（2）电气-液压自动调节（控制）系统

电气-液压自动调节系统原理方框图如图 2-20 所示，图 2-21 是液压系统原理图，图 2-22 是挡板与喷嘴示意图。

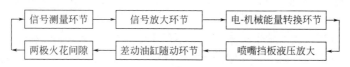

■ 图 2-20　电气-液压自动调节系统原理方框图

（3）电气控制系统

D7140 型电火花成形机的电气部分可分为脉冲电源和机床控制两大部分。脉冲电源由 JF2-100 型双路输出高低压台式脉冲电源提供，最大输出电流 100A；高压幅值 $200\sim250$V，低压幅值 60V；高压脉冲宽度 $4\sim40\mu s$，低压脉冲宽度 $2\sim1000\mu s$；脉冲间隙为 $15\sim250\mu s$；最大消耗功率 $8kV\cdot A$。脉冲电源由主振电路、延时电路、高低压脉冲宽度电路组成。机床控制电路有自动控制电路、主轴自动抬刀电路、电极平动电路、放电间隙自动控制和机床电器控制电路。

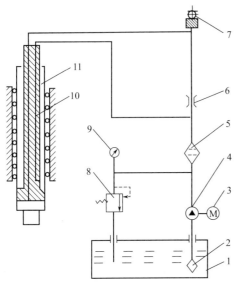

■ 图2-21 液压系统原理图

1—油箱；2—粗过滤器；3—电动机；4—叶片泵；5—精过滤器；
6—节流阀；7—喷嘴挡板；8—溢流阀；9—压力计；
10—活塞；11—主轴油缸

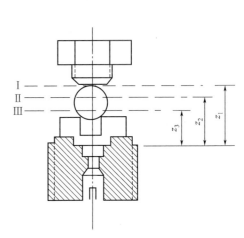

■ 图2-22 挡板与喷嘴示意图

图2-23是脉冲电路框图。脉冲电路主要由主振电路、延时电路、高低压复合电路、高低压脉冲电路及微精加工电原理等电路组成。

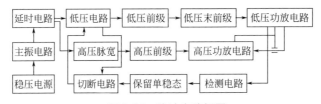

■ 图2-23 脉冲电路框图

机床控制电路的自动控制放大器中设计有+50V的给定电压，作为间隙信号的比较电压。"主轴控制"电位器 W2 用来调节主轴运动的速度方向。主轴自动抬刀系统中"加工时间"电位器 W3 用来调节加工时间的长短。电极平动系统中，直键开关 JK 用来控制平动电动机 SD 的正反转向。机床电器中的液压油泵 D1、工作液泵 D2 及主轴头升降运动电动机 D3 是由交流接触器-继电器系统来实现电力拖动的控制。机床还备有24V供照明装置用的电源。

（4）电火花成形机床的机电控制

图2-24是 D7140 型电火花成形机电气控制原理之一。它由 ZK1 自动空气开关供给 A、B、C、N 三相四线制供电电源。经过保险器 1RD1 供给总电源，再经保险器 RD1、交流接触器 1CJ 主触点控制，送至液压泵电动机、工作液泵电动机和主轴头电动机电源。通过交流接触器 2CJ 控制液压泵电动机转动。通过交流接触器 3CJ 来控制工作液泵电动机转动。电源还通过保险器 RD2 供给主轴头电动机电源，经过正转交流接触器 5CJ 和反转交流接触器 6CJ 对主轴头电动机进行控制。另外总电源还经过交流接触器 1CJ1 供给自动调压器 TB 电源，经过调压器，输出两路经调压器降压的电源供给变压器 ZB1 和变压器 ZB2，经变压输出后整流供给高压直流和低压直流电源。调压器的自动控制是靠调压电动机来实现的，也可以用手动进行调压，以达到所需要的电压幅值。

图2-25是 D7140 型电火花成形机电气控制原理之二。图中控制是由控制电源 103A 和 102C 对主电源、液压电动机、工作液泵电动机和主轴头电动机进行控制。控制回路采用交

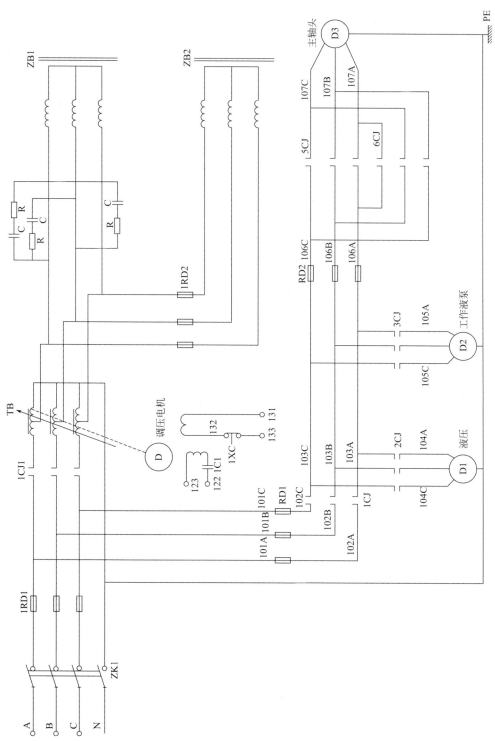

■ 图2-24 D7140型电火花成形机电气控制原理之一

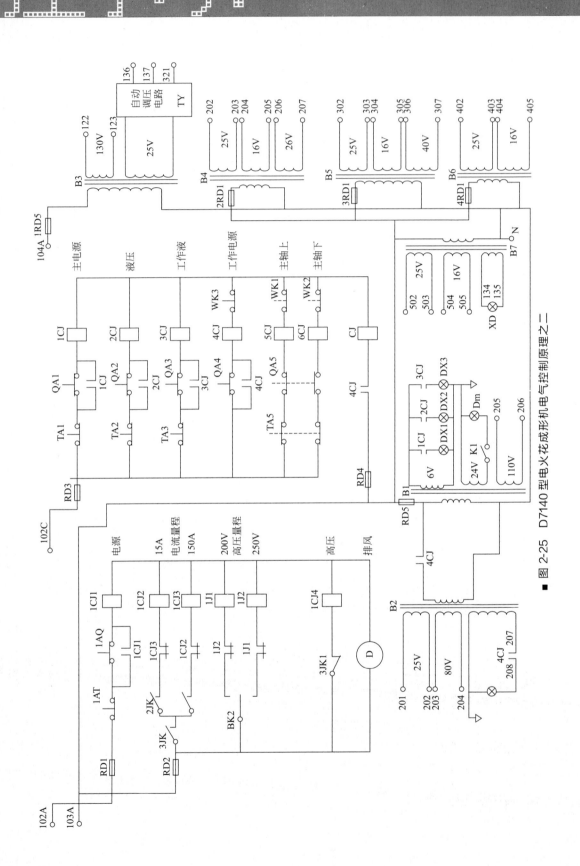

■ 图 2-25 D7140 型电火花成形机电气控制原理之二

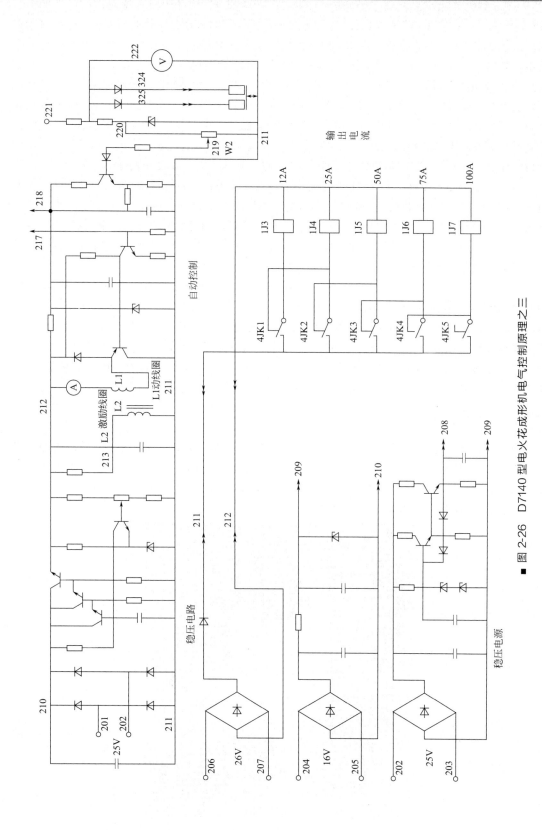

■ 图 2-26 D7140 型电火花成形机电气控制原理之三

流380V电压，主电源、液压电动机、工作液泵电动机的控制采用自锁控制电路，靠按钮进行控制。接触器辅助常开触点自锁。主轴头电动机控制采用点动限位控制电路。控制电路较为简单。再由控制电源102A和103A对工作电源进行控制。当自锁控制电路工作时，按下1AQ按钮，1CJ1交流接触器线圈受电。这时，自动调压器才可得电工作，才能给脉冲电路提供高压直流和低压直流电源。按动琴键开关3JK和波段开关BK2来选择高压电流量程和高压电压量程，控制电压幅值交流380V。电源变压器B1~B7均采用初级电压220V，次级电压根据实际需要选用，以供给控制系统工作电源。B1控制变压器220V/110V、24V、6V供给主电源、液压电动机、工作液电动机工作指示灯电源，工作照明灯电源和手动电动机线圈电源。控制变压器B2 220V/80V、25V、6V，供给稳压电路工作电源和自动控制电路电源以及工作电源指示灯电源。控制变压器B3控制电压220V/130V、25V，供给自动调压器调压电动机线圈电压和自动调节电路电源。变压器B4、B5供给稳压电路电源，有两套稳压电源供给主振电路和低压前级放大电路用。变压器B4的控制电压是220V/25V、16V、26V；B5的控制变压幅值是220V/25V、16V、40V；变压器B6供给高压前级电路，其控制变压幅值是220V/25V、16V。

图2-26是D7140型电火花成形机电气控制原理之三。它包括稳压电源电路、稳压电路自动控制电路和输出电流控制电路。稳压电源电路由B4变压器提供26V、16V、25V交流电压，经过桥式整流、电容滤波、稳压电路后提供直流24V、直流10V和直流12V电压。稳压电路由B2变压器提供25V交流电压，经过具有调整管的稳压电路为自动控制电路提供稳定的工作电源。

输出电流控制电路由琴键开关控制直流继电器1J3~1J7线圈动作来选取输出电流幅值，从12~100A电流幅值可选。

2.1.4　灭火系统

电火花成形加工机床放电加工过程中，瞬间产生很高的温度，而液体介质最常用的是煤油，煤油是可燃性液体，在加工时经常会发生火灾危险，所以一般电火花成形加工机床上都安装有灭火系统，并标有防火标志。通常电火花成形加工机床上有两套灭火装置，一套是自动灭火装置，如图2-27所示，另一套是人工灭火器。

■图2-27　电火花成形加工机床自动灭火系统示意图

2.2 电火花成形机床的维护与维修

2.2.1 电火花成形加工机床的日常维护及保养

（1）机器的日常维护

定期用工作液清洗工作液槽以及该部位的所有的部件，将污染的工作液用冲液管洗干净后用干软布擦干这一区域。经常擦净工作液槽门的密封圈、夹具和附件。保证油箱中有足够的工作液。

（2）定期检查和更换

① 保持回流槽干净，检查回油管是否堵塞、电柜后面的上下百叶窗是否打开、浮子开关工作是否正常。

② 定期检查安全保护装置，即机器的急停开关、操作停止开关、烟雾报警器、温度继电器等。

③ 定期更换过滤芯、工作液槽的密封圈、脉冲电源柜的空气过滤器，过滤器脏将引起电源柜过热和元件损坏。

④ 定期清除脉冲电源柜的灰尘。

（3）定期润滑

按机器说明书所规定的润滑部位及润滑要求，定期注入规定的润滑油或润滑脂，以保证机器机构运转灵活。机床润滑油箱如图2-28所示。

（4）严格控制工作液高度

加工时，工作液液面要高于工件一定距离（30～100mm），如图2-29所示。如果液面过低，加工流量较大，很容易引起火灾。在火花放电转成电弧放电时，电弧放电点局部会因温度过高（时间越长温度越高），工作表面向上积炭结焦，主轴跟着向上回退，直至在空气中产生火花而引起火灾。此时，液面保护装置也无法动作。因此，除非电火花成形机床上装有烟火自动监测和自动灭火装置，否则，操作人员不能较长时间离开。

润滑油箱

■ 图 2-28　机床润滑油箱

（5）其他

① 注意检查工作液系统过滤器的滤芯。

② 定期检查电火花成形机床主轴风扇工作情况，是否有杂物并注意清除。

③ 定期检查电火花成形机床强电盘上的继电器动作是否正常，放电电容、放电电阻是否正常。

④ 检查电火花成形机床润滑油是否充足，管路有无堵塞，对于采用易燃类型的工作液，使用中要注意防火。电火花机床手工灭火如图2-30所示。

（6）维护和保养时的注意事项

① 机床的零部件不允许随意拆卸，以免影响机床精度。

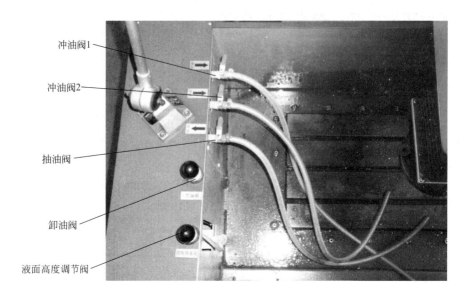

冲油阀1

冲油阀2

抽油阀

卸油阀

液面高度调节阀

■ 图 2-29　工作液控制

■ 图 2-30　电火花机床手工灭火

② 工作液槽和油箱中不允许进水，以免影响加工和引起机件生锈。

③ 直线滚动导轨和滚珠丝杠内不允许掉入脏物及灰尘。

④ 注意保护工作台面，防止工具或其他物件砸伤、磕伤工作台面。

⑤ 添加工作介质煤油时，不得混入类似汽油之类的易燃物，防止火花引起火灾。油箱要有足够的循环油量，使油温限制在安全范围内。

2.2.2　电火花成形机床的故障诊断与维修

（1）常见故障与处理

机床常见故障判断和处理方法见表 2-1。

■ 表 2-1 机床常见故障判断和处理方法

故障	可能原因	处理方法
电源故障	① 机床无电源或者信号指示灯不亮	检查机床电路总开关及总保险器 RD2 三相电压是否正常,检查交流接触器 1CJ 触点及线圈是否良好
	② 油泵工作无压力	检查接触器 3CJ 是否良好,检查油泵电动机是否良好,初装或检修还要看电动机转向是否符合要求,否则要调换相序
	③ 主轴头控制不正常	检查主轴头主电路及保险器 RD2 电压是否正常,检查交流接触器 5CJ 和 6CJ 是否良好,检查上、下限位开关触点是否良好
	④ 主轴电源不正常,电压表无 40V 指示	检查交流接触器 4CJ 是否良好,检查变压器 B2 输入输出是否正常,检查电压表及信号线是否有短路
主轴控制不正常	① 主轴控制电流调到最大时,主轴不进给或者很慢	检查液压泵压力是否正常,若压力正常,检查节流孔是否有堵塞,停泵检查节流孔座并清洗节流孔
	② 主轴控制电流调至最小或零时,主轴不回升	检查液压泵压力是否正常,若压力正常,则检查喷嘴孔是否堵塞,停泵卸下转换器取出喷嘴清洗
	③ 主轴控制平衡点电流调节不当或处置不当	主轴控制顺时针调 W2 旋钮最大时,电流表指示应为 400mA,此时主轴应缓慢向下移动;逆时针缓调 W2 旋钮,当电流在主轴不上不下的某一点时,则是主轴平衡点电流,应在 150～200mA。若小于 150mA 时,应增加机械转换器喷嘴与顶杆的距离,若大于 200mA 时,应减少喷嘴与顶杆的距离
	④ 机械转换器喷嘴与顶杆距离调节不当	调节喷嘴与顶杆距离时,停液压泵,拔下机械转换器电源插头,拧下转换器后再插上电源插头,主轴控制旋钮 W2 调最大,抬起时间旋钮 W3 调最大,拧入喷嘴,听顶杆移动与喷嘴钢球撞击声,若无撞击声,表明喷嘴钢球已压紧顶杆,不能再拧入,避免使转换器弹簧片损坏
直流供电不正常	① 低压直流电源不正常,可能整流管烧坏或电解电容器性能坏(电容器有 40 个并联)	检查低压直流电压是否符合要求,检查整流二极管、滤波电容器是否有损坏,若有则更换
	② 高压直流电源不正常,可能整流管烧坏或滤波电容性能差或高压选择开关电路故障	检查高压直流电压是否符合要求,检查二极管、滤波电容器是否有损坏,检查选择开关电路是否正常,连接是否可靠
高频脉冲电源不正常	① 低压直流供电不正常可能是自动调压器调节不适当	供电电压应在 58～66V 之间,如超出范围,调节自动调压器控制电路、板上 1W1 电位器,使电压在调压范围内
	② 可能出现短路情况	检查脉冲输出母线与工件有无短路,接触是否良好
	③ 电流选择大,电流瞬间短路,正负母线两端电流表有指示部分功放板信号灯不亮	检查信号指示灯是否烧坏;检查不亮信号灯的低压功放板上功放管是否完好,检查有无断线、接触不良、开路等
	④ 高压选择后,高压前级信号灯亮,瞬间短路脉冲输出母线正、负端高压功放信号灯不亮	检查高压功放电路插板是否可靠,其上信号灯是否烧坏,检查高压功放三极管是否烧坏,检查功放管限流电阻是否烧坏以及连接是否可靠,有无断线、开路等
加工不稳定	①可能主轴控制调节不当,太大或太小	重新调整主轴控制电流,按照规定的电流值上、下限进行调整
	② 可能是排屑不良,冲油太大或太小,或者抬刀时间设置不当	检查冲油情况,根据工件、加工面积等情况调节油阀门及清洗过滤器以防有堵塞,调节抬刀时间与加工时间匹配
	③ 输出电流调节不适当	调节输出电流,根据加工面积大小合理调节加工电流,不能太高
	④ 低压脉宽调节不适当	调节脉冲宽度适当,要根据脉冲间隔大小来调整,不能太大

故　障	可能原因	处理方法
加工不稳定	⑤ 主轴不灵敏,主轴进给与回升速度不匹配	调节主轴进给与回升速度应大于200mm/min,进给与回升速比应在1/2～2/3。如匹配不好,进给太快可将平衡电流稍高一点,反之调低。如果偏离过大,可扩大节流阀孔径和喷嘴孔径来调整扩大节流片孔径,可加快进给速度,否则扩大喷嘴孔径可加快回升速度,根据实际情况而定
	⑥ 主轴不灵敏区调整不当,死区较大	检查主轴处于平衡状态,表架上千分表指零时,电流表是否在40mA(是主轴刚进和刚回的电流值之差,即主轴死区);如果电流过大应检查主轴活塞杆悬挂环节配的同心度,并校正;检查液压油是否清洁;检查机械转换器装配是否良好,有无碰撞,线圈与扼铁是否同心,否则重新拆装;检查转换器的弹簧片,是否刚度不够,有无塑性变形,有问题则更换
	⑦ 可能电极与工件装夹不牢、松动	检查电极和工件的装夹,应当牢固,禁止松动
产生拉弧烧伤	① 可能是加工面积小,选用输出电流大所致	调节输出电流的幅值,加工面积大,选用大电流;加工面积小,选用小电流;加工型腔模开始工作,接触面积小,用小电流;加工冲模、快穿透时,加工面积小,用小电流;形状复杂尖角多的型孔用小电流
	② 排屑不良造成	调节冲油适当,不能太大或太小;调节抬刀时间,不能抬刀时间短而加工时间长;排屑孔不当
	③ 脉冲参数选择不当造成	合理选择电参数,不能低压脉宽太宽,而脉冲间隔太小,应按照脉冲参数选配推荐表和具体加工情况选择确定
	④ 电源的高压功放或低压功放三极管损坏	功放管损坏造成脉冲参数调节失调,电流调节失控,影响正常加工
	⑤ 主轴不灵敏、死区大造成	同"加工不稳定"故障处理方法⑥和⑦调整和处理
功放管损坏	① 突加过电压烧坏	开机前,检查输出电流和高压选择开关置"0"后再启动电源,待自动调压至58～66V范围,再去启动输出电流和高压选择,以避免突然启动,电压突加,自动调压反应慢而损坏功放管
	② 限流电阻烧坏,短路造成功放管过流击穿	检查功放电路板上限流电阻是否完好,再检测功放三极管是否完好,可用万用表、示波器等器具进行检查
	③ 功放管长期过热过载工作,导致损坏	检查功放管以及电源柜的通风散热情况是否良好,功放管的散热如散热片、散热帽等
	④ 在排屑条件好、脉冲参数选择合适情况下,常发生电弧烧伤工件,可能低压功放管击穿,功放管内部PN结烧坏或其他因素造成损坏	在正常加工条件,常发生电弧烧伤工件时,应先检查功放管是否有损坏,检查功放管有无开路、短路烧坏或击穿,若有应更换

（2）故障维修实例

【例 2-1】 C 轴伺服电动机固定偏差超出，CRT 显示 74 号报警。

故障现象：给 C 轴指令时，显示 74 号报警，CRT 显示为 "C-AXIS MOTOR DROOP OVER"，即 C 轴伺服电动机的固定偏差超出。

故障检查与分析：该机床是日本牧野公司生产的电火花机床，型号为 EDNC-32，控制系统 MGBⅡ 是由该公司自行开发的。

根据跟随误差的原理，知道这个固定偏差报警实质上是跟随误差超出了允许值。用手摇脉冲发生器，给 C 轴送出单个进给脉冲。这时，在 CRT 上可观察到指令位置在变化，且每发出一个脉冲，指令位置就累加一次，可 C 轴的实际位置不动。当指令位置累积到一定数值后，即出现上述报警，由此说明问题一定出在包括伺服放大器和执行电动机在内的驱动回路中。

为了避免报警出现，仍使用手摇脉冲发生器发出 $1\sim2$ 个进给脉冲，用万用表在伺服放大器的指令输入端测量，明显可见指令电压送出。进一步观察伺服放大器连接直流电动机的输出端也有电压输出，说明故障在伺服电动机上。打开 C 轴罩壳，露出直流伺服电动机后发现，固定 C 轴电动机电缆线的卡子松动，当 Z 轴上下运动时，松脱的缆线挂在床体凸起的部位，导致电缆被拉断，并造成了这个故障。

故障处理：重新连好电缆线，紧固好电缆线卡子，设备恢复正常运行。

说明：当固定偏差计数器中的值超过了参数规定的界限之后，就会出现报警，一旦报警出现，机床就不能再进行任何操作了，包括要测量的一些信号也会随之消失。为了避免这种情况出现，使用手摇脉冲发生器是最好的方法，它可以控制指令脉冲发出的数量，只要使它不超出参数的限定，就不会出现报警。这时，维修人员尽可放心的采集诊断所需的各种数据。手摇脉冲发生器在其他一些维修活动中也是很有用的。

【例 2-2】 C 轴高速无报警显示故障。

故障现象：C 轴时常发生高速运转，无报警信号，自启动达 C 轴高速也无报警信号。

故障检查与分析：该机床是日本牧野公司生产的电火花成形机床，型号为 EDNC-32，控制系统为 MGBⅡ是由该公司自行开发的。

1）故障原因　根据失速时的 C 轴转速接近最高转速这个故障现象来分析，问题估计出在如下三个方面。

① 速度指令（VCMD）异常。

② 测速反馈回路异常。

③ 伺服放大器异常。

2）故障检查　针对故障原因应做如下检查。

① 使用 HP54602 数字记忆示波器在伺服放大器一侧观察 VCMD 信号，当故障出现时，示波器捕捉到的信号正常，说明 CNC 部分没有问题。

② 在准备观测测速机反馈信号时，发现 C 轴电动机没有带测速发电机，仅配有脉冲编码器，仔细研究后得知，脉冲编码器的反馈信号经过一个频率-电压（U/f）转换器转换后形成速度反馈的比较电压，如图 2-31 所示。为了提高抗干扰能力，在编码器输出和 CNC 间还加有一个隔离放大器，其上的所有信号采用光耦隔离。脉冲编码器的供电也使用了一个 DC-DC 变换器，将 CNC 一侧的 +5V 电源经隔离变换后送至编码器。

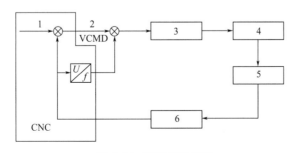

■ 图 2-31　测速反馈框图

1—位置指令；2—整速指令；3—伺服放大器；4—伺服电动机；5—脉冲编码器；6—隔离放大器

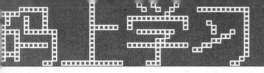

③ 在搞清上述关系后，在隔离放大器一侧用示波器观测编码器的两路输出信号，在故障出现时，示波器上也出现了异常的反馈信号，有时甚至没有输出，由此可以肯定，问题出在与编码器有关的回路中。

④ 按常规先检查编码器供电电源，发现＋5V 电压不稳，在故障出现时甚至可下跌到 3V 左右。

⑤ 在隔离放大器靠近 CNC 一侧测量 CNC 提供给隔离放大器的＋5V 电源，结果非常稳定，可见问题出在隔离放大器上的 DC-DC 变换器上。

故障处理：用一块国产的＋5V DC-DC 变换器，采用板外连线的方法替换原来损坏的变换器，机床恢复正常。

说明：正确使用数字存储示波器，捕捉与故障相关的一些信号，对诊断这类随机性故障有着极大的帮助。

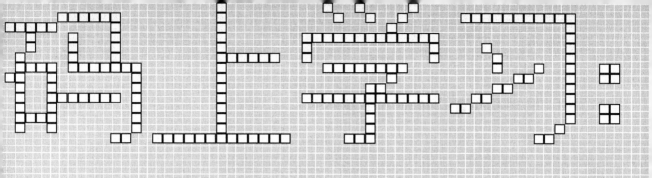

边学边做

数控电加工机床编程与维修

chapter 3

第3章／电火花机床的应用

3.1 数控电火花成形加工工艺

3.1.1 加工条件

（1）工件材料和尺寸形状

工件毛坯的尺寸必须适合于在工作液槽内设置，工件能够被紧固，其硬度、刚度、塑性符合标准，重量在许可范围内；工件材料导电率大于 0.1S/cm，并且材料不与工作液发生强烈的化学反应。应注意以下几点。

① 工件未进行应力退火的形状误差；

② 碳化钛和碳化钽含量高的硬质合金的性能下降；

③ 耐热钢未进行盐浴硬化会因内应力而产生形状误差；

④ 大工件加工过程中的温度变化会延长加工时间，对空调制冷也有特殊要求；

⑤ 窄缝和深槽加工及冲液不易进行。

（2）冲液

冲液效果的好坏对放电加工效率十分重要。衡量冲液效果的指标是均匀性。冲液分为以下两种类型。

1）运动冲液　在加工过程中，电极的运动包括抬刀、平动、旋转，可以满足冲液的要求。通过运动冲液比经过内孔冲液能更好地保证尺寸精度，但要稍增加一些加工时间。冲液嘴用于进行侧面冲液，一般与抬刀组合使用。图 3-1 是运动冲液示意图。

2）受控冲液　在加工过程中对大电极或复杂形状的电极而设计的冲液孔，以保证放电加工中冲液均匀排出和气体容易排出。冲液孔可做在电极或工件中。电极冲液孔在加工后留下的柱芯必须除去。工件上的冲液孔，如果加工后圆柱芯还消除不了，应将这些孔堵住，除非它们不影响工件的正常功能。在放电加工中为了通过工件进行冲液，要有一个冲液腔，具体如图 3-2 所示。图中有冲液腔，通过工件进行冲液，利用冲液管控制冲液和吸液。

（3）单工具电极数控摇动法

此方法与单工具电极平动法相同，只是数控电火花加工机床的工作台按一定轨迹做微量移动来修光侧面，为区别于夹持在主轴头上的平动头的运动，通常称作摇动。由于摇动轨迹是靠数控系统产生的，所以具有更灵活多样的模式，除圆轨迹外，还有方形、十字形等轨迹，因此有利于复杂形状的侧面修光，更有利于尖角处的"清根"，这是一般平动头所无法做到的。图 3-3 （a）为基本摇动模式，图 3-3 （b）为工作台变半径圆形摇动，主轴上下数控联动，可以修光或加工出锥面、球面。由此可见，数控电火花加工机床更适合单电极法加工。另外，可以利用数控功能加工出以往普通机床难以或不能实现的零件。如利用简单电极配合侧向（X、Y 向）移动、转动、分度等进行多轴控制，可加工复杂曲面、螺旋面、坐标孔、侧向孔、分度槽等，如图 3-3 （c）所示。

3.1.2 工件的准备

（1）工件的预加工

为了节约电火花加工的时间，提高生产效率，一般在电火花加工前要用机械加工的方法去除大部分加工余量。留下的加工余量要均匀、合适，否则会造成电极损耗不均匀，影响表面加工精度和表面粗糙度。

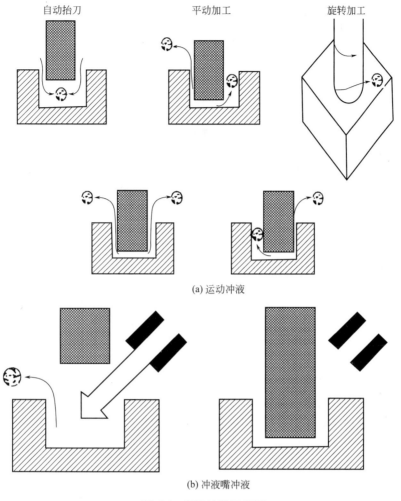

(a) 运动冲液

(b) 冲液嘴冲液

■ 图 3-1　运动冲液示意图

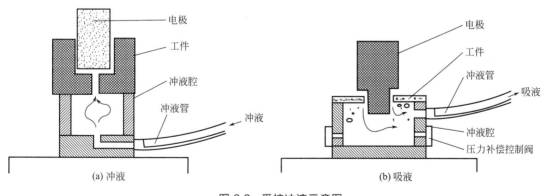

(a) 冲液　　　　　　　　　　　(b) 吸液

■ 图 3-2　受控冲液示意图

（2）基准面

要加工的工件形状必须有一个相对于其他形状、孔或表面容易定位的基准面，这个基准面必须精密加工。通常，基准面从水平或垂直的两个面中选取，或者从中心孔和一个底面选取。

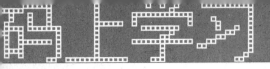

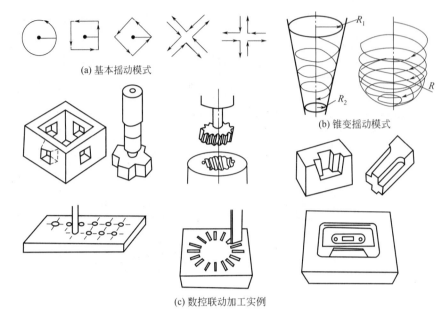

(a) 基本摇动模式

(b) 锥变摇动模式

(c) 数控联动加工实例

■ 图 3-3　几种典型的摇动模式和加工实例

R_1—起始半径；R_2—终了半径；R—球面半径

（3）冲液孔

根据加工计划，必须制作所需的冲液孔，其加工方法如下。

① 没有经过热处理的钢。工件钻孔。

② 热处理后的钢。工件使用管状电极进行电火花加工或用金刚石钻孔机钻孔。

③ 硬质合金钢。使用管状电极进行电火花加工或预先烧结。

（4）回火处理

回火是因材料可能出现变形。在放电加工之前，必须先对工件进行回火处理，另一方面，回火对于放电加工不产生任何不利因素。如果回火处理是在盐浴炉中进行的，则需要对工件进行喷砂清理或者研磨处理。

（5）除锈、去磁

在电火花加工前，必须对工件进行除锈、去磁，以免在加工过程中造成工件吸附铁屑，引起拉弧烧伤，影响成形表面的加工质量。

3.1.3　电极

电火花加工的特点主要是把电极的形状通过电蚀工艺精确的仿制到工件上。因此，工件形状和加工精度与电极有着密切的关系。为了保证电极符合要求，在选择电极时，必须正确选择电极材料和合理的几何尺寸，同时还应考虑电极的加工工艺性等问题。

（1）电极材料

从电火花加工的原理来讲，任何导电材料都可以作为电极，但电极材料对于电火花加工的稳定性、加工速度和工件质量等都有很大的影响，故在实际使用中，应选择导电性能良好、损耗小、造型容易、加工过程稳定、效率高和价格便宜的材料作为电极。电火花加工常用的电极材料有紫铜、黄铜、铸铁、钢和石墨等。在这些材料中，每一种材料都不能完全满足所有加工的要求，故应根据不同的具体要求合理地选择电极材料。常用电极材料的种类和性能见表 3-1。

■ 表 3-1　常用电极材料的种类和性能

电极材料	电火花加工性能		机械加工性能		使用场合
	加工稳定性	电极损耗	成形方法	成形性能	
钢	较差	中等	切削加工	切削性好	穿孔
铸铁	一般	中等	切削加工	切削性好	穿孔
石墨	尚好	较小	切削、加压振动成形；烧结成形	强度较差	中大型型腔、部分穿孔
黄铜	好	大	切削加工	一般	精密微细加工、穿孔
紫铜	好	较小	切削、电铸精锻、液电成形	磨削较困难	穿孔、型腔加工、尤其是精密、微细加工
铜钨合金	好	小	切削加工	一般	深孔、精细小型腔
银钨合金					

（2）电极结构

电极的结构形式应根据型孔的大小与复杂程度、电极的加工工艺性等来确定。常用的电极结构有下列几种形式：

1）整体式电极　就是用一整块电极材料加工出的完整电极，这是最常用的结构形式。对于形状面积较大的电极，可在其上端（非工作面）上钻一些盲孔，以减轻重量，提高加工过程的稳定性。

2）组合电极　也称多电极，即把多个电极装夹在一起。采用多电极加工，生产率高，各加工部位的位置精度也较为准确，但对电极的定位有较高的要求。

3）镶拼式电极　有些电极做成整体电极时，机械加工困难，因此将它分成几块，加工后再镶拼成整体。这样可以保证电极的制造精度，得到尖锐的凹角，而且节省材料。

（3）技术要求

对电极的要求是：尺寸精度应不低于 IT7 级，公差一般小于工件公差的 1/2，并按入体原则标注；各表面平行度在 100mm 长度上小于 0.01mm；表面粗糙度 Ra 小于 1.25μm。

（4）电极的尺寸

电极的尺寸主要包括长度尺寸和截面尺寸。

1）长度尺寸　电极的长度尺寸除主要考虑工件的有效厚度（通孔工件）外，还要考虑到电极的损耗、使用次数和装夹形式等多种因素。一般情况下，电极的有效长度（即总长度减去装夹等辅助长度）通常取工件厚度的 2.5～3.5 倍，当需用一个电极加工几个工件或加工一个凹模上的几个相同型孔时，电极的有效长度还应适当加长。

对于加工盲型腔所用电极的有效长度，一般取工件型腔深度加上 2 倍最大蚀除深度即可，当电极下端可修复续用时，则应增加供修复的长度。

当能满足装夹和加工所需时，其电极长度应尽量缩短，以增强电极刚度和加工过程的稳定性，还有利于成形磨削加工以及对电极形状的投影检验。

2）截面尺寸　电极截面尺寸与多种因素有关，除主要通过工件图样得到外，还需考虑到火花间隙的大小，凸凹模间的配合间隙，以及电加工的工艺过程（如一次或分粗、精多次以及采用平动方式时的尺寸缩放量）等方面。

① 电极的截面尺寸，原则上与工件截面尺寸仅相差一个火花间隙，即电极的凸型部分应比工件的凹型部分均匀缩小一个（单面）火花间隙值，电极的凹型部分应比工件的凸型部分均匀放大一个（单面）火花间隙值。

② 冲裁模中的凹模尺寸完全取决于冲件尺寸，加工凹模的电极尺寸即可按前述原则通过冲件尺寸缩小其火花间隙。

③ 如果采用单电极加工，其截面尺寸还应将电极损耗量加到火花间隙值中，一并进行考虑。

④ 精确的电极尺寸对加工精密工件来讲是必不可少的，而且由于环境、系统、操作者的影响，工件的精度总比生产中所用的电极精度差。因此，正常情况下电极公差是工件公差的一半。

3.1.4 电极和工件的装夹与定位

在加工之前，应先对电极和工件进行装夹、找正与定位。这些工作十分重要，它不仅直接影响加工的精度，还可能因恶化加工过程的稳定性而影响生产率。

（1）装夹

1）电极的装夹

① 整体式电极大多数使用通用夹具直接安装在机床主轴的下端。例如圆柱形电极可选用标准套筒夹具装夹，如图3-4所示；直径较小的电极可选用钻夹头装夹，如图3-5所示；尺寸较大的电极可选用螺纹夹头装夹，如图3-6所示。

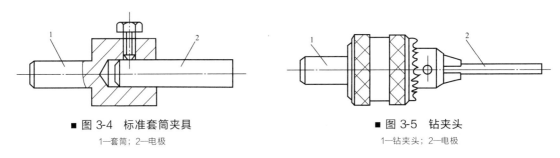

■ 图3-4 标准套筒夹具
1—套筒；2—电极

■ 图3-5 钻夹头
1—钻夹头；2—电极

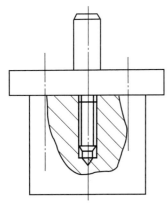

■ 图3-6 螺纹夹头

② 图3-7是异形电极夹头，除了装夹异形电极外，还可以做短电极接长加工用。异形电极夹头由电极夹具、方形夹头和夹头或电极构成。图3-8是电极夹持板，具有加工方形电极和分路加工的用途，它由夹具连接锥柄、方形夹具体构成，也可大面积分割电极。

③ 多电极可选用配置了定位块的通用夹具加定位块装夹（见图3-9）或专用夹具。

④ 镶拼式电极一般采用一块连接板，将几块电极连接成所需的整体后，再装夹，如图3-10所示。

为了使电极的调整更加方便，现在还有多种能调节垂直度与水平转角的新型夹头，如球面铰链夹头和电磁夹头等。

2）工件的装夹 在一般情况下，工件被安放在工作台上，与电极互相定位后，用压板和螺钉压紧即可，但需注意保持与电极的相互位置。

（2）校正

电极装夹后，需进行校正，使其轴线或轮廓线垂直于机床的工作台面。校正电极的方法很多，在此仅介绍两种简单而实用的方法。

1）利用精密角度尺校正 如图3-11所示，利用精密角尺，通过接触缝隙校正电极与工作台的垂直度，直至上下缝隙均匀为止。校正时还可以辅以灯光照射，观察光隙是否均匀，以提高校正精度。这种方法的特点是简便迅速，精度也较高。

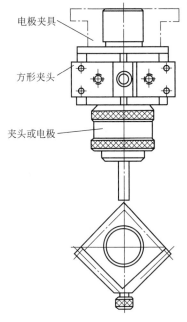

电极夹具

方形夹头

夹头或电极

■ 图 3-7　异形电极夹头

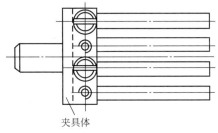

与主轴绝缘

大面积分割电极　　方形夹具体　　夹具连接锥柄

■ 图 3-8　电极夹持板

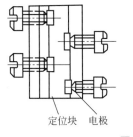

定位块　电极

夹具体

■ 图 3-9　多电极通用夹具

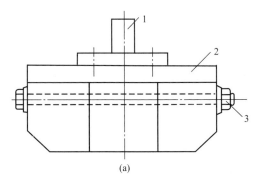

(a)

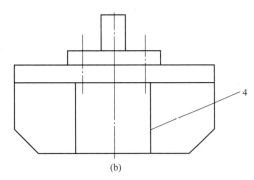

(b)

■ 图 3-10　连接板夹具

1—电极板；2—连接板；3—螺栓；4—黏合剂

2）利用千分表校正　如图 3-12 所示，当电极通过机床主轴做上下移动时，电极的垂直度可以直接从千分表读出。这种方法校正可靠、精度高，但较费时。

（3）定位

电火花加工中的定位是指已安装完成的电极对准工件的加工位置，以达到位置精度要求，下面介绍几种常用方法。

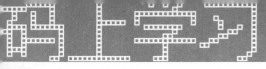

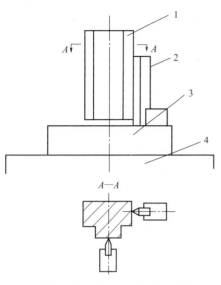

■ 图 3-11 用角度尺校正电极垂直度

1—电极；2—角尺；3—工件；4—工作台

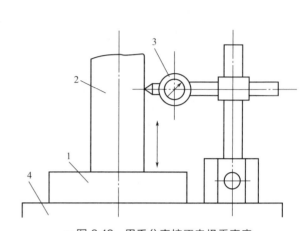

■ 图 3-12 用千分表校正电极垂直度

1—工件；2—主轴；3—千分表；4—工作台

1）划线法 按图样在工件两面划出型孔线，再沿线打冲眼，根据冲眼确定电极位置。该方法主要适用于定位要求不高的工件。

3-1 电极的装夹与校正操作演示

2）量块角尺法 先在工件 X 和 Y 方向的外侧表面上磨出两个定位基准面，用一精密角尺与工件定位基准面吻合，然后在角尺与电极之间垫入尺寸分别为 x 和 y 的量块，电极与量块的接触松紧适度，如图 3-13 所示。

3）测定器、量块定位法［二维码 3-1］ 测定器中两个基准平面间的尺寸 z 是固定的，它配合量块和千分表进行定位。定位时，将千分表靠在工件外侧已磨出的基准面上，移动电极，当读数达到计算所得电极与基准面的距离 x 时，即可紧固工件，如图 3-14 所示。

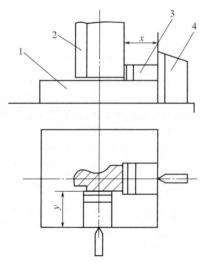

■ 图 3-13 用量块和角尺定位

1—工件；2—电极；3—量块；4—角尺

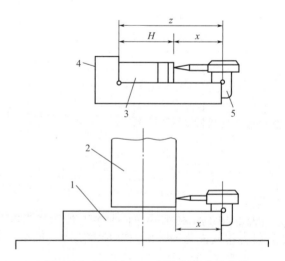

■ 图 3-14 用测定器、量块和千分表定位

1—工件；2—电极；3—量块；4—测定器；5—千分表

4) 接触感知定位法　数控电火花机床均具有自动找正定位功能，可用接触感知代码编制数控程序自动定位。

5) 按电极侧面校正　当电极侧面较高、为直壁面时，可用百分表校正 x、y 方向的垂直度，如图 3-15 所示。

6) 按电极放电痕迹校正　电极端面为平面时，除上述方法外，还可用弱规准在工件平面上放电打印记校正电极，调节到四周均匀地出现放电痕迹（俗称放电打印法），即达到校正的目的。

7) 利用对中显微镜校正　将电极夹紧后，把对中显微镜放在工作台面上，物镜对准电极，按规定距离从目镜观察固定板上的电极影像，调整校正板架上螺钉，使电极影像分划板上十字线的竖线重合，即说明电极垂直了，如图 3-16 所示。

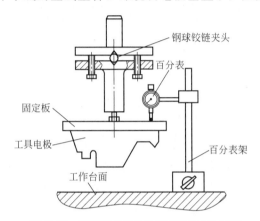

■ 图 3-15　按电极固定板基准面校正示意图

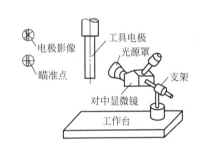

■ 图 3-16　利用对中显微镜校正电极示意图

8) 有重复精度要求的校正　主要是采用分解电极技术或多电极加工同一型腔时，电极的校正除上述方法外，还要求电极的装夹有一定的重复精度，否则重合不上，造成废品。如图 3-17 所示为燕尾槽式电极加工示意图。

9) 按电极端面进行校正　主要指工具电极侧面不规则，而电极的端面又加工同一平面时，可用"块规"或"等高块"，通过"撞刀保护"挡，使测量端四个等高点尺寸一致，即可认定电极端与工作台平行，如图 3-18 所示。

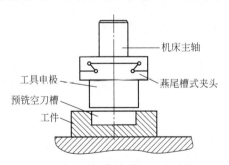

■ 图 3-17　燕尾槽式电极加工示意图

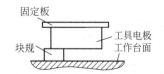

■ 图 3-18　按电极端面用块规校正示意图

3.1.5　影响工艺指标的因素

影响工艺指标的因素包括电规准，工件与电极的材料，电极的制造精度，工件型腔的复杂程度与深度，工作液的种类、净化程度及供给方式，以及辅助工作的完善等。

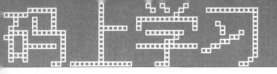
（1）电规准的影响

1）脉冲宽度的影响　脉冲越宽，则放电间隙越大，加工表面粗糙度大，生产率高，电极损耗则小；反之则相反。图 3-19 是脉冲宽度与工艺指标关系曲线。

2）高压脉冲的影响　高压脉冲通常比低压脉冲要窄得多，增加高压脉冲可以提高加工稳定性和获得较高的生产率，而且随高压脉冲的增加而增加，但是增加到一定程度后，变化不太明显。

3）脉冲电流的影响　脉冲电流的影响包括脉冲电流峰值的影响和电流密度的影响。脉冲电流峰值的影响是在相同脉宽下，生产率和电极的损耗随电流峰值的增加而增加，从图 3-19 可以看出，其在不同脉宽下差异较大。电流密度的影响是在一定的脉宽和峰值电流情况下，随加工面积的减小和电流密度的增加，生产率和电极损耗显著在变化，如图 3-20 所示。

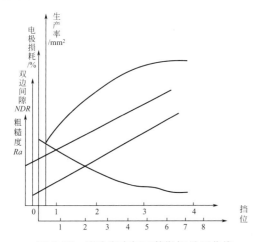

■ 图 3-19　脉冲宽度与工艺指标关系曲线

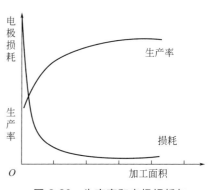

■ 图 3-20　生产率和电极损耗与加工面积的关系

（2）工作液的影响

在进行穿孔和加工形状复杂或型腔较深的型腔模时，必须向放电间隙冲液。或者抽出放电间隙的气体和混浊的工作液，并且注意调节工作液循环的压力，粗加工小些，精加工大些；开始加工小些，正常加工大些。压力调节过低，不易排除间隙中的电蚀物，使加工不稳定；压力调节过高，会造成外界干扰，也会使加工不稳定和电极损耗增大。

（3）极性效应的影响

极性是影响电火花加工工艺性能的重要因素之一，对电极的影响很大。例如，紫铜或石墨电极在粗加工时，工件接负极比工件接正极损耗要小得多，精加工时则相反。所以加工时必须注意极性的转换。

（4）主轴的定时抬刀

在进行型腔模加工的过程中，放电间隙中的蚀除物，尽管有工作液的强迫循环并增加压力，但往往不易排出，尤其是在大面积加工和深孔加工中，将造成加工不稳定，甚至加工不能连续。采用定时抬刀装置，使主轴定时抬起，能帮助间隙中蚀除物的排出。为保证加工的稳定性，抬刀时间应是可调的。

（5）微精加工

用微精加工可进一步提高模具的表面粗糙度。微精加工装置通常用脉冲电源的高压回路并且改变电容器的容量值和晶体管导通时间来实现。所以只要改变电容器转换开关和脉冲宽度转换开关，就可以得到不同的表面粗糙度。

（6）电极的平动

型腔加工多采用多规准加工，即先用粗规准加工成形，然后逐渐转精规准，获得一定的粗糙度。为了补偿前一个规准和后一个规准的间隙差和不平度，必须使电极做平行移动，这个移动靠平动夹具来实现。

（7）电极的制造

由于电火花加工是工具电极的直接仿形，因此电极的外形尺寸和表面质量与被加工的型孔相似，电极与工件间有一定的放电间隙。若用同一个电极进行通孔的粗、精加工，还要考虑阶梯电极的制造问题。

3.1.6 自动定位技术

自动定位技术是指按照预定的要求，输入基本参数，由机床自动完成的定位方式。机床自动定位的速度可调，可重复接触四次，进行误差分析和计算，提高定位精度。测量结束后，移动到指定的位置，同时给出被测物的尺寸和几次测量的误差值。一般数控机床常见的定位功能有如下几种。

① 自动端面定位是指使电极从某一方向与工件相接触，测出端面位置的定位方法，其自动定位动作如图 3-21 所示。

② 自动柱中心定位是指先测量工件或基准球的前后左右的宽度，以此为基准进行计算，确定工件或基准球的中心位置的定位方法，其自动定位动作如图 3-22 所示。

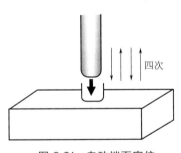

■ 图 3-21 自动端面定位

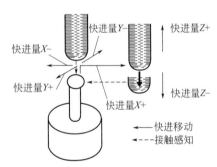

■ 图 3-22 自动柱中心定位

③ 自动角定位是指先检测出工件某一个角的两个侧面，以此为基准进行计算，确定工具电极相对该角的位置的定位方法，其自动定位动作如图 3-23 所示。

④ 自动孔中心定位是指先测量出工件中的前后左右的宽度，以此为基准进行计算，确定孔的中心位置的定位方法，其自动定位动作如图 3-24 所示。

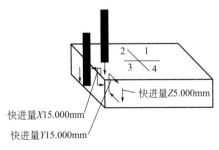

■ 图 3-23 自动角定位

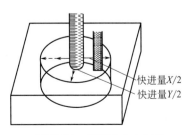

■ 图 3-24 自动孔中心定位

⑤ 任意三点定位是指用柱中心、孔中心等定位方法无法测量的特殊形状的工件进行中心定位的方法，如图 3-25 所示。任意三点定位包括手动/自动、内径/外径不同的组合方法。

⑥ 放电位置定位是指采用微小规准加工，手动微调 X 轴、Y 轴，使 Z 轴下降寻找到型腔的最深点的定位方法，如图 3-26 所示。这种方法主要用于修复型腔模具或找正基准已被加工无法再进行其他方式的找正的定位。

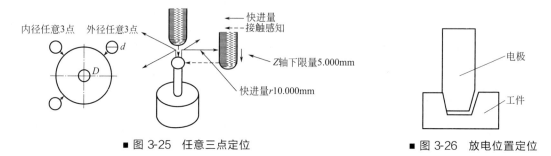

■ 图 3-25　任意三点定位　　　　　　　　■ 图 3-26　放电位置定位

3.1.7　在机测量技术的应用

（1）对工件各加工表面上型腔尺寸的测量

该测量主要是利用数控系统的自动端面定位功能。测量时可使用测针或测量球。加工深度的测量：用测量球在同一方向上自动碰不同深度的型面，记录各型面的坐标值并计算差值，即得到型腔的深度尺寸。加工宽度的测量：先用测量球在被测型腔中碰一个型面，再向相反的方向碰另一面，记录并计算两次所得到的坐标差值，再减去或加上测量球的尺寸，即得到型腔的宽度或型腔的内径尺寸。

（2）锥面尺寸的测量

图 3-27 是带锥度工件的各尺寸之间相互关系的测量示意图。该测量主要是利用数控系统的自动柱中心定位功能和相应的计算来完成的。

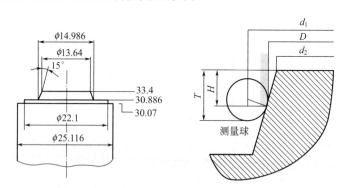

■ 图 3-27　带锥度工件的测量示意图

测量的方法如下：使用 $\phi 2$mm 的测量球，先碰工件的上表面（33.4 表面），以此面为基准 O，然后向下移动固定距离 A，在此高度上测量工件的外径为 d_1，以下为计算方法。

设测量球半径为 R，锥度半角为 α，则测量球与工件相碰的测量点至基准 O 点的距离 H 为：

$$H = h - (R - R\sin\alpha)$$

测量点位置实测直径尺寸 D 为：$D = d_1 - 2R\cos\alpha$

按图纸计算该测量点的理论值 D' 为：$D' = d_2 + 2H\cot(90° - \alpha)$

将 $R=1$、$\alpha=15°$代入，得

$$D=d_1-2\cos15°=d_1-1.932$$
$$D'=33.40+2\times[h-(1-\sin15°)]\times\cot75°=0.536h+33.003$$

再将向下移动的距离、检测的工件外径 d，代入上式，计算 D 和 D'，比较 D 与 D' 的数值，即可知加工是否达到尺寸要求及继续加工所设定的数值。

实际操作时，要多测量几个点，计算后取平均值以求准确。

工件基准与基准球之间坐标的测量在精密复杂型腔模具的加工过程中，使用基准球建立加工基准坐标系，对于提高复杂模具多型腔之间的尺寸精度和模具整体精度是非常有用的，而且还为加工中使用多电极的重复定位及多次加工提供了方便的定位基准。这种方式一般用于模块上多方向均有型腔、基准面不易确定或不便使用的情况。

3.1.8　典型零件的加工工艺

（1）冷冲模电火花加工——简单方孔冲模的电火花加工

凹模尺寸为 25mm×25mm，深 10mm，通孔的尺寸公差等级为 IT7，表面粗糙度 Ra 为 1.25～2.5μm，模具图如图 3-28 所示，工件材料为 40Cr。设采用高低压复合型晶体管脉冲电源加工。

电火花加工模具一般都在淬火以后进行，并且通常先加工出预孔，如图 3-29（a）所示，其余工件尺寸等要求与图 3-28 相同。

加工冲模的电极材料，一般选用铸铁或钢，这样可以采用成形磨削方法制造电极。为了简化电极的制造过程，也可采用合金钢电极，例如 Cr12，电极的精度和表面粗糙度比凹模高一级。为了实现粗、半精、精标准转换，电极前端用强酸王水进行腐蚀处理，腐蚀高度为 15mm，双边腐蚀量为 0.25mm，如图 3-29（b）所示。电火花加工前，工件和工具电极都必须经过退磁处理。

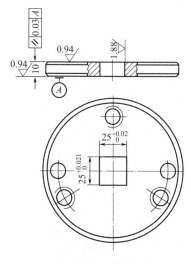

■ 图 3-28　模具图

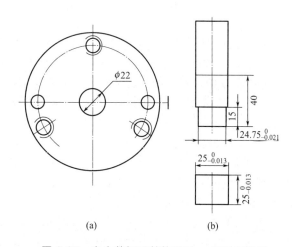

■ 图 3-29　电火花加工前的工具、工具电极图

电极装夹在机床主轴头的夹具中进行精确找正，使电极对机床工作台面的垂直度小于 0.01/100。工件安装在油杯上，工件上、下端面保持与工作台面平行。加工时采用下冲油，用粗、精加工两挡标准，并采用高、低压复合脉冲电源，见表 3-2。

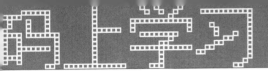

■ 表 3-2　加工参考标准

加工类型	脉冲宽度/μs		电压/V		电流/A		脉冲间歇/μs	冲油压力/kPa	加工深度/mm
	高压	低压	高压	低压	高压	低压			
粗加工	12	25	250	60	1	9	30	9.8	15
精加工	7	2	200	60	0.8	1.2	25	19.6	20

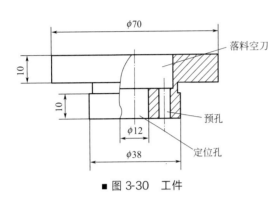

■ 图 3-30　工件

（2）电动机转子冲孔落料模的电火花加工

工件材料：淬火 40Cr，工件尺寸要求如图 3-30 所示。凸凹模具配合间隙：0.04～0.07mm。工具电极（即冲头）材料：淬火 Cr12，尺寸要求如图 3-31 所示。

1）工具电极在电火花加工之前的工艺路线

① 准备定位心轴。车削加工心轴的 ϕ6mm 和 ϕ12mm 外圆，其外圆直径留 0.2mm 磨量，钻中心孔；磨床精磨 ϕ6mm、ϕ12mm 外圆。

② 粗车冲头外形，精车上段吊装内螺纹，ϕ6mm 孔留磨量。

③ 热处理。淬火处理。

④ 磨。精磨 ϕ6mm 定位心轴孔。

⑤ 线切割。以定位心轴 ϕ12mm 外圆面为定位基准，精加工冲头外形，达到图样要求。

⑥ 钳。安装固定连接杆（连接杆用于与机床主轴头连接）。

⑦ 化学腐蚀（酸洗）。配置腐蚀液，均匀腐蚀，单面腐蚀量 0.14mm，腐蚀高度 20mm。

⑧ 钳。利用凸模上 ϕ6mm 孔安装固定定位心轴。

2）工艺方法　凸模打凹模的阶梯工具电极加工法，反打正用。

3）使用设备　HCD300K 电火花成形机。

4）装夹、校正、固定

① 工具电极。以定位心轴作为基准，校正后予以固定。

② 工件。将工件自由放置工作台上，将校正并固定后的电极定位心轴插入对应的 ϕ12mm 孔（注意不能受力），然后旋转工件，使预加工刃口孔对准冲头（电极），最后予以固定。

5）加工参考标准

① 粗加工。脉宽：20μs；间隔：50μs；放电峰值：电流 24A；脉冲电压 173V；加工电流 7～8A；加工深度：穿透；加工极性：负；下冲油。

② 精加工。脉宽：2μs；间隔：20～50μs；放电峰值：电流 24A；脉冲电压 80V；加工电流 3～4A。加工深度：穿透；加工极性：负；下冲油。

6）加工效果　配合间隙：0.06mm；斜度：0.03mm（单面）；加工表面粗糙度：Ra1.0～1.25μm。

（3）电火花穿孔加工实例

图 3-32 所示为中夹板落料凹模，工件材料为 Cr12 钢，

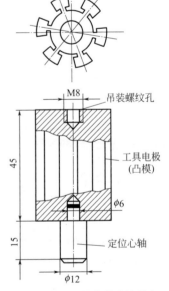

■ 图 3-31　工具电极（冲头）和定位心轴

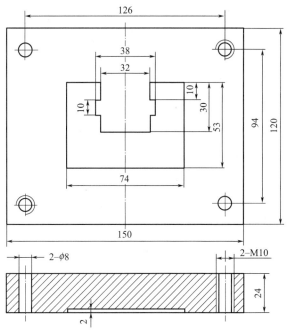

■ 图 3-32　中夹板落料凹模

配合间隙为 0.08～0.10mm，热处理淬火硬度为 62～64HRC。

1）电加工前的工艺路线　在电火花加工前，应利用铣床、磨床等机械加工机床先把除凹模型孔以外的尺寸加工出来，并应用铣床对凹模型孔进行预加工，单面留电加工余量 0.3～0.5mm。然后进行热处理淬火，使硬度达到 62～64HRC。最后平磨上、下两平面。

2）工具电极准备　针对此模具特点，可以利用凸模作为工具电极，采用"钢打钢"的方法进行加工。所以在进行电火花加工前，应先利用机械加工方法或电火花线切割加工出凸模。

3）电火花加工工艺方法　利用凸模加工凹模时，要将凹模底面朝上进行加工，这样可以利用"二次放电"产生的加工斜度，作为凹模的漏料口，即通常所说的"反打正用"。

4）工件的装夹、校正及安装固定　首先将工具电极（即凸模）用电极夹柄紧固，校正后予以固定在主轴头上；然后将工件（凹模）放置在电火花加工机床的工作台上，调整工具电极与工件的位置，使两电极中心重合，保证加工孔口的位置精度，最后用压板将工件凹模压紧固定。

5）加工工艺参数　采用低压脉宽 2μs，间隔 20μs；低压 80V，加工电流 3.5A；高压脉宽 5μs，高压 173V，加工电流 0.6A；加工极性为负；下冲油方式；加工深度大于等于 30mm。

6）加工效果　加工时间约 10h；加工斜度为 0.03mm（双边）；凸凹模配合间隙 0.08mm（双边）；表面粗糙度 $Ra<2.25\mu m$。

（4）去除折断在工件中的钻头、丝锥 [二维码 3-2]

钻削小孔和用小丝锥攻螺纹时，由于刀具硬而脆，抗弯、抗扭强度低，往往被折断在孔中。为了避免工件报废，可采用电火花加工方法去除折断在工件中的钻头或丝锥。为此，首先要准备好电极，可选用紫铜杆或黄铜杆。这两种电极材料来源方便，机械加工也不困难。紫铜电极的损耗小，黄铜电极加工时损耗较大，但加工过程

3-2 电火花成形加工去除断入工件的钻头操作演示

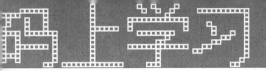

比较稳定。

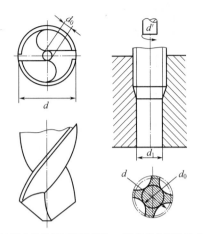

(a) 钻头的外径和钻芯直径　(b) 丝锥的相关尺寸

■ 图 3-33　钻头和丝锥的有关尺寸

电极直径应根据钻头或丝锥的尺寸来决定。对钻头，工具电极的直径 d' 应大于钻芯直径 d_0，小于钻头外径 d，如图 3-33（a）所示。一般 d_0 约为 $(1/5)d$，故可取电极直径 $d' = (2/5 \sim 4/5)d$，以取 $(3/5)d$ 为最佳。对丝锥，电极的直径 d' 应大于丝锥的钻芯直径 d_0，小于攻螺纹前的预孔直径 d_1，如图 3-33（b）所示。通常，电极的直径 $d' = \dfrac{d_0 + d_1}{2}$ 为最佳值。

加工前，可以根据丝锥规格和钻头的直径按表 3-3 来选择电极的直径。在机床主轴头的电极夹头中，用直角尺在 x、y 两个方向调整，使电极与机床工作台面垂直，然后将工件安装在电火花机床的工作台面上，使折断的钻头或丝锥的中心线与机床工作台面保持垂直，再移动工作台，使电极中心与断入工件中的钻头或丝锥的中心一致。

■ 表 3-3　根据丝锥和钻头直径选取工具电极直径　　　　　　　　　　　　　　　　　　　　mm

工具电极直径	1～1.5	1.5～2	2～3	3～4	3.5～4.5	4～6	6～8
丝锥规格	M2	M3	M4	M5	M6	M8	M10
钻头直径	$\phi 2$	$\phi 3$	$\phi 4$	$\phi 5$	$\phi 6$	$\phi 8$	$\phi 10$

开动机床前要选择好加工标准。由于对加工精度和表面粗糙度的要求不高，因此，应选用加工速度快、电极损耗小的粗标准。但加工电流受电极加工面积的限制，电流过大容易造成拉弧；另一方面，为了达到电极低损耗的目的，要注意峰值电流和脉冲宽度之间的匹配关系，电流过大，会增加电极的损耗。所以，脉冲宽度可以适当取大些，并采用负极性加工，停歇时间要和脉冲宽度匹配合理。对晶体管电源，可参考表 3-4 的标准。

■ 表 3-4　低损耗粗加工参考标准

脉冲宽度/μs	脉冲间歇/μs	峰值电流/A
150～300	30～60	5～10

上述工作完成后，可开动机床。首先开动工作液泵，使工作液充满工作液槽并高出工作表面 30～50mm，然后启动脉冲电源和伺服进给系统。加工深度由断入工件的钻头或丝锥的深度及工具电极的损耗量来决定。

如果所攻螺纹孔是通孔，可采用下冲油；如果是盲孔，则可采用侧冲油或不冲油，必要时可采用铜管作工具电极，使工作液从铜管中导入加工区，即采用上部冲油进行加工。

去除折断钻头，丝锥也可在筒式机床上用 RC 线路电源进行。根据电极直径的大小，短路电流可以取 5～10A，其余操作过程同前。

（5）斜孔的电火花加工

斜孔的加工在孔的形状上没有什么特别之处，只是加工斜孔时不能用任何平动方式来修光孔壁。所以，为了提高孔壁的粗糙度，必须采用多电极及不同的加工条件来加工，若仅是得到孔的形状，对孔的尺寸及孔壁的粗糙度没有要求，则用单电极、单条件加工即可。

如图 3-34 所示为一斜孔零件图，其材料为 45 钢，主要尺寸：直径为 $\phi 80mm$，高度为 140mm；零件的上平面的边离斜方孔的中心线为 28mm，斜方孔的中心线与零件左边的夹角为 $40°$，需要电火花加工该零件斜方孔的尺寸为 10mm×10mm，零件表面粗糙度值 Ra 均为 $3.2\mu m$。

1）工件准备　机械加工外形至尺寸。

2）电极制造　电极采用紫铜，电极截面形状及尺寸如图 3-35 所示，采用电火花线切割加工。

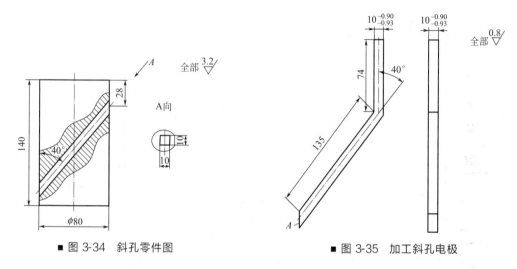

■ 图 3-34　斜孔零件图　　　　　　■ 图 3-35　加工斜孔电极

3）加工要点　本例采用单电极、单条件加工。

① 电极的装夹与校正和工件的装夹与校正。如前所述，在此不做赘述。这里要特别注意的是，电极的垂直度要调整得非常准确，否则影响所加工孔的斜度。

② 建立工件坐标系。该坐标系 X、Y 的原点同样是在工件的中心，Z 的原点在工件上表面。由于该电极的形状特殊（如图 3-35 所示），在用电极校正工件 X 方向的坐标原点时，只能用电极的 A 面去碰工件的右侧，从而算出工件 X。方向的原点位置（如工件实际直径为 80.1mm，电极 A 面距工件右侧 1mm，则应将此位置的 X 坐标值调整为 40.05+1＝41.05mm），这里必须准确测出工件的直径。在用电极校正工件 Z 方向的坐标原点时，只能用电极的底部去碰工件的上表面，从而算出工件 Z 方向的原点位置（如电极截面和尺寸为 9.9mm×9.9mm，则 A 面的高度为 $9.9/\sin40°＝15.4mm$；若电极底部距工件上表面 1mm，那么应将此位置的 Z 坐标值调整为 $1＋15.4/2＝8.7mm$），这里必须准确测出电极的截面积尺寸。

③ 电火花加工工艺数据停止位置为 1.00mm，加工轴向为 $-Z$，材料组合为铜-钢，工艺选择为标准值，加工深度为 125.00mm，电极收缩量为 0.1mm，粗糙度 Ra 为 $3.2\mu m$，投影面积为 $0.19cm^2$，关闭平动方式。

（6）窄缝零件的电火花加工

加工窄缝的难点是电蚀物排泄不畅将直接影响电火花的加工效率，严重时甚至无法加工。另外，还要考虑使电极的损耗较小、加工稳定性要求较高等。因此，针对上述问题主要采取的措施有：选择合适的电规准；采用平动加工；抬刀高度随着加工深度的增加而增加；

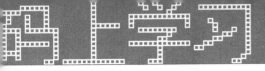

增强冲油效果。

如图 3-36 所示为一窄缝零件，其材料为 45 钢，主要尺寸：外形尺寸为 80mm×60mm×25mm；需要电火花加工该零件窄缝的尺寸深度为 60mm，窄缝底部宽度为 1.5mm，锥度为 2°，被电火花加工的表面粗糙度 Ra 为 $2\mu m$，零件其余表面粗糙度 Ra 均为 $6.3\mu m$。

1）工件准备　机械加工外形至尺寸。

2）电极制造　电极采用紫铜，电极主要尺寸：窄槽宽度为 $1.5^{-0.60}_{-0.64}$mm，锥度为 2°，电极总长度约 90mm，带锥度的长度为 70mm，采用电火花线切割加工，其形状和尺寸如图 3-37 所示。

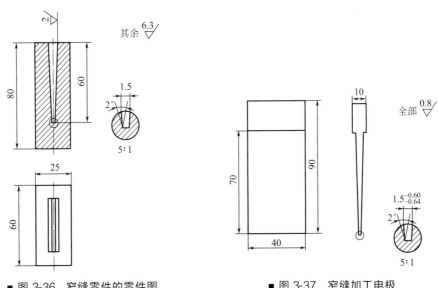

■ 图 3-36　窄缝零件的零件图　　　　　■ 图 3-37　窄缝加工电极

3）加工要点

① 电极牢固地装夹在主轴的电极夹具上，并使电极轴线与主轴进给轴线一致，保证电极与工件的相对位置。

② 电火花加工工艺数据（仅供参考）：停止位置为 1.00mm，加工轴向为 $-Z$，材料组合为铜-钢，工艺选择为低损耗，加工深度为 60.00mm，电极收缩量为 0.4mm，粗糙度 Ra 为 $2\mu m$，投影面积为 $3.0cm^2$，选择二维矢量平动，平动半径为 0.20mm。

④ 加工规准　针对加工窄缝的实际情况，对机床中标准的电规准做了些修改（提高了抬刀高度，缩短了放电时间），具体电规准如表 3-5 所示。

■ 表 3-5　电规准的选择

条件号	脉冲宽度/μs	脉冲间歇/μs	管数	伺服基准	高压管数	电容	极性	伺服速度	抬刀速度	放电时间	抬刀高度	模式	拉弧基准	损耗类型
109	18	13	09	75	0	0	+	12	1	35	10	16	01	0
108	17	13	08	75	0	0	+	10	1	30	16	04	01	0
107	16	12	07	75	0	0	+	10	1	26	16	04	01	0
106	14	10	06	75	0	0	+	10	1	26	16	04	01	0
105	13	09	05	75	0	0	+	08	1	25	16	04	01	0

（7）手机外壳的加工

加工图 3-38 所示的手机外壳。

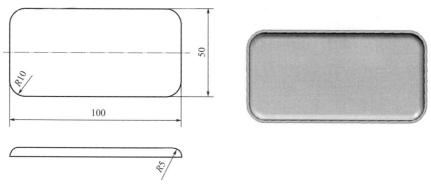

■ 图 3-38　手机外壳零件图

① 采用混粉电火花加工

a. 在混粉电火花加工中，工件的表面粗糙度与电参数的选择有很大的关系。为降低工件表面粗糙度，应减小单个脉冲的放电能量，即尽可能地采用小的电规准进行加工；为提高加工效率，在不致引起拉弧的情况下，应尽量缩短脉冲间隔。针对本课题任务，建议脉冲宽度小于 $2\mu s$，峰值电流小于 2A，脉冲间隔 $10\mu s$ 左右。

b. 混粉电火花加工过程中，使油箱中的工作液轻微循环，不加冲液处理。

c. 工件在电火花成形加工前还必须除锈去磁，否则在加工中工件吸附铁屑，很容易引起拉弧烧伤。

② 电极的装夹与校正　如图 3-39～图 3-42 所示。

■ 图 3-39　安装电极

■ 图 3-40　夹正电极

■ 图 3-41　找正平行度

■ 图 3-42　找正垂直度

■ 图 3-43 找正工件

■ 图 3-44 装夹工件

3-3 手机外壳模具的电火花成形加工操作演示

③ 工件的装夹与校正 如图 3-43、图 3-44 所示。

④ 加工［二维码 3-3］。

（8）表面粗糙度样板的电火花成形加工

利用电火花成形加工，完成表 3-6 中不同表面粗糙度要求的样板，尺寸为 10mm×20mm×2mm。

■ 表 3-6 自制表面粗糙度样板规格

样板	1	2	3	4	5	6
表面粗糙度值/μm	0.4	0.8	1.6	3.2	6.3	12.5

① 电规准的选择见表 3-7。

■ 表 3-7 电规准选择参照表

序号	表面粗糙度/μm	脉冲宽度/μs	峰值电流/A	脉冲间隔/μs
1	0.4	2	2	10
2	0.8	4	4	12
3	1.6	20	5	30
4	3.2	50	10	60
5	6.3	200	20	100
6	12.5	600	30	200

② 工具电极的装夹和找正 如图 3-45、图 3-46 所示。

■ 图 3-45 装夹电极

■ 图 3-46 电极找正

③ 工件的装夹与定位。将工件放置在工作台上，加装压板，将工件压住，如图 3-47 所示。

④ 加工。[二维码 3-4]

3-4 样板加工操作演示

■ 图 3-47　工件的装夹

3.2　数控电火花成形机床的编程与操作

数控电火花成形加工的编程与操作和数控车床、数控铣床的类似，但要简单得多。

3.2.1　数控电火花成形机床的功能代码（指令）

（1）准备功能

数控电火花成形机床的准备功能见表 3-8。

■ 表 3-8　国际标准 ISO 准备功能一览表

G 代码	类　别	功　能	属　性
* G00	A	快速移动定位指令	模态
G01		直线插补	模态
G02		顺时针圆弧插补	模态
G03		逆时针圆弧插补	模态
G04		暂停指令	非模态
G05	B	X 镜像	模态
G06		Y 镜像	模态
G07		Z 镜像	模态
G08		X-Y 交换	模态
* G09		取消镜像和 X-Y 交换	模态
G11	C	打开跳转（SKIP ON）	模态
* G12		关闭跳转（SKIP OFF）	模态
G15		返回 C 轴起始点	非模态
G17	D	XOY 平面选择	模态
G18		XOZ 平面选择	模态
G19		YOZ 平面选择	模态
G20	H	英制	模态
G21		公制	模态

G 代码	类　别	功　　能	属　性
＊G22	E	软极限开关 ON	模态
G23		软极限开关 OFF	模态
G26	F	图形旋转 ON（打开）	模态
＊G27		图形旋转 OFF（关闭）	模态
G28	G	尖角圆弧过渡	模态
G29		尖角直线过渡	模态
G30	H	指定抬刀方式（指定轴向）	模态
G31		指定抬刀方式（反向进行）	模态
＊G40	I	取消电极补偿	模态
G41		电极左补偿	模态
G42		电极右补偿	模态
G45		比例缩放	模态
G54	J	选择工件坐标系 0	模态
G55		选择工件坐标系 1	模态
G56		选择工件坐标系 2	模态
G57		选择工件坐标系 3	模态
G58		选择工件坐标系 4	模态
G59		选择工件坐标系 5	模态
G80	K	移动轴直到接触感知	模态
G81		移动到机床的极限	模态
G82		移动到原点与现在位置的一半处	模态
＊G90	L	绝对坐标系	模态
G91		增量坐标系	模态
G92		指定坐标原点	非模态

注：带有 ＊ 记号的 G 代码为初始设置功能代码。在下列情况中，要回到初始设置状态：①刚打开电源开关时；②执行中遇到程序结束指令 M02 时；③在程序执行期间按了急停［OFF］键时；④在执行期间，出现了错误，按下了［ACK］键后。

（2）M 代码及常用符号

数控电火花成形机床 M 代码及常用符号见表 3-9。

■ 表 3-9　ISO 标准电火花成形加工常用 M 代码及符号

代码	功能	代码	功能
M00	暂停指令	J	圆心 Y 坐标
M02	程序结束	K	圆心 Z 坐标
M05	忽略接触感知	X	X 轴指定
M08	R 轴旋转功能打开	Y	Y 轴指定
M09	R 轴旋转功能关闭	Z	Z 轴指定
M98	子程序调用	U	C 轴指定
M99	子程序结束	L×	子程序重复执行次数
P××××	指定调用子程序号	N××××	程序号
S	R 轴转速	C×××	加工条件号
I	圆心 X 坐标	H×××	补偿码

（3）T功能指令

T代码与机床操作面板上的手动开关相对应。在程序中使用这些代码，可以不必人工操作面板上的手动开关。表3-10所示为日本沙迪克公司生产的某数控电火花机床常用T代码。

■ 表3-10 常用T代码

代　码	功　　能	代　码	功　　能
T01～T24	指定要调用的电极号	T86	加工介质喷淋
T82	加工介质排液	T87	加工介质停止喷淋
T83	保持加工介质	T96	向加工槽送液
T84	液压泵打开	T97	停止向加工槽送液
T85	液压泵关闭		

3.2.2　常用G指令简介

（1）G00

① 该指令命令机床以最快速度运动到下一个目标位置，运动过程中有加速和减速，不进行放电加工。

② 指令格式：G00　〔轴〕＋〔数据〕

③ 可以是1个轴移动，也可以是2个轴或3个轴移动。

（2）G01

① 格式：G01〔轴〕＋〔数据〕

② 指令后最多可以有4个轴标志和4个数据，因而可进行单轴、双轴、三轴及四轴直线插补加工。

（3）G02/G03

① 指令格式：$\begin{matrix} G17 \\ G18 \\ G19 \end{matrix}$ G02/G03 $\begin{cases} X\_Y\_I\_J\_ \\ Z\_X\_K\_I\_ \\ Y\_Z\_J\_K\_ \end{cases}$

② I、J、K为圆心在X、Y、Z轴上相对于圆弧起点的坐标增量。

（4）G04

① 格式：G04　X＿＿

② 暂停时间的长短可以通过地址X来指定，单位为s。

（5）平面选择

① G17表示在XY平面内加工，G18表示在XZ平面内加工，G19表示在YZ平面内加工。

② 平面的缺省值为G17，即开机后自动处于G17平面。

（6）编程单位

① G20表示英制，有小数点为英寸，否则为1/10000in（1in＝25.4mm），如0.5in可写作"0.5"或"5000"。

② G21表示米制，有小数点为mm，否则为μm，如12mm可写作"12.0"或"12000"。

③ 平动量不受英制单位的影响，它始终以mm为单位，平动量即平动半径。

（7）软极限开关

① G22软极限开关ON，G23软极限开关OFF。

② 这组代码用来设定各轴的可运动范围，并决定是否把各轴限制在可动范围内。在一定情形下，由于某种需要，可定义工作台行程的某个范围为工作行程，所有动作不能超出此范围，一旦此范围被定义后，执行 G22 指令后，所有动作均被限制于定义的一个区域内，执行 G23 后，机床动作不受该范围的限制。

（8）工件坐标系

① G54——工件坐标系 0；G55——工件坐标系 1；G56——工件坐标系 2；G57——工件坐标系 3；G58——工件坐标系 4；G59——工件坐标系 5。

② 开机后，系统会自定义为 G54，即为工件坐标系 0，并一直有效。

③ 这组代码可以和 G92 一起使用。G92 代码只能把当前坐标系中当前点的坐标定义为某一个值。但不能把这点的坐标在所有坐标系中都定义成该值。

（9）G92

① G92 把当前点设置为指定的坐标值。如"G92 X0 Y0;"即把当前点设置为（0，0）。

② 在补偿方式下，遇到 G92 代码，会暂时中断补偿功能。

③ 每个程序的开头一定要有 G92 代码，否则可能发生不可预测的错误。

④ G92 只能定义当前点在坐标系中的坐标值，而不能定义该点在其他坐标系的坐标值。

（10）镜像指令 G05、G06、G07、G08、G09

G05 为 X 轴镜像；G06 为 Y 轴镜像；G07 为 Z 轴镜像；G08 为 X、Y 轴交换指令，即交换 X 轴和 Y 轴；G09 为取消图形镜像。

说明：① 执行一个轴的镜像指令后，圆弧插补的方向将改变，即 G02 变为 G03，G03 变为 G02，如果同时有两轴的镜像，则方向不变；

② 执行轴交换指令，圆弧插补的方向将改变；

③ 两轴同时镜像，与代码的先后次序无关，即"G05、G06"与"G06、G05"的结果相同；

④ 使用这组代码时，程序中的轴坐标值不能省略，即使是程序中的 X0、Y0 也不能省略。

（11）跳段开关指令 G11、G12

G11 为"跳段 ON"，跳过段首有"/"符号的程序段；G12 为"跳段 OFF"，忽略段首的"/"符号，照常执行该程序段。

（12）返回 C 轴零点指令 G15

执行 G15 代码后，C 轴返回到零点，这时 G54～G59 坐标中的 U 值将会为零。

（13）图形旋转指令 G26、G27

图形旋转是指编程轨迹绕 G54 坐标系原点旋转一定的角度。G26 为旋转打开，G27 为旋转取消。其旋转角度有两种方式给出：

① 由 RX、RY 给出，见图 3-48（a），即通过给出 RX、RY 来决定旋转角度，这时 $\theta = \arctan (RX/RY)$。例如 G26 RX1.RY1. 表示图形旋转 45°。

② 由 RA 直接给出旋转角度，单位为"°"，见图 3-48（b）。例如 G26 RA60. 表示图形旋转 60°。

③ 取消图形旋转要用 G27 代码。

（14）尖角过渡指令 G28、G29

G28 为尖角圆弧过渡，在尖角处加一个过渡圆，缺省为 G28。G29 为尖角直线过渡，在尖角处加工过渡直线，以避免尖角损伤。圆弧过渡和直线过渡如图 3-49 所示。当补偿值为 0 时，尖角过渡无效。

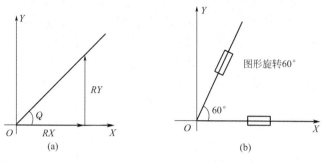

■ 图 3-48 图形旋转方式

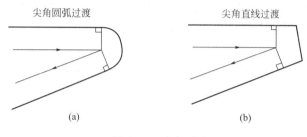

■ 图 3-49 尖角过渡

（15）抬刀控制指令 G30、G31

G30 为抬刀方式按用户指定的轴向进行，如"G30 Z+"，即抬刀方向为 Z 轴正向。G31 为指定按加工路径的反方向抬刀。

（16）电极半径补偿指令 G40、G41、G42

电极补偿功能是电极中心轨迹在编程轨迹上进行的一个偏移。G41 为电极半径左补偿，G42 为电极半径右补偿，如图 3-50 所示。它是在电极运行轨迹的前进方向上向左或右偏移一定量，偏移量由"H×××"确定，如"G41 H×××"。

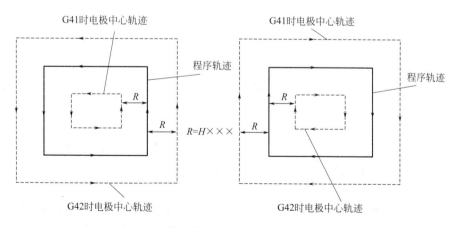

■ 图 3-50 电极左、右补偿

① 补偿值（D、H）。补偿值可以通过三位十进制的补偿值代号来进行指定，每一个补偿号对应一个具体的补偿值，它存在于 Offset 文件中，一开机自动调入机器中，补偿代号从 H000～H999 共 1000 种，范围 0.001～99999.999mm，用户可以通过：H×××=_____格式为某一补偿号赋予一个定值。

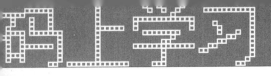
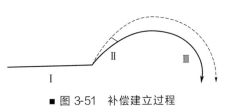

■ 图 3-51　补偿建立过程

② 补偿开始的情形。从无补偿到有补偿的第一个运动程序段，称为补偿的初始建立段，如图3-51所示。在第Ⅰ段中无补偿，电极中心轨迹与编程轨迹重合；第Ⅱ段中，补偿由无到有，称为补偿的初始建立段；第Ⅲ段中，补偿一开始已存在，故称补偿进行段。

在补偿初始建立段中，规定运动指令只能是直线插补，不能有圆弧插补指令，否则会出错。

③ 补偿撤销时的情形。补偿撤销用G40代码控制，当补偿值为零时系统会像撤销补偿一样处理，即从电极当前点直接运动到下一点，但补偿模式并没有被取消。

④ 改变补偿方向。当在补偿方式上改变补偿方向时，由G41变成G42，或者G42变成G41，电极由第一段补偿终点插补轨迹直接走到下一段的补偿终点，例如如图3-52所示改变补偿方向。

```
G90  G92  X0  Y0;
G41  H000;
G01  X10.;
G01  X20.;
G42  H000;
G01  X40.;
    ⋮
    ⋮
```

⑤ 补偿模式下的G92代码。在补偿模式下，如果程序中遇到了G92代码，那么补偿会暂时取消，在下段时像补偿起始建立段一样再把补偿值加上，图3-53是补偿模式下的G92代码示例。

```
N001  G41  H000  G01  X300  Y900;
N002  X300  Y600;
N003  G92  X100  Y200;
N004  G01  X400  Y400
    ⋮
```

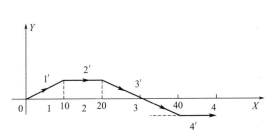

■ 图 3-52　改变补偿方向示例

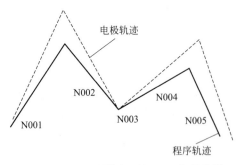

■ 图 3-53　补偿模式下的 G92 代码示例

⑥ 关于过切。当加工轨迹很小，而电极半径很大时就会出现过切。当发生过切时，程序执行将被中断。

（17）感知指令G80

执行该代码可以命令指定轴沿给定方向前进，直到和工件接触为止。方向用"＋""－"号表示（"＋""－"号均不能省略）。如"G80 Z—;"使电极沿Z轴负方向以感知速度前进，接触到工件后，回退一小段距离，再接触工件，再回退，上述动作重复数次后停止，确认已找到了接触感知点，并显示"接触感知"。

接触感知可由三个参数设定：

① 感知速度。即电极接近工件的速度，从 $0 \sim 255$，数值越大，速度越慢。

② 回退长度。即电极与工件脱离接触的距离，一般为 $250 \mu m$。

③ 感知次数。即重复次数，从 $0 \sim 127$，一般为 4 次。

(18) 回极限位置指令 G81

该指令使指定的轴回到极限位置停止。如"G81 Y—；"使机床 Y 轴快速移动到负极限后减速，有一定过冲，然后回退一段距离，再以低速到达极限位置停止，如图 3-54 所示。

(19) 回到当前位置与零点的一半指令 G82

执行该指令，电极移动到工作台当前位置与零点一半处。例如：

```
N001  G92  G54  X0  Y0；
N002  G00  X100  Y100；
N003  G82  X；
```

运动过程如图 3-55 所示。

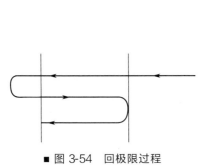

■ 图 3-54 回极限过程

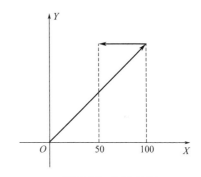

■ 图 3-55 运动过程

(20) 读坐标值指令 G83

G83 把指定轴的当前坐标值读到指定的 H 寄存器中，H 寄存器地址范围为 $000 \sim 890$。例如"G83 X102；"把当前 X 坐标值读到寄存器 H102 中；"G83 Z503；"把当前 Z 坐标值读到寄存器 H503 中。

(21) 定义寄存器起始地址指令 G84

G84 为 G85 定义一个 H 寄存器的起始地址。

(22) G85

该指令把当前坐标值读到由 G84 指定了起始地址的 H 寄存器中，同时 H 寄存器地址加1。例如：

```
G90  G92  X0  Y0  Z0；          X 坐标值放入 H100 开始的地址
G84  X100；
G84  Y200；                     Y 坐标值放入 H200 开始的地址
G84  Z300；                     Z 坐标值放入 H300 开始的地址
M98  D0010  L5；
M02；
N0010；                         子程序执行完成后,每次 H 寄存器内的值如下：
G91；              第一次      H100＝0        H200＝0        H300＝0
G85  X；            第二次      H101＝10.0      H201＝23.0      H301＝－5.0
```

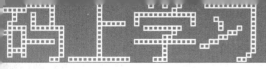

```
G85  Y;            第三次    H102＝20.0   H202＝46.0   H302＝－10.0
G85  Z;            第四次    H103＝30.0   H203＝69.0   H303＝－15.0
G00  X10.0;        第五次    H104＝40.0   H204＝92.0   H304＝－20.0
G00  Y23.0;
G00  Z-5.0;
M99
```

（23）定时加工指令 G86

G86 为定时加工指令。地址为 X 或 T，地址为 X 时，本段加工到指定的时间后结束（不管加工深度是否达到设定值）；地址为 T 时，在加工到设定深度后，启动定时加工，再持续加工指定的时间，但加工深度不会超过设定值。G86 仅对其后的第一个加工代码有效。时分秒各 2 位，共 6 位数，不足补 0。

格式为：G86×（地址）××（时）　　××（分）　　××（秒）

例如：G86 X001000;

    G01 Z-20;

加工 10min，不管 Z 是否达到深度－20mm 均结束。

（24）G90/G91

G90/G91：绝对坐标编程指令/增量坐标编程指令。

3.2.3　M 代码简介

（1）M00

暂停指令。执行 M00 代码后，程序执行暂停。它的作用和单段暂停作用相同，按 Enter 键后，程序继续执行。

（2）M02

① 程序结束。M02 代码是整个程序结束命令，M02 之后的代码将不被执行。

② 执行 M02 代码后，所有模态代码的状态将被复位，也就是说，上一个程序的模态代码不会影响下一个程序。

（3）M06

不放电指令。它能使当前段的加工指令（如 G01、G02、G03）以模拟加工的状态运行，但并不放电，相当于空运行打开的情形，此代码只在本程序段起作用。

（4）M98/M99

① 子程序调用指令 M98

② 其格式为"M98 P×××× L××"。M98 指令使程序进入子程序，子程序号由"P××××"给出，子程序的循环次数则由"L××"确定。

③ 子程序结束指令 M99。表示子程序结束，返回主程序，继续执行下一程序段。

（5）忽略接触感知指令 M05

M05 代码忽略接触感知，当电极与工件接触感知并且停在此处后，若要把电极移走，需用此代码，注意 M05 代码只在本段程序起作用。

（6）M08/M09

M08 是 R 轴旋转 ON 指令，其后可跟一个旋转速度。执行此代码，能使 R 轴以指定的速度旋转。M09 代码是 R 轴旋转 OFF 指令，使 R 轴旋转停止。

3.2.4　R 转角功能

R 转角功能，是在两条曲线的连接处加一段过渡圆弧，圆弧的半径由 R 指定，圆弧与

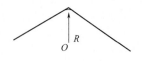

(a) 直线接直线

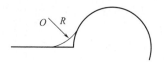

(b) 直线接圆弧

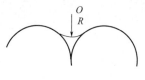

(c) 圆弧接圆弧

■ 图 3-56　圆弧转角 R 功能图

两条曲线均相切，如图 3-56 所示。程序指定 R 转角功能的格式有：

```
G01  X_Y_R_;
G02  X_Y_I_J_R_;
G03  X_Y_I_J_R_;
```

R 转角功能的几点说明：

① R 及半径值必须和第一段曲线的运动代码在同一程序段内；

② R 转角功能仅在有补偿的状态下（G41、G42）才有效；

③ 当用 G40 取消补偿后，程序中 R 转角指令无效；

④ 在 G00 代码后加 R 转角功能无效。

3-5　多孔电火花成形
加工操作演示

【例 3-1】　如图 3-57 所示，要加工 9 个孔，这里采用调用子程序的方式进行编程，编程时编程坐标系的位置如图 3-58 所示。［二维码 3-5］

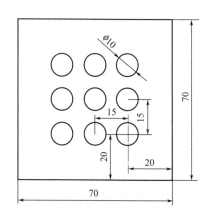

■ 图 3-57　多孔工件

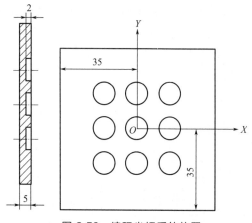

■ 图 3-58　编程坐标系的位置

加工程序如下：

G54;	选择坐标系
G90;	绝对坐标编程
G17;	选择 XOY 平面作为加工平面
T84;	启动工作液泵
G00 Z1.0;	快速定位至安全高度,安全高度为 1
G00 X15.0 Y15.0;	快速定位至 X15.0,Y15.0
M98 P0002 L3;	调用子程序 N0002
T85;	关闭工作液泵
M02;	程序结束
N0002;	子程序 N0002
M98 P0003 L3;	调用子程序 N0003

G91;	增量坐标编程
G00 Y-15.0;	沿 Y 轴负方向移动 15 mm
G90;	绝对坐标编程
G00 X15.0;	快速定位至 X15.0
G90;	绝对坐标编程
M99;	子程序结束
N0003;	子程序 N0003
M98 P0004;	调用子程序 N0004
G91;	增量坐标编程
G00 X-15.0;	沿 X 轴负方向移动 15 mm
G90;	绝对坐标编程
M99;	子程序结束
N004;	子程序 N0004
G30 Z+ ;	Z 轴正方向抬刀
C01 Z-1.973;	放电加工,Z 轴负方向留 0.027 的放电间隙
M05 G00 Z1.0;	结束放电,抬刀
M99;	子程序结束

3.2.5　指定加工条件参数

（1）加工条件

在程序中，若要指定或更改加工条件的某种参数，需使用表 3-11 所示代码。

■ 表 3-11　加工条件代码

更改项	所用代码	格　式	功　能
POL±	POL	POL＋/POL－	选择极性
PW	PW	PW××	设置放电脉冲时间
PG	PG	PG××	设置不放电脉冲时间
PI	PI	PI××	设置主电源电流峰值
VS	VS	VS××	设置辅助电路
CC	CC	CC×	设置充放电电容
SV	SV	SV×	设置伺服基准电压
CV	CV	CV×	设置主电源供应电压
SF	SF	SF×	设置伺服速度
EX	EX	EX×	调节[OFF]脉冲宽度
JP	JP	JP×	设置抬刀时间
DC	DC	DC×	设置放电时间
OBT	OBT	OBT×××	选择平动方式
STEP	STEP	STEP××××	设置平动半径

①　指定或更改的加工条件的各参数，只在本程序中有效，不会对该程序以外的加工构成影响。

②　格式一览中地址后的“×”表示一位十进制数，由几个“×”表示接几位十进制数，除地址［STEP］外，位置不够的用“0”补齐。

③ 地址［STEP］后接的数据为平动量，最大可以是 $9999\mu m$，即 $9.999mm$。如果［STEP］后接的数全为零时，不执行平动动作。［STEP］后的平动量指定可以用运算符来表示。

④ 地址［OBT］用来指定电极平动类型，由三位十进制数组成，组成情况如表 3-12 所示。

■ 表 3-12　电极平动方式代码

伺服平面	图形	不平动					
自由平动	XOY 平面	000	001	002	003	004	005
	XOZ 平面	010	011	012	013	014	015
	YOZ 平面	020	021	022	023	024	025

（2）加工参数（C 代码）

在程序中，C 代码用于选择加工条件，格式为"C"后跟 3 位十进制数，"C"和数字之间不能有别的字符，数字也不能省略，不够三位要补"0"，如 C006。各参数显示在加工条件显示区中，加工中可随时更改。加工条件的范围是：C000～C999，共 1000 种加工条件。不同的电极、不同的工件材料，其参数也不同。表 3-13 为铜打钢的标准型参数。

■ 表 3-13　铜打钢标准型参数表

条件号(C代码)	面积/cm²	安全间隙/mm	放电间隙/mm	加工速度/(mm³/min)	损耗/%	粗糙度 Ra/μm 侧面	粗糙度 Ra/μm 底面	极性	电容	高压管数	管数	脉冲间隙	脉冲宽度	模式	损耗类型	伺服基准	伺服速度	极限值 脉冲间隙	极限值 伺服基准
121		0.045	0.040			1.1	1.2	+	0	0	2	4	8	8	0	80	8		
123		0.070	0.045			1.3	1.4	+	0	0	3	4	8	8	0	80	8		
124		0.10	0.050			1.6	1.6	+	0	0	4	6	10	8	0	80	8		
125		0.12	0.055			1.9	1.9	+	0	0	5	6	10	8	0	75	8		
126		0.14	0.060			2.0	2.6	+	0	0	6	7	11	8	0	75	10		
127		0.22	0.11	4.0		2.8	3.5	+	0	0	7	8	12	8	0	75	10		
128	1	0.28	0.165	12.0	0.40	3.7	5.8	+	0	0	8	11	15	8	0	75	10	5	52
129	2	0.38	0.22	17.0	0.25	4.4	7.4	+	0	0	9	13	17	8	0	75	12	6	52
130	3	0.46	0.24	26.0	0.25	5.8	9.8	+	0	0	10	13	18	8	0	70	12	5	50
131	4	0.61	0.31	46.0	0.25	7.0	10.2	+	0	0	11	13	18	8	0	70	12	5	48
132	6	0.72	0.36	77.0	0.25	8.2	12	+	0	0	12	14	19	8	0	65	15	5	48
133	8	1.00	0.53	126.0	0.15	12.2	15.2	+	0	0	13	14	22	8	0	65	15	5	45
134	12	1.06	0.544	166.0	0.15	13.4	16.7	+	0	0	14	14	23	8	0	58	15	7	45
135	20	1.581	0.84	261.0	0.15	15.0	18.0	+	0	0	15	16	25	8	0	58	15	8	45

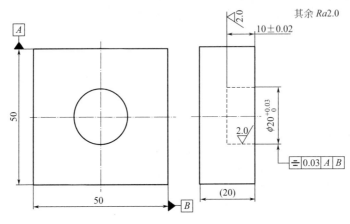

■ 图 3-59 例 3-2 零件图

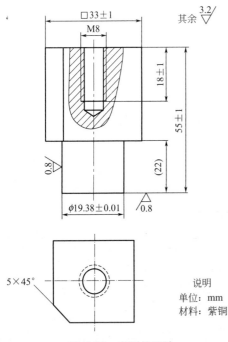

■ 图 3-60 电极的设计

说明
单位：mm
材料：紫铜

【例 3-2】 编写加工图 3-59 所示零件的程序，材料为硬质合金，图 3-60 为电极，材料为紫铜。

（1）加工条件的选择

① 电极尺寸为 19.41mm。

② 电极横截面积尺寸为 3.14cm²，根据表 3-13 可选择初始加工条件 C131，但采用 C131 时电极的最大尺寸为 16.39mm（型腔尺寸减去安全间隙：20−0.61＝16.39）。现有电极大于 19.39mm，则只能选下一个条件 C130 为初始加工条件。当选 C130 为初始加工条件时，电极的最大直径为 20−0.46＝19.54mm。现电极尺寸为 19.41mm，因此最终选择初始加工条件为 C130。

③ 根据图 3-59 所示型腔加工的最终表面粗糙度为 $Ra2.0$，由表 3-13 选择最终加工条件 C125。因此工件最终的加工条件为 C130→C129→C128→C127→C126→C125。

④ 平动半径的确定：平动半径为电极尺寸收缩量的一半，即（型腔尺寸−电极尺寸）/2＝（20−19.41）/2＝0.295mm。

⑤ 每个条件的底面留量的计算方法：最后一个加工条件按该条件的单边火花放电间隙值（δ）留底面加工余量，除最后一个加工条件外，其他底面留量按该加工条件的安全间隙值的一半（$M/2$）留底面加工余量，具体如表 3-14 所示。

■ 表 3-14 加工条件与底面留量对应表　　　　　　　　　　　　　　　　　　　　　　　mm

加工 条件 项目	C130	C129	C128	C127	C126	C125
底面留量	0.23	0.19	0.14	0.11	0.07	0.0275
电极在 Z 方向位置	−10＋0.23	−10＋0.19	−10＋0.14	−10＋0.11	−10＋0.07	−10＋0.0275

项目 \ 加工条件	C130	C129	C128	C127	C126	C125
放电间隙	0.24	0.22	0.165	0.11	0.06	0.055
该条件加工完后孔深	$-10+0.23-0.24/2=-9.89$	$-10+0.19-0.22/2=-9.92$	$-10+0.14-0.165/2=-9.943$	$-10+0.11-0.11/2=-9.945$	$-10+0.07-0.06/2=-9.96$	$-10+0.0275-0.055/2=-10$
Z 方向加工量	9.89	0.03	0.023	-0.002	0.015	0.04
备 注	粗加工	粗加工	粗加工	粗加工	粗加工	精加工

（2）程序编制

图形为自由平动加工，其工艺数据如下：

停止位置：1.000mm；加工轴向：$Z-$；电极形状：圆形；材料组合：铜-钢；工艺选择：标准值；加工深度：10.000mm；尺寸差：0.590mm；粗糙度：2.0000μm；电极直径：19.410mm；平动半径：0.295mm。

加工程序如下：

```
T84;
G90;
G30  Z+;
H970 = 10.0000;
H980 = 1.0000;
G00  Z0+ H980;
M98  P0130;
M98  P0129;
M98  P0128;
M98  P0127;
M98  P0126;
M98  P0125;
T85  M02;
N0130;
G00  Z+0.5;
C130  OBT001  STEP0065;
G01  Z+0.2300- H970;
M05  G00  Z0+ H980;
M99;
N0129;
G00  Z+0.5;
C129  OBT001  STEP0143;
G01  Z+0.190- H970;
M05  G00  Z0+ H980;
M99;
N0128;
G00  Z+0.5;
C128  OBT001  STEP0183;
G01  Z+0.140- H970;
```

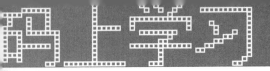

```
M05  G00  Z0+ H980;
M99;
N0127;
G00  Z + 0.5;
C127  OBT001  STEP0207;
G01  Z + 0.110- H970;
M05  G00  Z0+ H980;
M99;
N0126;
G00  Z + 0.5;
C126  OBT001  STEP0239;
G01  Z + 0.070- H970;
M05  G00  Z0+ H980;
M99;
N0125;
G00  Z + 0.5;
C125  OBT001  STEP0268;
G01  Z + 0.0270- H970;
M05  G00  Z0+ H980;
M99;
```

【例 3-3】 硬质合金精密圆孔的电火花加工。

（1）工件准备

工件材料为硬质合金 YG7，模具尺寸如图 3-61（a）所示。

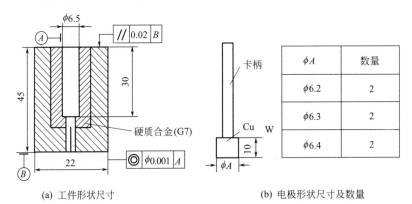

(a) 工件形状尺寸　　　　　　　　　　　(b) 电极形状尺寸及数量

■ 图 3-61　硬质合金精密圆孔的电火花加工

（2）电极制造

电极材料采用铜钨合金，电极尺寸形状如图 3-61（b）所示。

（3）加工要点

工件硬质合金加工深度为 30mm，中间 $\phi 3.5$mm 孔为预加工孔，同时作为下冲油孔使用；电极材料选用铜钨合金是为了减少电极损耗，其长度（即高度）只有 10mm，加工 30mm 深的孔是为了减少孔深的斜度，减少了二次放电的机会，同时也便于排屑、排气；采用三个电极加工一个孔，是为了确保孔的加工精度，包括尺寸精度和表面粗糙度。

（4）加工规准

硬质合金精密圆孔加工规准见表 3-15。

■ 表 3-15　硬质合金精密圆孔加工规准

C	ON	OFF	MA	IP	SV	UP	DN	LN	STEP	V	HP	PP	C	S	L
C000	05	05	2	31	2	0	0	01	0000	2	00	10	8	1	1
C001	04	04	2	20	2	0	0	01	0000	2	00	10	8	1	1
C002	02	02	2	07	4	0	0	01	0000	2	00	10	3	1	2
C003	02	02	2	03	4	0	0	01	0065	2	12	10	2	2	2
C004	02	02	2	03	4	0	0	01	0000	2	12	10	2	2	2
C005	02	02	2	00	4	0	0	01	0000	1	15	10	1	2	2
C006	01	01	2	00	4	0	0	01	0000	1	10	10	0	2	2
C002	01	02	2	00	6	3	4	01	0000	1	01	10	0	2	3

H000：＋0030000；H001：＋00000005；H002：＋00000000

（5）加工程序

```
N0000(1ST 2NDCUT)
G00 Y Z1. 0
TIMER30
G01  C003  STEP00 Z- 1. 0 M04
G01  C000  STEP00  Z- H000 M04
M00
N0001 (3RD CUT)
G000 XYZ1. 0
TIMER 30
G01  C003  STEP00  Z- 30- H000  M04
G01  C001  STEP00 Z- 70- H000 M04
G01  C002  STEP55+ H001  Z- 30- H000  M04
M00
N0002(STH CUT)
G01  C002 STEP5. 5+ H001  Z- 17- H000 M04
G01  C002  STEP70+ H001  Z- 12- H000  M04
M00
N0003(STH  CUT)
G00 X Y Z1. 0
G01  C004  STEP0  Z12- H000 M04
G01  C005  STEP27+ H001  Z- 0- H000  M04
M00
N0004(6TH CUT)
G01 C005 STEP27+ H001 Z 13-4- H000 M04
G01 C006 STEP31+ H001 Z 5- H000 M04
G01 C902 STEP35+ H001 Z D- H000 M04
```

【例 3-4】　螺纹及斜齿轮零件的电火花加工。

图 3-62 所示是利用 C 轴与 Z 轴联动加工的硬质合金螺纹模实例。该工件为 M16×2，长 10mm 的内螺纹，加工表面粗糙度 Ra_{max} 为 $5\mu m$。

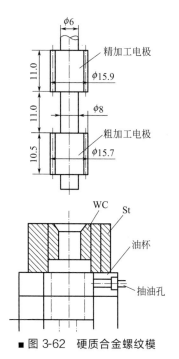

■ 图 3-62　硬质合金螺纹模

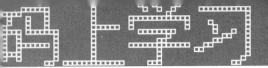

电极材料选用铜钨合金。粗、精电极做成一体，一次装夹精车，这样不用计算粗、精加工的起始点。粗加工电极单边收缩量为 0.15mm，长为 10.5mm；精加工电极单边收缩量为 0.05mm，长为 11.0mm；空刀槽长为 11.0mm，如图 3-62 所示。

程序输入数据的计算。粗加工时，Z 轴进给量应以粗加工电极离开工件的下端面为计算长度，$Z = 10.5 + 10.5 = 21$；C 轴旋转量 $U = Z \times 64800/L = 21 \times 64800/2 = 680400$，$L$ 为螺距。精加工时，Z 轴进给量应以精加工电极离开工件的下端面为计算长度，$Z = 0.5 + 11.0 + 10.0 = 21.5$，0.5 为增加的安全量；$U = Z \times 64800/L = 21.5 \times 64800/2 = 696600$。

（1）加工程序

程序名 CLUOWEN

(ON OFF MA IP SV UP DN LN STEP PL V HP PP C S L);

C790= 004 004 01 031 003 02 05 001 0060 — 02 000 10 08 02 03;

C710= 001 002 00 002 003 02 05 001 0030 — 02 000 10 02 02 03;

H000= 00000000 H001= 00000000 H002= 00000000;

H003= 00000000 H004= 00000000 H005= 00000000;

H006= 00000000 H007= 00000000 H008= 00000000;

G00 G90 G54 X Y Z1.0 U;

C790;

G01 Z- 0;

G01 G91 Z- 21.0 U680400;

G83 T001;

C710;

G01 G91 Z-21.5 U696600 M04;

G83 T002;(记录精加工时间)

G01 G91 Z+ 21.0 U- 680400;

T85;(关泵)

M02;(加工结束)

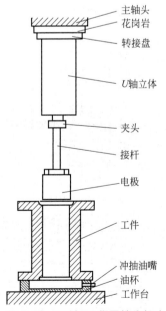

主轴头
花岗岩
转接盘
U 轴立体
夹头
接杆
电极
工件
冲抽油嘴
油杯
工作台

■ 图 3-63 SJX-74 行星挤出机内斜齿零件加工

（2）加工步骤如下。

① 将工具电极安装在 C 轴上，以空刀槽处找正 X、Y 两方向的垂直度和电极与 C 轴的同轴度。垂直度误差 ≤ 0.01mm/10.0mm，同轴度误差 ≤ 0.02mm。

② 将工件安装在带有抽油装置的油杯上，如图 3-62 所示。

③ 借助基准球确定电极和工件的中心位置；用端面定位法确定 Z 轴的零点。

④ 调节抽油压力小于 0.01MPa，抽油管内要充满油，不能有大量气泡，以免抽真空产生放炮；另外抽油压力不宜过大，否则影响加工稳定性。

⑤ 调用加工程序 CLUOWEN 进行加工。

⑥ 加工结束，用千分尺测量工件外径，合格后取下工件。

【例 3-5】 图 3-63 所示是利用 C 轴与 Z 轴联动加工的 SJX-74 行星挤出机内斜齿零件实例。

（1）加工工艺

该工件材料为 38CrMoAlA。技术参数如表 3-16 所示。

■ 表 3-16 技术参数

mm

法向模数	m_n	1	导程角	γ	43° 40'
端面模数	m_t	1.3824	分度圆直径	D_0	74.65
齿数	Z	54	最小直径	D_1	72.65
法面齿形角	α_n	20'	导程旋向		右

电极由一接柄和成形电极组成，单边收缩量均为 $200\mu m$，材料为 T3（纯铜 3 号），齿形抛光 $Ra0.4\mu m$，齿形部分不得有磕碰、划伤。

（2）加工步骤

① 电极的安装找正。电极同轴度以外圆柱面为基准进行找正，同轴度在 0.04mm/360°之内；垂直度以电极底面为基准进行找正，X、Y 两方向在 0.02mm/60mm 之内；Z 轴旋转的误差在 0.01mm/40mm 之内。

② 工件、电极相对位置的找正。用电极外圆柱面和工件定位内孔为基准，采用自动柱中心进行同轴找正，因电极悬臂较长，为减少找正误差，移动速度应慢。

③ 加工方式和加工规准选择。单边收缩量为 $200\mu m$，加工表面粗糙度 $Ra_{\max}$ 为 $12\mu m$；用模块加工方式，手动，螺纹加工，输入参数如表 3-17 所示。

加工时采用下抽油，抽油压力小于 0.01MPa，同时注意观察加工现象，若不稳定应停机抬起、清扫、修正程序。该工件总加工时间为 83.6h。

■ 表 3-17 输入参数

加工方式	手动螺纹加工
加工次数	4 次
螺纹旋向	左
LEAD 长度	244.390
FUZZY（电压控制）	ON
FUZZY（电流控制）	ON（材料 Cu-St）

加工条件指示

序号	C×××	LN	STEP	开始 Z	结束 Z
1	C150	001	0.050	+0.000	−218.000
2	C120	001	0.110	+0.000	−218.000
3	C110	001	0.130	+0.000	−218.000
4	C320	001	0.150	+0.000	−218.000

3.2.6 电火花成形机床的操作

① 打开电源总开关，将红色急停按钮旋开并拔出。［二维码 3-6］

② 按下操作面板上的启动按钮。

③ 开机后，如果各项准备工作均已完成，并且已设置好各项加工参数，显示屏幕即进

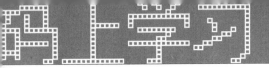
入正常加工画面，即可进行加工。如液控操作等。[二维码 3-7]

④ 安装电极与零件，并校正。

⑤ 进行加工。

⑥ 关机时，按下停止按钮，计算机延时供电约 10s 以便自动退出系统，然后断电。按下面板上红色急停按钮，关闭总电源。[二维码 3-8]

3-6 电火花成形机床的开机操作

3-7 电火花成形机床的切削液控制操作

3-8 电火花成形机床的关机操作

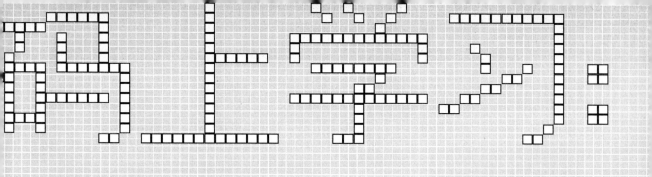

chapter 4

第 4 章／数控线切割机床的结构与故障排除

数控线切割机床属于数控特种加工机床，数控线切割机床的型号代码由以下部分组成：机床类别代码，D表示电火花加工；通用特性代号，K表示数控机床；组别代码，7；系列代码，7表示快走丝线切割机床；6代表慢走丝电火花线切割机床；机床主参数代码。例如，DK7725表示工作台横向行程为250mm的数控快走丝电火花线切割机床。近年来，有些厂家自行编制了机床代码，如MS-430等。常见的数控线切割机床如图4-1所示。

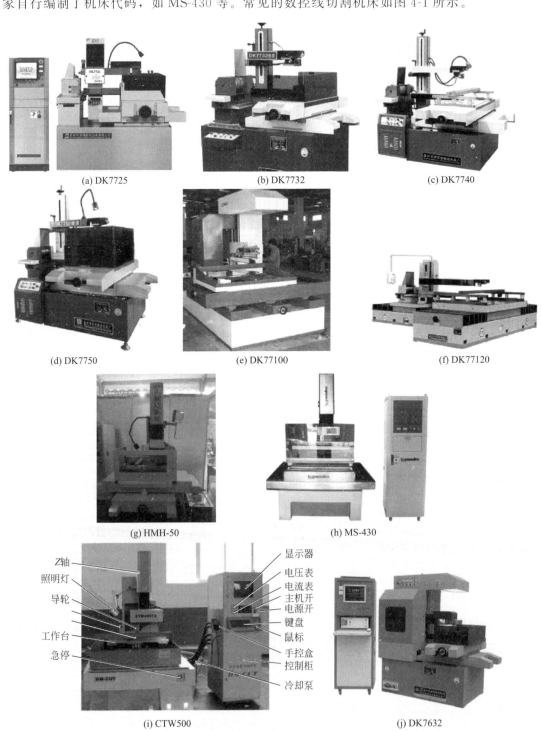

(a) DK7725　　　　(b) DK7732　　　　(c) DK7740

(d) DK7750　　　　(e) DK77100　　　　(f) DK77120

(g) HMH-50　　　　(h) MS-430

(i) CTW500　　　　(j) DK7632

■ 图4-1　常见数控线切割机床

4.1 数控机床的结构

4.1.1 电火花线切割加工原理与分类

（1）电火花线切割加工原理 ［二维码 **4-1**］

电火花线切割是指在工具电极（电极丝）和工件间施加电压，使电压击穿间隙产生火花放电的一种工艺方法。其机床结构如图 4-2 所示。

4-1 线切割

通常将电极丝与脉冲电源的负极相接，工件与脉冲电源的正极相接。当脉冲电源发出一个电脉冲时，由于电极丝与工件之间的距离很小，电压击穿这一距离（通常称为放电间隙）就产生一次电火花放电。在火花放电通道中心，温度瞬间可达上万摄氏度，使工件材料熔化甚至气化。同时，喷到放电间隙中的工作液在高温作用下也急剧汽化膨胀，如同发生爆炸一样，冲击波将熔化和气化的金属从放电部位抛出。脉冲电源不断地发出电脉冲，形成一次次火花放电，就将工件材料不断地去除。如果对火花放电进行控制，就能达到尺寸加工的目的。通常电极丝与工件之间的放电间隙在 0.01mm 左右（若脉冲电源发出的脉冲电压高，放电间隙会大一些）。在进行线切割加工程序编制时，放电间隙一般都取为 0.01mm。

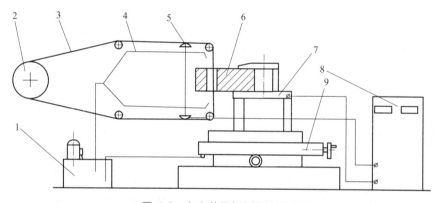

■ 图 4-2 电火花线切割机床结构图

1—工作液箱；2—储丝筒；3—电极丝；4—供液管；5—进电块；6—工件；7—夹具；8—脉冲电源；9—工作台拖板

为确保脉冲电源发出的一串电脉冲在电极丝和工件间产生一个个间断的火花放电，而不是连续的电弧放电，必须保证前后两个电脉冲之间有足够的间歇时间，使放电间隙中的介质充分消除电离状态，恢复放电通道的绝缘性，避免在同一部位发生连续放电而导致电弧发生（一般脉冲间隔是脉冲宽度的 1～4 倍）。而要保证电极丝在火花放电时不会被烧断，除了变换放电部位外，就是要向放电间隙中注入充足的工作液，使电极丝得到充分冷却。由于快速移动的电极丝（丝速在 5～12m/s 范围内）能将工作液不断带入、带出放电间隙，既将放电部位不断变换，又能将放电产生的热量及电蚀产物带走，从而使加工稳定性和加工速度得到大幅度的提高。快速走丝加工工艺问世后，我国的电火花线切割加工无论是线切割机床的产量还是应用范围都发生了一个飞跃。

此外，为了获得较高的加工表面质量和加工尺寸精度，应当选择适宜的脉冲参数，以确保电极丝和工件的放电是火花放电，而不发生电弧放电。火花放电和电弧放电的主要区别有以下两点。

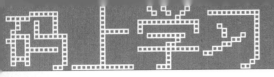
① 电弧放电的击穿电压低，而火花放电的击穿电压高。用示波器能很容易观察到这一差异。

② 电弧放电是因放电间隙消电离不充分，多次在同一部位连续稳定放电形成的，放电爆炸力小，颜色发白，蚀除量低；而火花放电是游走性的非稳定放电过程，放电爆炸力大，放电声音清脆，呈蓝色火花，蚀除量高。

由于线切割火花放电时阳极的蚀除量在大多数情况下远远大于阴极的蚀除量，所以在进行线切割加工时，工件一律接脉冲电源的正极（阳极）。

（2）数控电火花线切割机床的分类

电火花线切割机床有多种分类方法。一般可以按机床的控制方式、脉冲电源的形式、工作台尺寸与行程、走丝速度、加工精度等进行分类。

① 按机床的控制方式分类。可分为靠模仿形线切割机床、光电跟踪线切割机床、光电与微机混合控制线切割机床、数字程序控制或微机控制线切割机床等。目前，前两类线切割机床已经淘汰，不再生产了。

② 按机床配用的脉冲电源类型分类。可以分为 RC 电源、晶体管电源、分组脉冲电源及自适应控制电源机床等。目前，单纯配用 RC 电源的线切割机床在生产线上已很少见了。

③ 按机床工作台尺寸与行程（也就是按加工工件的尺寸范围）的大小分类。可分为大型、中型、小型线切割机床。在这三大类型中，又分为直壁切割和锥度切割型、丝架固定型和可调丝架型等。

④ 按走丝速度大小分类。可分为快走丝线切割机床、慢走丝线切割机床及混合式线切割机床（有快、慢两套走丝系统）三大类。

⑤ 按加工精度的高低分类。可分为普通精度型及高精度精密型两大类线切割机床。绝大多数慢走丝线切割机床属于高精度精密型机床。

4.1.2　数控电火花线切割机床的机械系统

线切割机床主要由机械系统、传动系统、润滑系统、电气系统和微机控制系统组成。其主体结构由床身、坐标工作台、线架、运丝装置、工作液箱、机床电器、夹具、保护罩及机床附件等部分组成。图 4-3 是线切割机床主体结构。

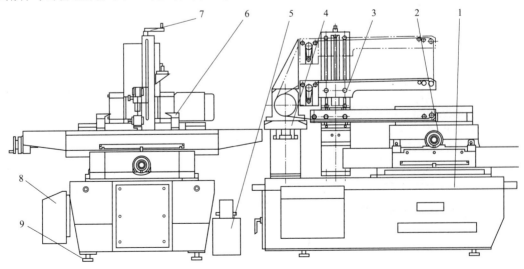

■ 图 4-3　线切割机床主体结构

1—床身；2—工作台；3—线架；4—运丝部件；5—工作液箱；6—夹具与挡水板；
7—机床附件；8—控制电器；9—调整垫块

（1）工作台的结构

DK7725 机床的工作台结构如图 4-4 所示。工作台分上下拖板，上拖板 3 的顶面为工作台面，上拖板的纵向移动为 X 坐标运动，下拖板 21 的横向移动为 Y 坐标运动，上下拖板同时运动可形成任意复杂图形。工作台移动由步进电动机 16 带动无间隙齿轮副 14、23，通过

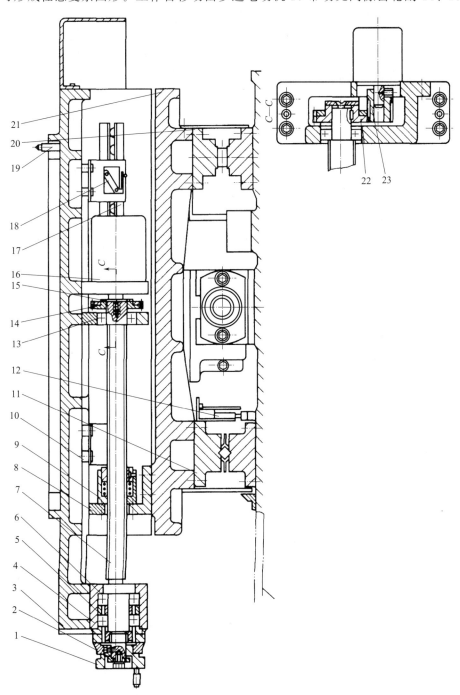

■ 图 4-4　DK7725 工作台结构

1—手轮；2—刻度盘；3—上拖板；4—轴承座；5—内外隔环；6，13—轴承；7—丝杠；8—螺母座；9—调整螺母；
10—限位开关挡块；11—V 形导轨；12，18—限位开关；14—精密齿轮；15—端盖；16—步进电动机；
17—上 V 形导轨；19—接线柱；20—平导轨；21—下拖板；22—电动机座；23—小齿轮

精密丝杠 7 转动而得到。为了保证工作台移动精度，本机床采用复合螺母自动消除丝杠与螺母间隙，使其失动量小于 0.004mm，8 是螺母座，9 为调整螺母。4 为丝杠左端支承的轴承座，6 为一对轴承，5 是内外隔环，13 为丝杠右端支承的轴承，15 为端盖。工作台运动精度由中间放有高精度滚柱的 V 形导轨获得，17 为支承 X 轴移动的上 V 形导轨，11 和 20 分别为支承 Y 轴移动的 V 形导轨和平导轨。1 是控制工作台手动操作的手轮，2 是刻度盘，10 是限位开关挡块，12 为 Y 轴限位开关，18 为 X 轴限位开关，19 是接线柱，22 为电动机座。

切割工件前需使手轮刻度盘对 "0"，对 "0" 时可松开手轮端面前的滚花螺钉，转动刻度盘使 "0" 线对准定刻度盘的标记，再拧紧滚花螺钉即可。

（2）导轨

坐标工作台的纵、横拖板是沿着导轨往复移动的。因此，对导轨的精度、刚度和耐磨性有较高的要求。此外，导轨应使拖板运动灵活、平稳。

线切割机床一般选用滚动导轨，常用的滚动导轨结构有以下两种。

1）力封式滚动导轨　力封式滚动导轨具有借助运动件的重力将导轨副封闭而实现给定运动的结构形式。图 4-5 所示是力封式滚动导轨结构简图。承导件有两根 V 形导轨。运动件上的两根导轨，一根是 V 形导轨，另一根是平导轨。这种结构具有较好的工艺性，制造、装配、调整都比较方便，润滑条件较好（因 V 形面朝上，易于储油）。缺点是拖板可能在外力作用下向上抬起，并因此破坏传动。当搬运具有这种导轨形式的机床时，必须将移动件夹紧在床身上。

对于滚柱、滚针导轨，也常采用上述组合方式，因此在大、中型线切割机床中得到广泛使用。

2）自封式滚动导轨　图 4-6 所示是自封式滚动导轨结构示意图，自封式是指由承导件保证运动件按给定要求运动的结构形式。其优点是可以承受颠覆力矩，防尘条件好。其结构复杂，每个 V 形槽两侧面受力不均，工艺性也较差。

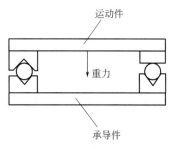

■ 图 4-5　力封式滚动导轨结构简图

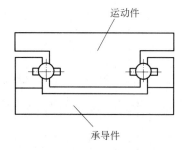

■ 图 4-6　自封式滚动导轨结构简图

在大、中型线切割机床上，也有用导向导轨和承载导轨的。导向导轨配置在切割加工区域内，两侧有承载导轨。导向导轨与承载导轨皆为精密滚针导轨，有预应力的滚针镶嵌在淬硬、磨光的钢条上。这种结构的导轨精度高、刚度好、承载支点跨距大；同时热变形对称、直线性好、横向剪切力不变。

工作台导轨一般采用镶件式。为了保证运动件运动的灵活性和准确性，导轨的表面粗糙度 Ra 值应在 0.8mm 以下，工作面的平面度应为 0.005mm/400mm。导轨的材料一般采用合金工具钢（如 CrWMn、GCr15 等）。为了最大限度地消除导轨在使用中的变形，导轨应进行冰冷处理和低温时效处理。

3）直线滚动导轨　直线滚动导轨由专业生产厂家生产，又称单元直线滚动导轨。直线滚动导轨除导向外还能承受颠覆力矩，它制造精度高，可高速运行，并能长时间保持高精度，通过预加负载可提高刚性，具有自调的能力，安装基面许用误差大。

图 4-7 所示为 TBA-UU 型直线滚动导轨。它由 4 列滚珠组成，分别配置在导轨的两个肩部，可以承受任意方向（上、下、左、右）的载荷。

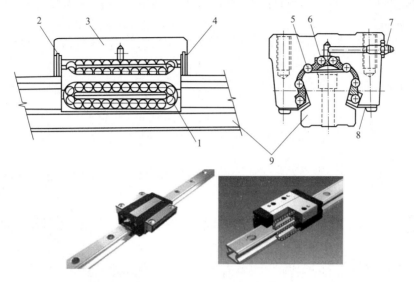

■ 图 4-7　TBA-UU 型滚动导轨副

1—保持器；2—压紧圈；3—支承块；4—密封板；5—承载钢珠列；6—反向钢珠列；
7—加油嘴；8—侧板；9—导轨

直线滚动导轨摩擦因数小，精度高，安装和维修都很方便，由于它是一个独立部件，对机床支承导轨的部分要求不高，即不需要淬硬也不需磨削或刮研，只要精铣或精刨。由于这种导轨可以预紧，因而比滚动体不循环的滚动导轨刚度高，承载能力大，但不如滑动导轨。抗振性也不如滑动导轨，为提高抗振性，有时装有抗振阻尼滑座（如图 4-8 所示）。有过大的振动和冲动载荷的机床不宜应用直线导轨副。

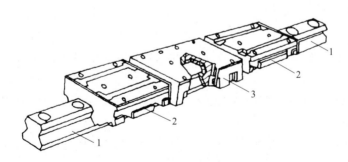

■ 图 4-8　带阻尼器的滚动直线导轨副

1—导轨条；2—循环滚柱滑座；3—抗振阻尼滑座

直线运动导轨副的移动速度可以达到 60m/min，在数控机床和加工中心上得到广泛应用。

（3）丝杠传动副

丝杠传动副的作用是将传动电动机的旋转运动变为拖板的直线运动。数控线切割机床工作台部件中，有使用滑动丝杠传动副的，也有使用滚动丝杠传动副的，这里简单介绍一下滚珠丝杠。

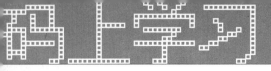

4-2 滚珠丝杠螺母副
的工作原理

1）滚珠丝杠螺母副工作原理［二维码 **4-2**］ 现在数控机床上常用滚珠丝杠螺母副作为传动元件，滚珠丝杠螺母副是一种在丝杠和螺母间装有滚珠作为中间元件的丝杠副，其结构原理如图 4-9 所示。在丝杠 3 和螺母 1 上都有半圆弧形的螺旋槽，当它们套装在一起时便形成了滚珠的螺旋滚道。螺母上有滚珠回路管道 b，将几圈螺旋滚道的两端连接起来构成封闭的循环滚道，并在滚道内装满滚珠 2。当丝杠 3 旋转时，滚珠 2 在滚道内沿滚道循环转动，即自转，迫使螺母（或丝杠）轴向移动。

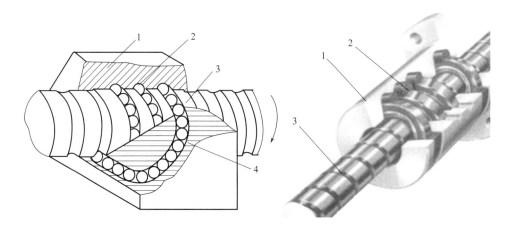

■ 图 4-9　滚珠丝杠螺母副的结构原理

1—螺母；2—滚珠；3—丝杠；4—滚珠回路管道

4-3 滚珠丝杠螺母副
的分类

2）滚珠丝杠螺母副的种类［二维码 **4-3**］ 常用的滚珠丝杠有内循环和外循环两种，滚珠在循环过程中有时与丝杠脱离接触的称为外循环；始终与丝杠保持接触的称内循环。

① 外循环。如图 4-10 所示为常用的一种外循环方式，这种结构是在螺母体上轴向相隔数个半导程处钻两个孔与螺旋槽相切，作为滚珠的进口与出口。再在螺母的外表面上铣出回珠槽并沟通两孔。另外在螺母内进出口处各装一挡珠器，并在螺母外表面装一套筒，这样构成封闭的循环滚道。外循环结构制造工艺简单，使用较广泛。其缺点是滚道接缝处很难做得平滑，影响滚珠滚动的平稳性，甚至发生卡珠现象，噪声也较大。

② 内循环。内循环均采用反向器实现滚珠循环，反向器有两种形式。如图 4-11（a）所示为圆柱凸键反向器，反向器的圆柱部分嵌入螺母内，端部开有反向槽 2。反向槽靠圆柱外圆面及其上端的凸键 1 定位，以保证对准螺纹滚道方向。图 4-11（b）为扁圆镶块反向器，反向器为一半圆头平键形镶块，镶块嵌入螺母的切槽中，其端部开有反向槽 3，用镶块的外廓定位。两种反向器比较，后者尺寸较小，从而减小了螺母的径向尺寸及缩短了轴向尺寸。但这种反向器的外廓和螺母上的切槽尺寸精度要求较高。

3）间隙的调节

① 轴向调节法。走丝机构上拖板丝杠副采用轴向调节法来消除螺纹配合的间隙。如图 4-12 所示，利用双螺母 1、5 和弹簧 2 消除丝杠副的传动间隙。当丝杠正转时，作用于传动螺母 1 的弹簧力，使螺母 1 带动拖板正向移动；当丝杠反转时，弹簧力经调整螺母 3 传递到

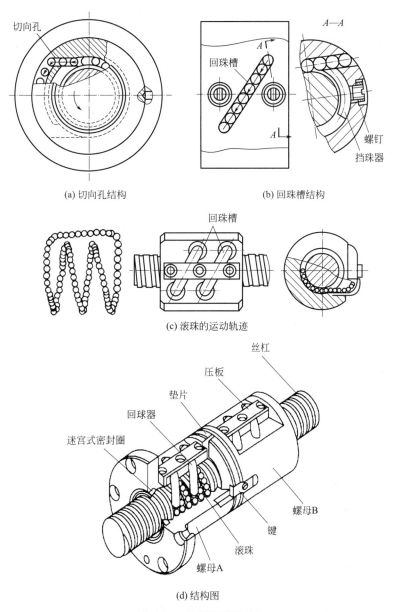

(a) 切向孔结构　　　　　　　　(b) 回珠槽结构

(c) 滚珠的运动轨迹

(d) 结构图

■ 图 4-10　外循环滚珠丝杠

螺母 5，使螺母 5 带动拖板反向移动。转动螺母 3 可调整弹簧力的大小，螺母 4 用于紧固螺母 3。装配和调整时，弹簧的压缩状态要适当。弹簧力过大，会增加丝杠对螺母 1 和螺母 5 之间的摩擦力，影响传动的灵活性和使用寿命；弹簧力过小，不能起到消除间隙的作用。

为防止走丝电动机换向装置失灵，导致丝杠副和齿轮副损坏，在齿轮副中，可选用尼龙轮代替部分金属齿轮。这不仅可以在电动机换向装置失灵时，由于尼龙齿轮先损坏，而保护丝杠副与走丝电动机，还可以减少走丝机构的振动和噪声。

② 径向调节法。图 4-13 为径向调节丝杠副间隙的结构。螺母一端的外表面呈圆锥形，沿径向铣出三个槽，颈部壁厚较薄，以保证螺母在径向收缩时带有弹性。圆锥底部处的外圆柱面上有螺纹，用带有锥孔的调整螺母与之配合，使螺母三爪径向压向或离开丝杠，消除螺纹的径向和轴向间隙。

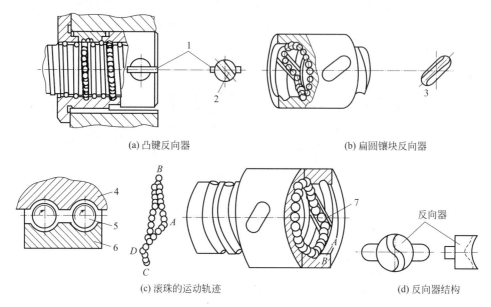

(a) 凸键反向器　　　　　　　　　　(b) 扁圆镶块反向器

(c) 滚珠的运动轨迹　　　　　　　　(d) 反向器结构

■ 图 4-11　内循环滚珠丝杠

1—凸键；2，3—反向槽；4—丝杠；5—钢珠；6—螺母；7—反向器

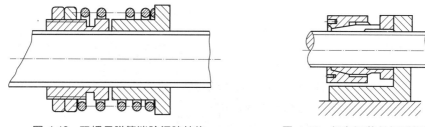

■ 图 4-12　双螺母弹簧消除间隙结构　　　　■ 图 4-13　径向调节丝杠副间隙的结构

　　4）滚珠丝杠的支承　螺母座、丝杠的轴承及其支架等刚度不足将严重地影响滚珠丝杠副的传动刚度。因此螺母座应有加强肋，以减少受力的变形，螺母与床身的接触面积宜大一些，其连接螺钉的刚度要高，定位销要紧密配合。

　　滚珠丝杠常用推力轴承支座，以提高轴向刚度（当滚珠丝杠的轴向负载很小时，也可用角接触球轴承支座），滚珠丝杠在机床上的安装支承方式有以下几种。

　　① 一端装推力轴承。如图 4-14（a）所示，这种安装方式的承载能力小，轴向刚度低。只适用于短丝杠，一般用于数控机床的调节环节或升降台式数控铣床的立向（垂直）坐标中。

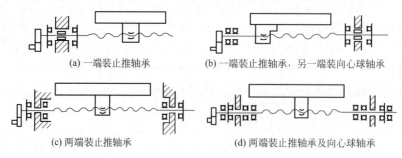

(a) 一端装止推轴承　　　　　　　(b) 一端装止推轴承，另一端装向心球轴承

(c) 两端装止推轴承　　　　　　　(d) 两端装止推轴承及向心球轴承

■ 图 4-14　滚珠丝杠在机床上的支承方式

② 一端装推力轴承，另一端装向心球轴承。如图 4-14 (b) 所示，此种方式可用于丝杠较长的情况。应将止推轴承远离液压电动机等热源及丝杠上的常用段，以减少丝杠热变形的影响。

③ 两端装推力轴承。如图 4-14 (c) 所示，把推力轴承装在滚珠丝杠的两端，并施加预紧拉力，这样有助于提高刚度，但这种安装方式对丝杠的热变形较为敏感，轴承的寿命较两端装推力轴承及向心球轴承方式低。

④ 两端装推力轴承及向心球轴承。如图 4-14 (d) 所示，为使丝杠具有最大的刚度，它的两端可用双重支承，即推力轴承加向心球轴承，并施加预紧拉力。这种结构方式不能精确地预先测定预紧力，预紧力的大小是由丝杠的温度变形转化而产生的。但设计时要求提高推力轴承的承载能力和支架刚度。

⑤ 专用轴承。近来出现一种滚珠丝杠专用轴承，其结构如图 4-15 所示。这是一种能够承受很大轴向力的特殊角接触球轴承，与一般角接触球轴承相比，接触角增大到 60°，增加了滚珠的数目并相应减小滚珠的直径。这种新结构的轴承比一般轴承的轴向刚度提高两倍以上，使用极为方便。产品成对出售，而且在出厂时已经选配好内外环的厚度，装配调试时只要用螺母和端盖将内环和外环压紧，就能获得出厂时已经调整好的预紧力。

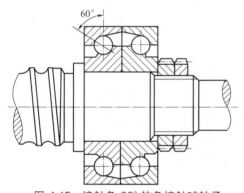

■ 图 4-15　接触角 60° 的角接触球轴承

（4）传动齿轮间隙的消除

在数控设备的进给驱动系统中，考虑到惯量、转矩或脉冲当量的要求，有时要在电动机到丝杠之间加入齿轮传动副，而齿轮等传动副存在的间隙，会使进给运动反向滞后于指令信号，造成反向死区而影响其传动精度和系统的稳定性。因此，为了提高进给系统的传动精度，必须消除齿轮副的间隙。下面介绍几种实践中常用的齿轮间隙消除结构形式。

1）直齿圆柱齿轮传动副

① 偏心套调整法。如图 4-16 所示为偏心套消隙结构。电动机 1 通过偏心套 2 安装到机床壳体上，通过转动偏心套 2 就可以调整两齿轮的中心距，从而消除齿侧的间隙。[二维码 4-4]

② 锥度齿轮调整法。图 4-17 所示为带有锥度的齿轮消除间隙的结构。在加工齿轮 1 和 2 时，将假想的分度圆柱面改变成带有小锥度的圆锥面，使其齿厚在齿轮的轴向稍有变化。调整时，只要改变垫片 3 的厚度就能调整两个齿轮的轴向相对位置，从而消除齿侧间隙。[二维码 4-5]

4-4 直齿圆柱齿轮传动间隙的调整——偏心套调整法

4-5 直齿圆柱齿轮传动间隙的调整——轴向垫片调整法

以上两种方法的特点是结构简单，能传递较大转矩，传动刚度较好，但齿侧间隙调整后不能自动补偿，又称为刚性调整法。

③ 双片齿轮错齿调整法。图 4-18 (a) 是双片齿轮周向可调弹簧错齿消隙结构。两个相同齿数的薄片齿轮 1 和 2 与另一个宽齿轮啮合，两薄片齿轮可相对回转。在两个薄片齿轮 1 和 2 的端面均匀分布着四个螺孔，分别装上凸耳 3 和 8。齿轮 1 的端面还有另外四个通孔，凸耳 8 可以在其中穿过，弹簧 4 的两端分别钩在凸耳 3 和调节螺钉 7 上。通过螺母 5 调节弹簧 4 的拉力，调节完后用螺母 6 锁紧。弹簧的拉力使薄片齿轮错位，即两个薄片齿轮的左右齿面分别贴在宽齿轮齿槽的左右齿面上，从而消除了齿侧间隙。

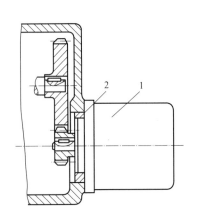

■ 图 4-16 偏心套式消除间隙结构

1—电动机；2—偏心套

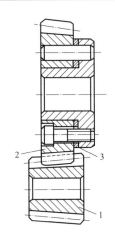

■ 图 4-17 锥度齿轮的消除间隙结构

1,2—齿轮；3—垫片

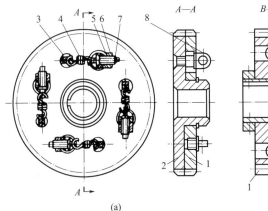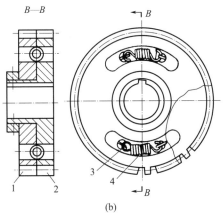

(a)　　　　　　　　　　　　(b)

■ 图 4-18 双片齿轮周向弹簧错齿消隙结构

1, 2—薄齿轮;3, 8—凸耳或短柱；4—弹簧；5,6—螺母；7—螺钉

　　图 4-18（b）是另一种双片齿轮周向弹簧错齿消隙结构，两片薄齿轮 1 和 2 套装在一起，每片齿轮各开有两条周向通槽，在齿轮的端面上装有短柱 3，用来安装弹簧 4。装配时使弹簧 4 具有足够的拉力，使两个薄齿轮的左右面分别与宽齿轮的左右面贴紧，以消除齿侧间隙。

　　双片齿轮错齿法调整间隙，在齿轮传动时，由于正向和反向旋转分别只有一片齿轮承受转矩，因此承载能力受到限制，并且弹簧的拉力要足以能克服最大转矩，否则起不到消隙作用，这称为柔性调整法，适用于负荷不大的传动装置中。

　　这种结构装配好后齿侧间隙自动消除（补偿），可始终保持无间隙啮合，是一种常用的无间隙齿轮传动结构。

　　2）斜齿圆柱齿轮传动副

　　① 轴向垫片调整法 [二维码 4-6]。图 4-19 为斜齿轮垫片调整法，其原理与错齿调整法相同。斜齿 1 和 2 的齿形拼装在一起加工，装配时在两薄片齿轮间装入已知厚度为 t 的垫片 3，这样它的螺旋便错开了，使两薄片齿轮分别与宽齿轮 4 的左、右齿面贴紧，消除了间隙。垫片 3 的厚度 t 与齿侧间隙 Δ 的关系可用下式表示。

$$t = \Delta\cot\beta$$

式中　β——螺旋角。

4-6 斜齿圆柱齿轮传动间隙的调整——轴向垫片调整法

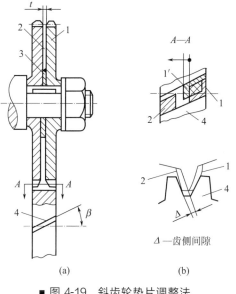

Δ—齿侧间隙

■ 图 4-19 斜齿轮垫片调整法

1,2—薄片齿轮；3—垫片；4—宽齿轮

　　垫片厚度一般由测试法确定，往往要经几次修磨才能调整好。这种结构的齿轮承载能力较小，且不能自动补偿消除间隙。

　　② 轴向压簧调整法 [**二维码 4-7**]。图 4-20 是斜齿轮轴向压簧错齿消隙结构。该结构消隙原理与轴向垫片调整法相似，所不同的是利用齿轮 2 右面的弹簧压力使两个薄片齿轮的左右齿面分别与宽齿轮的左右齿面贴紧，以消除齿侧间隙。图 4-20（a）采用的是压簧，图 4-20（b）采用的是碟形弹簧。

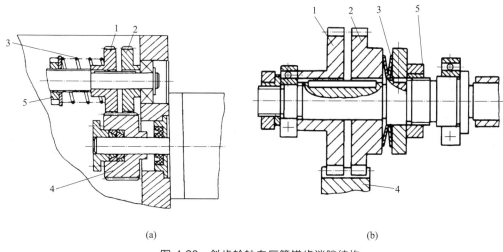

■ 图 4-20 斜齿轮轴向压簧错齿消隙结构

1,2—薄片斜齿轮；3—弹簧；4—宽齿轮；5—螺母

　　弹簧 3 的压力可利用螺母 5 来调整，压力的大小要调整合适，压力过大会加快齿轮磨损，压力过小达不到消隙作用。这种结构齿轮间隙能自动消除，始终保持无间隙的啮合，但它只适用于负载较小的场合，并且这种结构轴向尺寸较大。

　　3）锥齿轮传动副　锥齿轮同圆柱齿轮一样可用上述类似的方法来消除齿侧间隙。

4-8 锥齿轮传动间隙的调整——轴向弹簧调整法

① 轴向压簧调整法 [二维码 4-8]。图 4-21 为锥齿轮轴向压簧调整法。两个啮合着的锥齿轮分别为 1 和 2。其中在装锥齿轮 1 的传动轴 5 上装有压簧 3，锥齿轮 1 在弹簧力的作用下可稍做轴向移动，从而消除间隙。弹簧力的大小由螺母 4 调节。

② 周向弹簧调整法。图 4-22 为锥齿轮周向弹簧调整法。将一对啮合锥齿轮中的一个齿轮做成大小两片 1 和 2，在大片上制有三个圆弧槽，而在小片的端面上制有三个凸爪 6，凸爪 6 伸入大片的圆弧槽中。弹簧 4 一端顶在凸爪 6 上，而另一端顶在镶块 3 上，为了安装的方便，用螺钉 5 将大小片齿圈相对固定，安装完毕之后将螺钉卸去，利用弹簧力使大小片锥齿轮稍微错开，从而达到消除间隙的目的。

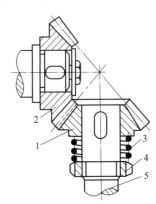

■ 图 4-21 锥齿轮轴向压簧调整法

1, 2—锥齿; 3—压簧; 4—螺母; 5—传动轴

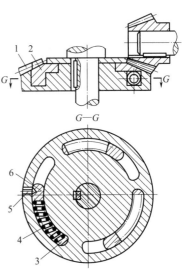

■ 图 4-22 锥齿轮周向弹簧调整法

1,2—锥齿轮; 3—镶块; 4—弹簧; 5—螺钉; 6—凸爪

（5）储丝部件

1）储丝部件的结构　高速走丝线切割机床的电极丝，被排列整齐地绕在由交流或直流电动机驱动的储丝筒上，电极丝经上支架由导向轮引导穿过工件，之后再经过导向轮及下支架返回储丝筒。DK7725 数控线切割机床的储丝走丝部件如图 4-23 所示，该机构主要由储丝筒组合件（件 4、7、8 等）、拖板（件 12、17）、齿轮副（件 13、14、15、16）、丝杠副（件 9、11）、换向装置和绝缘件等部分组成。该部件的功用是将储丝筒上的电极丝输送到加工间隙进行放电加工，同时将穿过加工间隙的电极丝排列整齐地收回到储丝筒上。

2）高速走丝机构的结构及特点　DK7725 数控线切割机床的储丝走丝机构中，储丝筒 7 由电动机 2 通过联轴器 4 及丝筒轴 8 带动以 1400r/min 的转速正反向转动，6 为丝筒轴的左支承轴承，5 为左轴承座。储丝筒另一端通过两对齿轮副 34/102（齿轮 13、14）、34/95（齿轮 15、16）减速后带动丝杠 11 转动。储丝筒、电动机、齿轮都安装在电动机支架 3、左轴承座 5 和右侧支架上。支架及丝杠则安装在上拖板 12 上，排丝调整螺母 9 装在底座 10 上，上拖板在底座 17 上来回移动，1 为 V 形导轨。螺母 9 内装有消除间隙的副螺母及弹簧，齿轮及丝杠螺距的搭配为滚筒每旋转一圈拖板移动 0.275mm。所以，该储丝筒适用于钼丝直径在 $\phi0.12 \sim 0.25$mm 范围内变化的情况。

储丝筒运转时应平稳，无不正常振动。滚筒外圆振摆应小于 0.03mm，反向间隙应小于 0.05mm，轴向窜动应彻底消除。

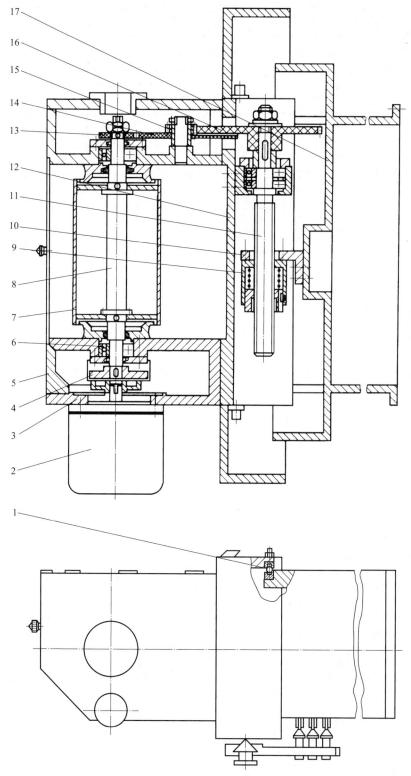

■ 图 4-23 DK7725 机床的储丝走丝部件

1—V 形导轨;2—电动机(A07114 301 型); 3—电动机支架; 4—联轴器; 5—左轴承座; 6—轴承; 7—储丝筒; 8—轴;

9—调整螺母; 10—底座; 11—丝杠; 12—拖板; 13—齿轮($z=34$); 14—大齿轮($z=102$);

15—小齿轮($z=34$); 16—齿轮($z=95$); 17—底座

储丝筒本身做高速正反向转动，电动机、滚筒及丝杠的轴承应定期拆洗并加润滑脂，换油期限可根据使用情况具体决定。其余中间传动轴、齿轮、V形导轨及丝杠、螺母等每班应注润滑油一次。随机附有手摇把一只，可插入滚筒尾部的齿轮槽中摇动储丝筒，以便绕丝。

① 储丝筒旋转组合件。储丝筒旋转组合件主要由储丝筒、联轴器、丝筒轴、轴承、轴承座等组成。

a. 储丝筒。储丝筒是电极丝稳定移动和整齐排绕的关键部件之一，一般用 45 钢制造。为减小转动惯量，筒壁应尽量薄，按机床规格不同，筒壁厚度的选用范围为 1.5～5mm。为进一步降低转动惯量，储丝筒也可选用铝镁合金材料制造。

储丝筒壁厚要均匀，工作表面要有较好的表面粗糙度，一般 Ra 为 0.8μm。为保证丝筒组合件动态平衡，应严格控制内孔、外圆对支撑部分的同轴度。

储丝筒与丝筒轴装配后的径向跳动量应不大于 0.01mm。一般装配后，以轴的两端中心孔定位，重磨储丝筒外圆和与轴承配合的轴径。

b. 联轴器。对于走丝机构中运动组合件的电动机轴与丝筒轴，一般是利用联轴器将二者联在一起。由于储丝筒运行时频繁换向，联轴器瞬间受到正反剪切力很大，因此在结构上多采用弹性联轴器和摩擦锥式联轴器。

(a) 弹性联轴器如图 4-24 所示。弹性联轴器结构简单，惯性力矩小，换向较平稳，无金属撞击声，可减小对储丝筒轴的冲击。弹性材料采用橡胶、塑料或皮革。这种联轴器的优点是：允许电动机轴与储丝筒轴稍有不同心和不平行，一般最大同轴度公差为 0.2～0.5mm，最大平行度公差为 1。此联轴器缺点是：由它连接的两根轴在传递转矩时会有相对转动。

(b) 摩擦锥式联轴器如图 4-25 所示。摩擦锥式联轴器可带动转动惯量较大的大、中型线切割机床储丝筒旋转组合件。此种联轴器可传递较大的转矩，同时在传动负荷超载时，摩擦面之间的滑动还可起到过载保护作用。因为锥形摩擦面会对电动机和储丝筒产生轴向力，所以在电动机轴的滚动轴承中，应选用推力向心球轴承和单列圆锥滚子轴承。另外，还要正确选用弹簧的规格。弹力过小，摩擦面打滑，会使传动不稳定或摩擦面过热引起烧伤；弹力过大，会增大轴向力，影响丝筒轴的正常运转。

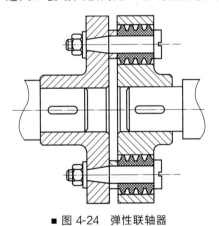

■ 图 4-24　弹性联轴器　　　　　　　■ 图 4-25　摩擦锥式联轴器

(c) 磁力联轴器是依靠磁性力无接触式连接的，保留了传统联轴器的优点。下面是两种磁力联轴器的具体结构。

套筒式磁力联轴器如图 4-26 所示。此种联轴器主动磁极 3 和从动磁极 2 均可为圆筒状或以若干块磁铁排列成圆筒状，并用黏结剂分别将其固定于主动轴套 4 外表面上和从动轴套 1 内表面上，主动轴 6 和从动轴 7 与套筒 4 和 1 之间用键 5、8 连接。主动磁极和从动磁极之间有一定间隙，其目的为：两磁极之间无摩擦，靠磁场连接；被连接两轴因受制造及安装误差、承载后变形及温度变化等因素影响，往往不能严格对中心，而两磁极间留有一定间隙，可补偿这一不足，还可适当降低加工及装配要求。该套筒式联轴器因磁场面积大，可以传递较大转矩。其磁场连接力可以通过改变主动轴套和从动轴套的配合长度来进行调整。

圆盘式磁力联轴器如图 4-27 所示。此种联轴器主动磁极 3 和从动磁极 2 均可为圆盘状或以若干块磁铁排列成圆形射线状，并用黏结剂分别将其固定于主动轴套 4 和从动轴套 1 的大端面上。由于圆盘式联轴器磁场面积小，所以传递转矩较小，并且体积也相应较小。其磁场连接力可以通过改变主动磁极和从动磁极之间的距离来进行调整。

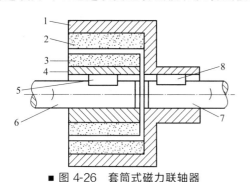

■ 图 4-26 套筒式磁力联轴器

1—从动轴套；2—从动磁极；3—主动磁极；4—主轴轴套；
5，8—键；6—主动轴；7—从动轴

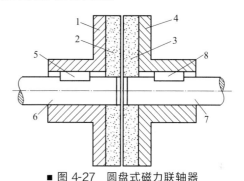

■ 图 4-27 圆盘式磁力联轴器

1—从动轴套；2—从动磁极；3—主动磁极；4—主轴轴套；
5，8—键；6—从动轴；7—主动轴

由于磁力联轴器轴与轴之间没有零件直接连接，而是靠磁场连接来传递转矩，因此电动机换向时，转动惯量被磁力线的瞬时扭曲抵消；在超负荷时，相对磁极旋转错位，键 8、5 连接的主动轴 7 与从动轴 6 可以自动打滑脱开，起到安全离合器的作用，不会损坏任何零部件。主动磁极 3 和从动磁极 2 均用强的永磁材料制成，例如，铁氧体、钕铁硼、稀土合金等。

② 上下拖板。走丝机构的上下拖板多采用下面两种滑动导轨。

一种是燕尾形导轨，这种导轨结构紧凑，调整方便。旋转调整杆带动楔条，可改变导轨副的配合间隙。但该结构制造和检验比较复杂，刚性较差，传动中摩擦损失也较大。

另一种是如图 4-28 所示的三角、矩形组合式导轨。该导轨的配合间隙由螺钉和垫片组成的调整环节来调节。

由于储丝筒走丝机构的上拖板一边装有运丝电动机，储丝筒沿轴向两边负荷差较大。为保证上拖板能平稳地往复移动，应把下拖板设计得较长，以使走丝机构工作时，上拖板部分可始终不滑出下拖板，从而保证拖板的刚度、机构的稳定性及运动精度。

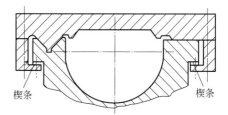

■ 图 4-28 三角、矩形组合式导轨结构

③ 绝缘、润滑方式

a. 走丝机构的绝缘一般采用绝缘垫圈和绝缘垫块，方法简单易行。在一些线切割机床中，也有用绝缘材料制成连接储丝筒和丝筒轴的定位板实现储丝筒与床身绝缘的。这种方法的缺点是储丝筒组合件装卸时，其精度易发生变化。

b. 润滑方式有人工润滑和自动润滑两种。人工润滑是操作者用油壶和油枪定期地向相应运动副加油；自动润滑为采用灯芯润滑、油池润滑或液压泵供油的集中润滑系统。

采取润滑措施，能减少齿轮副、丝杠副、导轨副和滚动轴承等运动件的磨损，保持传动精度；同时能减少摩擦面之间的摩擦阻力及其引起的能量损失。此外，还有润滑接触面和防

锈的作用。

（6）走丝机构

1）双丝筒快速走丝机构　双丝筒快速走丝机构的驱动形式原理图如图 4-29 所示。该驱动形式有两个走丝电动机 M1 和 M2，M1 和 M2 又分别用花键与两个绕线盘 W1 和 W2 同轴连接，电极丝盘绕在 W1 和 W2 上并张紧相连。当电动机 M1 通电旋转时，使绕线盘 W1、W2 旋转并带动电动机 M2 一起被动旋转，此时的 M2 处于电气制动状态，此制动力便对电极丝进行张紧，调节制动力的大小即可改变电极丝的张力。当电动机 M2 通电旋转时，电极丝反向走丝，电动机 M1 处于电气制动状态。两个电动机交替通电，即可实现电极丝的往复运行。

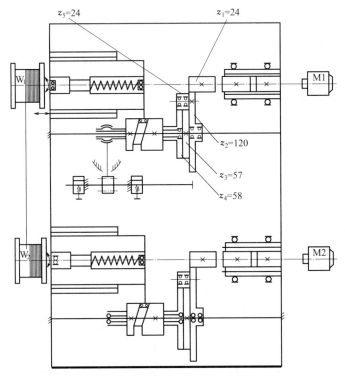

■ 图 4-29　双丝筒快速走丝机构驱动形式原理图

电极丝在绕线盘上的排丝是通过两个电动机各自的减速机构（行星齿轮）带动轴向凸轮旋转，凸轮旋转时拨动在凸轮槽内的滑块，滑块带动滑套使绕线盘在旋转的同时产生轴向移动，从而实现电极丝在两个绕线盘上的整齐排列。

双丝筒快速走丝机构的结构如图 4-30 所示。相对于单筒走丝机构而言，双丝筒快速走丝机构的结构较复杂，但电极丝的张力稳定可调。

2）慢速走丝机构　从上面的结构可以看出，快走丝机构是双向走丝，而慢走丝机构是单方向一次用丝，即电极从放丝轮出丝，由收丝轮收丝的单方向走丝。如图 4-31 所示为一慢速走丝机构的结构示意图，电极丝从放丝轮 1（通常可以卷 1～3kg 的丝）出发，通过滑轮 2，制动轮 3，导丝机构 13、14、16、17，工件 15，抬丝轮 10，压紧轮 9，排丝装置 8 等到达卷丝轮 7。电极丝绕在卷丝轮 7 上，用压紧轮 9 夹住。由于卷丝轮回转而使电极丝运行，走丝的速度等于收丝速度，并且制动轮 3 使电极丝产生一定的张力。

由于电极丝与工件之间的放电，使电极丝不断地做复杂振动。为了维持加工精度，在电极丝经过工件的两侧装有上、下导向器 14 和 16，用于保持电极丝与工件的相对位置，导向器多采用金刚石模。模的孔径比电极丝的直径仅大 1～2μm，所以对任何方向的制约都是相同的。

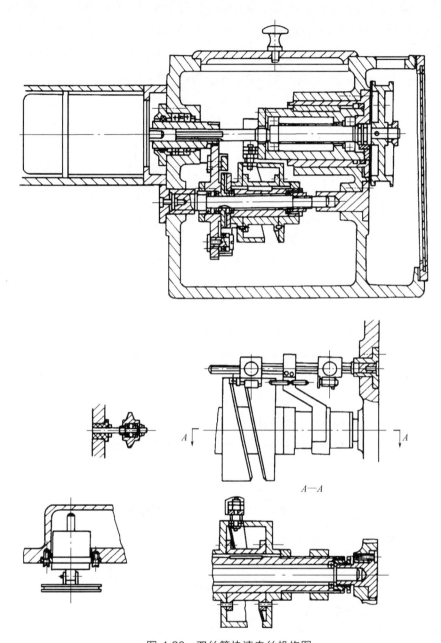

■ 图 4-30　双丝筒快速走丝机构图

另外，断丝检测微动开关 4 和 12 可以自动检测是否有断丝的情况。当发生断丝时，可使卷丝电动机自动停止并且停止加工。

（7）丝架

丝架的作用是通过丝架上的两个导轮来支撑电极丝，并使电极丝工作部分与工作台面保持一定的几何角度：垂直或倾斜一定角度。即切割直壁时，电极丝与工作台面垂直；切割带有锥度的斜壁时，电极丝与工作台面保持一定的倾斜。丝架与走丝机构组成了电极丝的运动系统。

切割直壁用的丝架多采用固定式结构，丝架安装在储丝筒与工作台之间。为满足不同厚度工件的要求，机床采用可变跨距机构的丝架，以确保上、下导轮与工件的最佳距离，减少

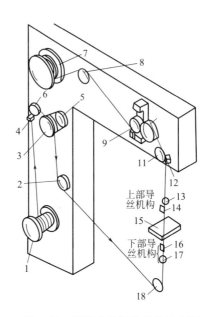

■ 图 4-31　慢速走丝机构结构示意图

1—放丝轮；2, 5, 6, 11, 18—滑轮；3—制动轮；4, 12—断丝检测微动开关；7—卷丝轮；8—排丝装置；
9—压紧轮；10—抬丝轮；13, 17—进电板；14, 16—导向器；15—工件

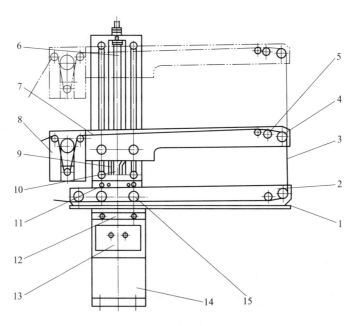

■ 图 4-32　下悬臂固定式丝架结构

1—水槽；2—下悬臂；3—电极丝；4—导轮组件；5—双导电轮组件；6—丝杠；7—上悬臂；8—电极丝张紧装置；
9—电线；10—水管；11—定位块；12—定位座；13—冷却阀面板；14—立柱；15—调整螺钉

电极丝的抖动，提高加工精度。图 4-32 是下悬臂固定式结构，当需要调整上下悬臂之间的距离时，通过丝杠 6 螺母机构带动上悬臂 7 上下移动即可。导轮置于丝架悬臂的前端，采用密封结构组装在悬臂上。为了适应丝架张开高度变化的同时保持电极丝的导向性和张力，在丝架上下部分增设有电极丝张紧装置。

在数控线切割机床上用于切割锥度的丝架运动形式，其示意图如图 4-33 所示。上、下导轮可沿 X 轴正反方向平动，并使两导轮中心连线通过丝架的圆心。上、下导轮也可在 Y 方向绕圆心 O 摆动。

上下导轮同时绕圆心平动及摆动丝架结构如图 4-34 所示。丝架上有两个步进电动机 14 和 1，分别驱动导轮平动和摆动。当步进电动机 14 转动时，通过丝杠 13、螺母 12 使滑块 11 移动，由滑动块 10 和 18 使固定在带有斜槽导向板 9 和 19 的上、下弓架 8、20 沿 X 轴前后移动。导向板上的斜槽使弓架与滑块改变移动方向并保持一定的移动量。由于上、下导轮沿 X 轴前后移动时要保证两导轮中心连线通过 X 轴上的 "O" 点，而上、下导轮中心至 "O" 点为不同的距离 32.5mm 和 82.5mm，因此上、下导向板上斜槽的斜率是不同的。

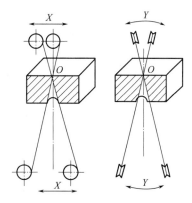

■ 图 4-33 数控线切割机床用于锥度切割时丝架运动形式示意图

当步进电动机 1 转动时，通过齿轮组 2、3 及丝杠 4，螺母 5 使滑块 6 移动，滑块上的拨叉拨动与基体相连的小轴 7 绕回转轴 16 转动，而回转轴由两端滚动轴承 15 支承，其回转中心线即为 X 轴（通过 O 点），因此可使上、下弓架及上、下导轮绕轴心 O 点摆动。

（8）导轮

导轮运动组合件结构主要有三种形式：悬臂支撑导轮结构、双边支撑导轮结构和双轴尖支撑结构。

悬臂支撑导轮结构如图 4-35 所示。其结构简单，上丝方便。但因悬臂支撑，张紧的电极丝运动的稳定性较差，难于维持较高的运动精度，同时也影响导轮和轴承的使用寿命。

双边支撑导轮结构如图 4-36 所示。其中导轮居中，两端用轴承支撑，结构较复杂，上丝较麻烦。但此种结构的运动稳定性较好，刚度较高，不易发生变形及跳动。

双轴尖支撑结构，导轮两端加工成 30° 的锥形轴尖，硬度在 60HRC 以上。轴承由红宝石或锡磷青铜制成。该结构易于保证导轮运动组合件的同轴度，导轮轴向窜动和径向跳动量可控制在较小的范围内。缺点是轴尖运动副摩擦力大，易于发热和磨损。为补偿轴尖运动副的磨损，应利用弹簧的作用力使运动副良好接触。

（9）电极丝保持器

保持器的功用主要是对电极丝往复运动起限位作用，以提高位置精度。当保持器用于保证电极丝顺序排绕时，一般置于上、下丝臂靠近储丝筒的一端。如图 4-37 所示的硬质合金保持器，上、下保持器左右相对偏移。保持器的定位圆柱面应从相应中心位置对称地左右调节，使电极丝 2 的走向与导轮 V 形槽夹角尽量小，有利于导轮的正常使用。图 4-38 所示为 V 形宝石保持器，它用于保持电极丝运动的位置精度时，不应对电极丝产生较大的压力。件 1 为保持器架，件 2 为 V 形宝石保持器。圆柱式保持器可以用硬质合金或红宝石、蓝宝石制成。目前使用的有圆弧形、V 形等方式。

（10）线切割机床的工作液系统

在电火花线切割加工过程中，需要稳定地供给有一定绝缘性能的工作介质——工作液，以冷却电极丝和工件，排除电蚀产物等，这样才能保证火花放电持续进行。如图 4-39 所示，一般线切割机床的工作液系统包括：工作液箱 9，工作液泵 8，流量控制阀 6，进液管 4、5 和 7，回液管 2 及过滤器 1 等，3 为机床工作台。

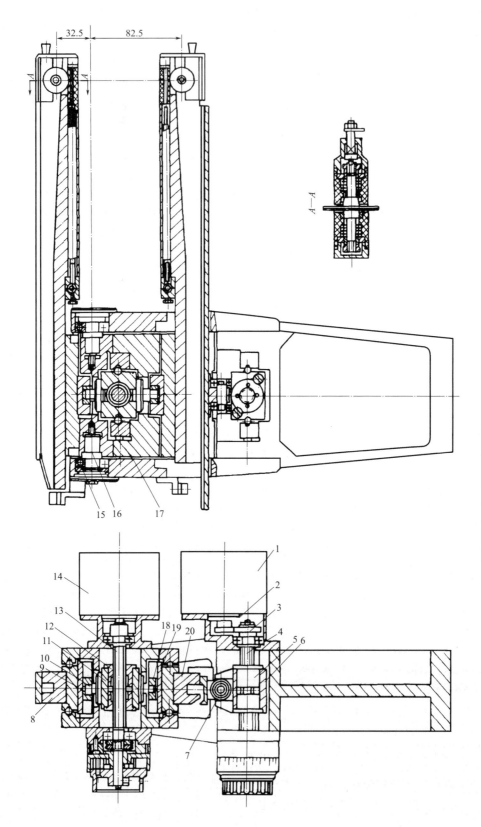

32.5　82.5

15　16　17

14

13

12
11
10
9

8

1

2

3

18 19 20

4
5 6

7

A—A

■ 图 4-34　上、下导轮同时绕圆心平动及摆动丝架结构图

1,14—步进电动机；2, 3—齿轮；4, 13—丝杠；5, 12—螺母；6, 11—滑块；7—小轴；8, 20—上、下弓架；9, 19—导向板；10, 18—滑动块；15—滚动轴承；16—回转轴；17—基体

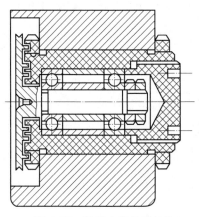

■ 图 4-35 悬臂支撑导轮结构

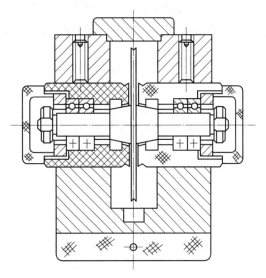

■ 图 4-36 双边支撑导轮结构

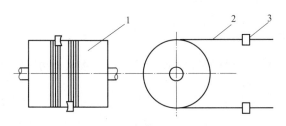

■ 图 4-37 硬质合金保持器

1—储丝筒；2—钼丝；3—硬质合金块

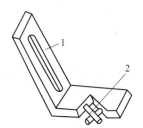

■ 图 4-38 V形宝石保持器

1—保持器架；2—V形宝石保持器

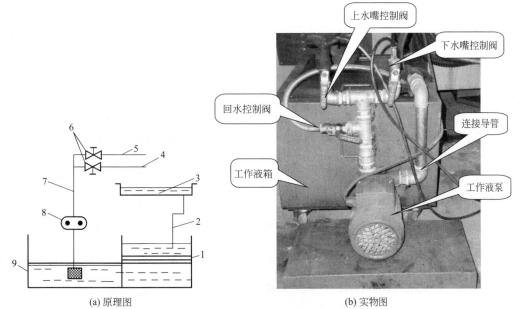

(a) 原理图　　　　　　　(b) 实物图

■ 图 4-39 线切割机床工作液系统图

1—过滤器；2—回液管；3—工作台；4—下丝臂进液管；5—上丝臂进液管；
6—流量控制阀；7—进液管；8—工作液泵；9—工作液箱

1）工作液过滤装置 工作液的质量及清洁程度在某种意义上对线切割工作起着很大的作用。如图 4-40 所示，用过的工作液经管道流到漏斗 5，再经磁钢 2、泡沫塑料 3、纱布袋 1 流入水池中。这时基本上已将电蚀物过滤掉，再流经两块隔墙 4、钢网布 6、磁钢 2，工作液得到过滤复原，7 为工作液泵。此种过滤装置不需特殊设备，方法简单，可靠实用，设备费用低。

必须注意：水箱内壁不能涂涂料，要做镀锌处理，工作液的黏度要小些，否则泡沫塑料会堵塞，水泵的进水口要装铜丝网。

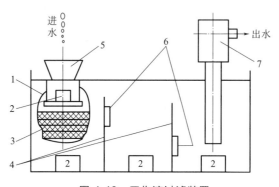

■ 图 4-40 工作液过滤装置

1—纱布袋；2—磁钢；3—泡沫塑料；4—隔墙；5—漏斗；6—钢网布；7—工作液泵

2）工作液喷嘴结构 工作液供到工件上一般是采用从电极丝四周进液的方法，其结构比较复杂。当然也可将工作液用喷嘴直接冲到工件与电极丝间，如图 4-41 所示，1 为配水板，2 为喷嘴，3 为钼丝。乳化液经配水板直接冲击穿过喷嘴中心的钼丝。由于液流实际上是不稳定的，因此液流对钼丝直接产生一个不规则振源，当丝架跨距 160mm 左右时，这个振源对工件精度和表面粗糙度的影响较小；当丝架的跨距增高时，对加工工件的精度和表面粗糙度的影响随之明显增大。为克服上述缺点，可以改进为如图 4-42 所示环形喷嘴，在实际应用中收到良好效果。喷嘴由导液嘴 3 和嘴座 2 组成，导液嘴和嘴座的配合采用过盈配合，装配时先将嘴座在 200℃ 机油中加温后与导液嘴配合。由图示可知，乳化液经配水板 1 进入嘴座环形缓冲腔，向钼丝 4 中心喷射环形液流。

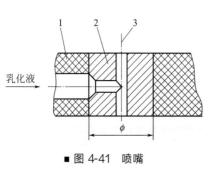

■ 图 4-41 喷嘴

1—配水板；2—喷嘴；3—钼丝

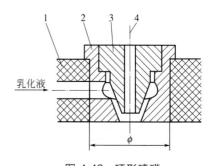

■ 图 4-42 环形喷嘴

1—配水板；2—嘴座；3—导液嘴；4—钼丝

4.1.3 数控线切割机床的电气控制系统

如图 4-43 所示，数控线切割机床的电气控制系统主要由输入/输出设备（输入设备有键盘、鼠标、软驱、手控盒等，输出设备多为显示器，可显示图形、代码、加工参数等）、数

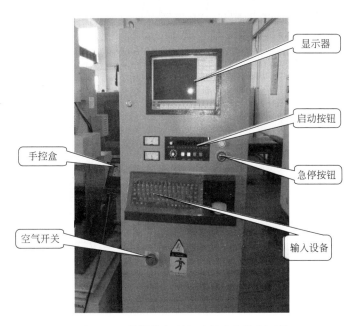

图中标注：显示器、启动按钮、急停按钮、输入设备、手控盒、空气开关

■ 图 4-43 数控线切割机床的电气控制系统

控装置、高频电源和电气部分组成。

（1）保险

储丝筒运转换向，切断高频及超程保险由六个微动开关控制，并安装在走丝拖板后面的两个微动开关板上。撞块随拖板来回移动，撞到微动开关触点后，使微动开关动作，控制储丝筒电动机转向，使储丝筒的移动反向，并切断高频输出，撞块离开触点后，簧片使触点弹回原处，重新接通高频电源并准备第二次动作。

撞块的位置可以分别调节，以适应不同的绕丝长度，撞块伸出的长度可以调节，应使微动开关接通后再有 0.25mm 的超行程，最大超行程不超过 0.5mm。长度调好后再用螺母拧紧。行程开关板上每侧装有三个行程开关，如图 4-44 所示，撞块移动首先切断高频开关 4，之后撞至开关 5 换向。开关 6 用于保险，如果反向失灵、撞块冲过头，撞上保险开关 6，即切断总电源。由于有些线切割机床装有专用设计的上丝绕丝机构和紧丝装置，所以微动开关板上只装有三个微动开关，即可实现上述动作。

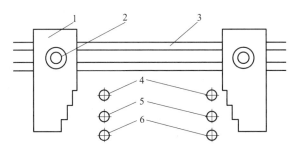

■ 图 4-44 开关控制板和撞块简图

1—撞块；2—紧固螺母；3—紧固槽板；4—高频开关；5—走丝换向开关；6—总电源开关

高频进电及变频取样通常有储丝筒进电方式、丝架进电方式和挡丝块进电方式。

1）储丝筒进电方式 储丝筒进电是通过储丝筒中心轴一端的石墨电刷实现的，如图 4-

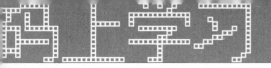
45 所示。脉冲电源负极与石墨电刷相接，由弹簧保证石墨电刷与轴端紧密接触，且中心轴可旋转，使石墨电刷磨损后，两者仍能良好接触。

2）丝架进电方式　丝架进电一般有导轮直接进电和导电柱进电两种形式。

① 导轮直接进电方式如图 4-46 所示，此方法有利于减少脉冲电源的能量损失，并减少外界干扰。为减少导轮轴与进电部位的摩擦力矩，可采用水银导电壶结构，如图 4-47 所示。为防止水银对导针的腐蚀，导针选用不锈钢制造，水银壶采用有机玻璃材料。

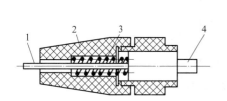

■ 图 4-45　储丝筒进电机构

1—进电导线；2—绝缘体；3—弹簧；4—石墨电刷

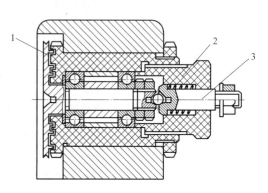

■ 图 4-46　导轮直接进电结构

1—金属导轮；2—绝缘体；3—进电柱

② 导电柱进电方式。其导电柱一般用硬质合金制成，固定在线架的上、下臂处靠近导轮的部位，通过其与电极丝的接触进电，如图 4-48 所示。此种进电方式的缺点是，由于放电腐蚀，导电柱会产生沟槽，因此，应不断适当地调整导电柱与电极丝的接触位置，避免卡断电极丝。

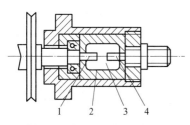

■ 图 4-47　水银导电壶结构

1,4—导针；2—水银壶；3—水银

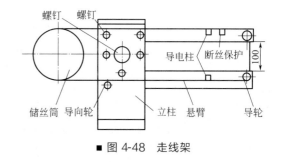

■ 图 4-48　走线架

(2) 线切割机床电气控制

线切割机床电气控制系统主要是提供微机控制器电源、步进电动机直流电源、运丝电动机电源和水泵电动机电源等。电气控制部分装在机床控制箱内。机床电气部分主要由自动空气开关、交流接触器、保险器、按钮、开关、信号指示灯、变压器、制动装置等元器件组成。

1) DK7735 型线切割机床电气控制系统　图 4-49 是 DK7735 型线切割机床电气原理（一），其工件原理如下。主电路由三相四线电源 L1、L2、L3、N 供电，经自动空开 ZD 控制，供给运丝电动机主接触器 KA7 主触点和供给水泵电动机接触器 KM1 主触点。由 L1 相供给控制电路电源用。运丝控制电路采用自动往复循环控制电路，按钮 SB4 是停止按钮。启动按钮为 SB3，当按下时，交流接触器 KA7 线圈通电自锁，使得电源供给正转、反转主

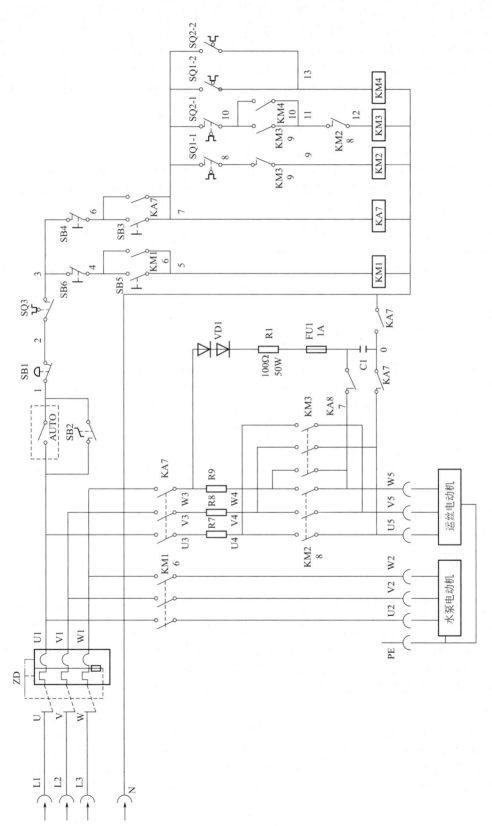

■ 图 4-49 DK7735 型线切割机床电气原理（一）

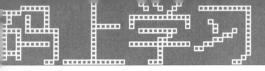

接触器 KM2 和 KM3。此时，控制电源经行程开关 SQ1 及 KM3 辅助触点，使 KM2 线圈通电，电动机正转。当撞块 1 使得行程开关 SQ1 动作时，接触器 KM4 线圈通电吸合，使得接触器线圈 KM3 通电，电动机经反接制动后转入反转，此时，KM2 线圈失电。当撞块 2 又使得行程开关 SQ2 动作时，KM3 线圈失电，其辅助触点接通线圈 KM2，电动机又经反接制动后转入正转……这样实现了运丝电动机的正反往复转动，直至按下 SB4 按钮才会停止。

水泵电动机控制电路是自锁控制电路，按钮 SB6 是停止按钮。启动按钮 SB5（按下 SB5）时，接触器 KM1 吸合，主电路接通，电动机运行，并联在启动按钮 SB5 两端的接触器辅助触点 KM1 也闭合。松开按钮，控制电路也不会断电，电动机继续运行。这种当启动信号失掉后仍能自行保持触点接通的控制电路称作自锁或自保控制电路，它还具有欠电压保护和失压保护的作用。

图 4-50 是 DK7735 型线切割机床电气原理图（二），它主要向线切割机床电气控制部分提供电源和作为变压整流电路以及信号电路。

图 4-51 是 DK7735 型线切割机床电气控制箱布置，图中有电气元件位置，还有器件端子标号及外接线端子排，便于进行故障查寻和维护修理。

电动机的制动装置采用直流刹车装置，详见图 4-49，它由整流二极管 VD1（串联 2 只）整流后，经限流电阻 R1 向电解电容器 C1 充放电组成直流刹车电源，这种装置是较普遍采用的方式之一。

2）DK7728 型线切割机床电气控制系统　图 4-52 是 DK7728 型线切割机床电气原理，它由进线电源 R、S、T、N 三相四线供电，主电路经由空气自动开关 ZK 和保险器 FU1，再经控制电源用交流接触器 KM 主触点供电，供给运丝电动机、液压泵电极及变压器，其工件原理基本同上所述。液压泵电动机采用自锁控制电路。运丝电动机采用自动往复循环控制电路。电路设计上有所变化，按钮 SB5 是停止按钮，SB6 是启动按钮。先按下 SB6 启动运丝电动机反转，使工作台先向右运动，再通过行程开关即拖板开关来控制进行往复循环运动，控制电动机的正转或反转。电动机的制动装置采用的是直流刹车装置，变压器 TC 为控制电器，提供信号灯显示电路。图 4-53 是 DK7728 型线切割机床电气箱及控制面板布置。

3）SCX-Ⅰ型线切割机床电气控制系统　图 4-54 是 SCX-Ⅰ型线切割机床电气控制原理。它由进线电源 A、B、C、N 三相四线制电源供电，主电源经由 K0 和 K1 闸刀开关，再由交流接触器 J0 供给运丝电动机。液泵电动机和张紧电动机主电源由保险器 FU1 为总保险，FU2 和 FU3 分别为液泵电动机和运丝电动机保险。张紧电动机是靠调压器调整电压来控制的单相电动机。控制电路基本同上所述，液泵电动机采用具有自锁控制的控制电路，运丝电动机采用自动往复循环控制电路。靠行程开关 XK1 和 XK2 来控制运丝电动机正转或反转。张紧电动机控制电路采用自锁控制电路方式，张力松紧可由调压器 TB 来调整电压幅值。变压器 T 将 220V 变为 24V 来作为信号指示灯的电源，以显示机床运行中各状态。

4）线切割机床的直流电源　图 4-55 是线切割机床 24V 直流驱动电源原理，它由交流 220V 电源供电，经变压器变压成双 22V 交流电压后经由 2 组桥堆成 8 只整流二极管组成整流电路，再经过电解电容器进行电容滤波，输出直流 24V 电压，驱动步进电动机。常用的直流电源基本上采用的形式都是按变压降压、全波整流、电容滤波、输出直流顺序进行的。

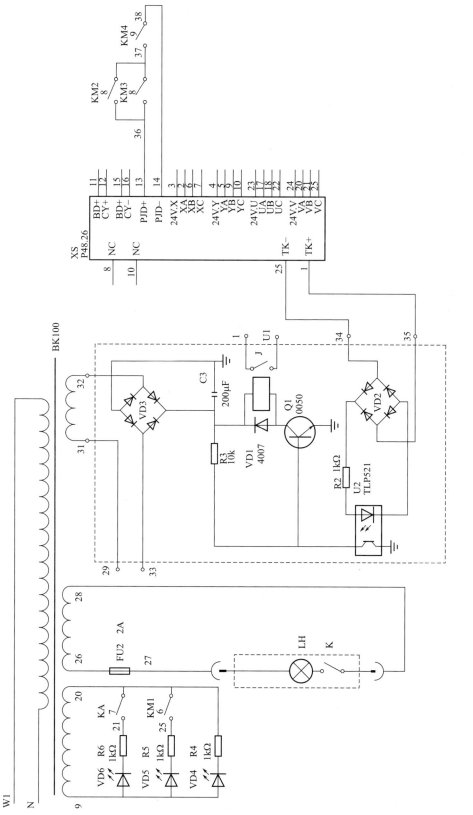

■ 图 4-50 DK7735 型线切割机床电气原理（二）

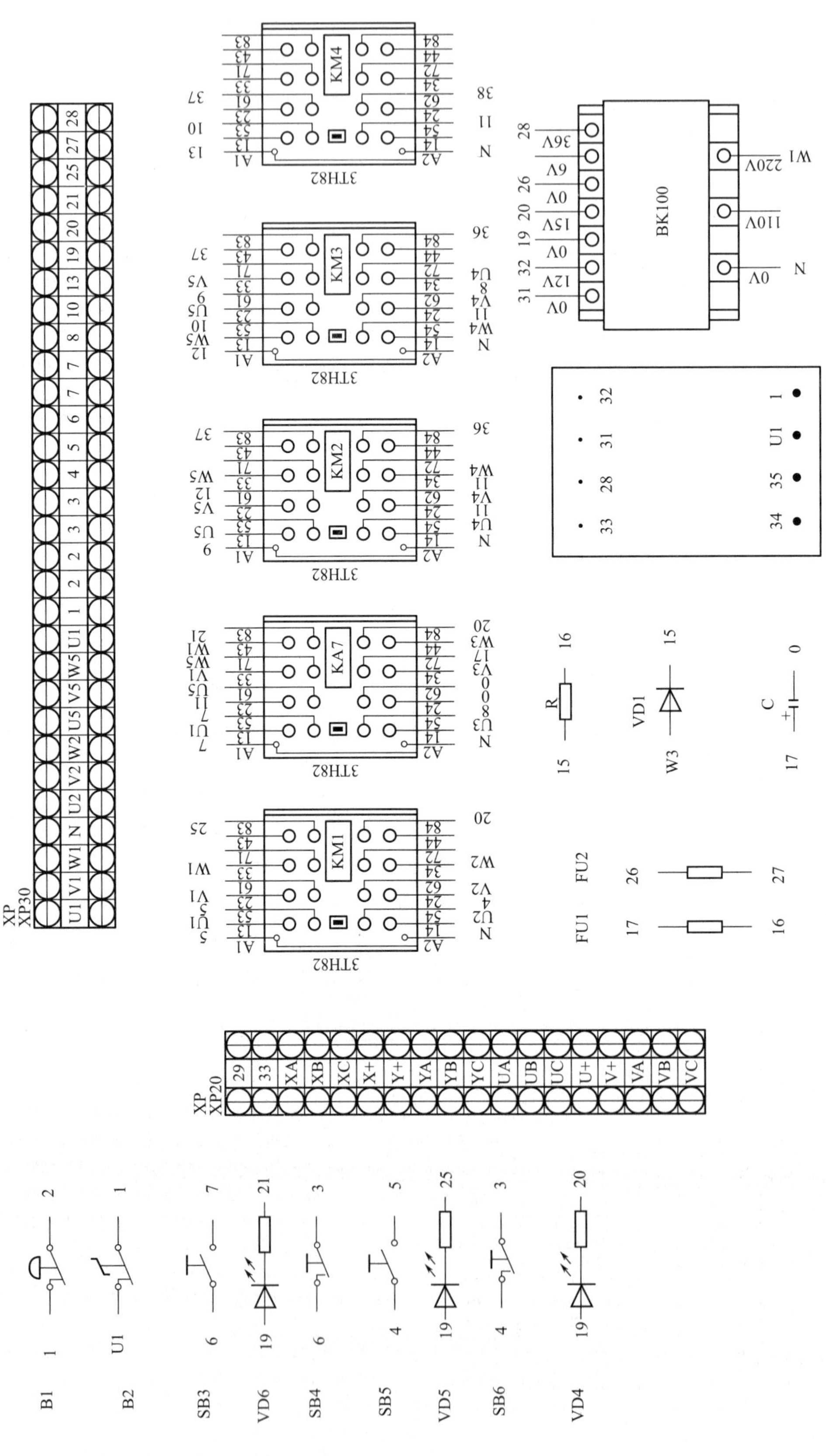

■ 图4-51 DK7735型线切割机床电气控制箱布置

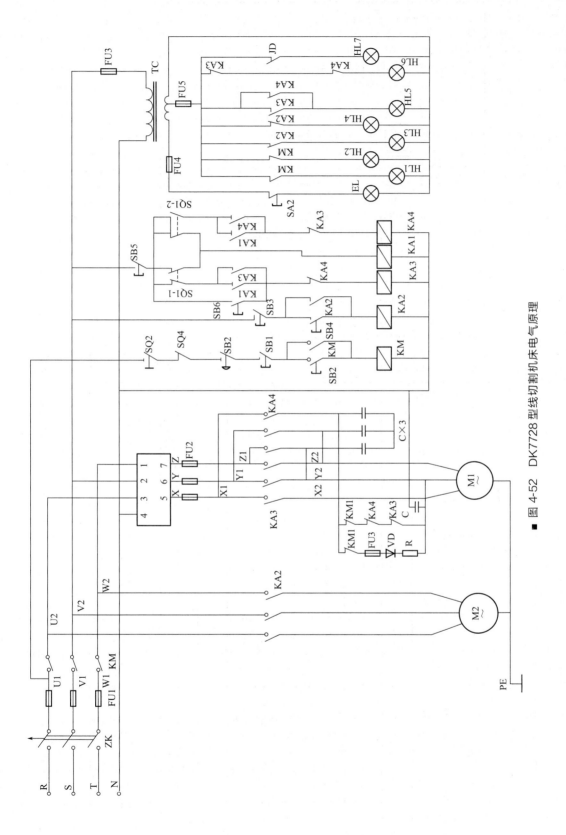

■ 图 4-52 DK7728 型线切割机床电气原理

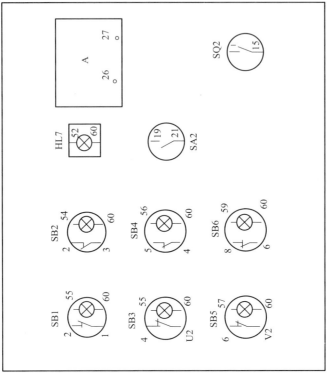

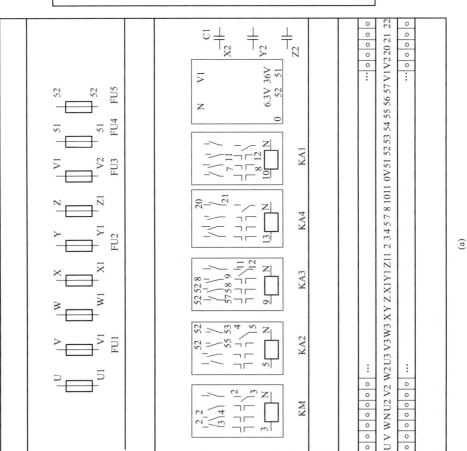

■ 图 4-53　DK7728 型线切割机床电气箱及控制面板布置

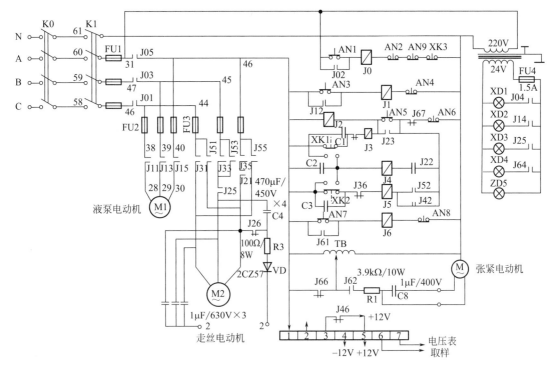

■ 图 4-54　SCX-I 型数控电火花线切割机床电气原理

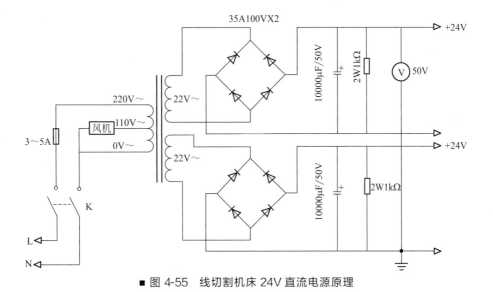

■ 图 4-55　线切割机床 24V 直流电源原理

4.2　数控线切割机床的维护与维修

4.2.1　数控线切割机床的维护

　　为了保证机床能正常可靠地工作，充分发挥作用，延长其使用寿命，对电火花线切割机床的维护保养是必不可少的。一般的维护保养有两方面，即日常维护保养和定期维护保养。主要内容有润滑运动部件、调整传动机构和更换易损件。每班维护时，班前要对设备进行点检，查看有无异常，并按润滑图表规定加油，确认安全装置及电源等是否良好。先空车运转，等到充分润滑及达到热平衡后再工作。对运行中的设备要注意观察，发现问题必须立即停机处理，同时严格遵守操作规程。对不能排除故障的设备要填写设备故障维修单，交维修部门，检修完成后由操作者签字验收。下班时要切断电源，清扫、擦拭设备，在设备导轨部位涂油，清理工作场地、保持设备及周围环境清洁。

设备的定期维护是在维修工的配合下，由操作者进行的定期维修作业，按设备管理部门的计划执行。在维护作业中发现的故障隐患，一般由操作者自行调整，不能完成的则以维修工为主、操作者配合进行处理，并按规定做好记录备查。设备定期维护后要由机械员（师）组织维修组验收，由设备部门抽查。

（1）定期维护的主要内容

1）清洁 拆卸指定部件、箱盖及防尘罩等，彻底清洗，擦拭各部件内外；更换冷却液及清洗冷却液箱；补齐手柄、手球、螺钉、螺母及油嘴等机件，保持设备完整；清扫、检查、调整电气线路及装置。

2）定期润滑 严格按照机床使用说明书的润滑要求进行。储丝筒拖板导轨采用注油方式润滑，将规定标号的机械油由注油口注入，一般每班注油一次，如图 4-56 所示。可调丝架滑轨、丝杠、轴承等处采用淋油方式润滑，一般每班 1～2 次；工作台导轨、滚珠丝杠副等处采用黄油或凡士林填封润滑，一般一年更换一次；储丝筒支架轴承、滚珠丝杠轴承等处采用轴承润滑脂填封润滑，一般一年更换一次，应严格按照机床使用说明书中的润滑要求操作，保证机床正常使用寿命。其操作如图 4-57～图 4-60 所示。

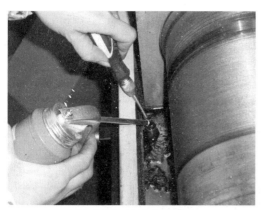

■ 图 4-56 注油方式润滑

■ 图 4-57 可调丝架滑轨前端淋油方式润滑

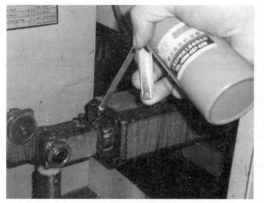

■ 图 4-58 可调丝架滑轨后端淋油方式润滑

■ 图 4-59 导轮淋油方式润滑

3）定期调整 对于丝杠螺母，部分线切割机床采用锥形开槽式的调节螺母，则需适当拧紧一些，凭经验和手感确定间隙，保持转动灵活。滚动导轨的调整方法为松开工作台一边的导轨固定螺钉，拧调节螺钉，看百分表的反应，使其紧靠另一边。挡丝块和进电块的调整在于改变电极丝与挡丝块和进电块的接触位置，因为挡丝块和进电块使用很长时间后，会摩擦出沟痕，易造成电极丝断，所以需转动或移动一下，以改变接触位置。

■ 图 4-60　轴承淋油方式润滑

4）定期更换 检查和调整各部分配合间隙，更换个别易损件及密封件。需定期更换的线切割机床上的易损件有导轮、进电块、挡丝块和导轮轴承。这些部件易磨损，要及时检查，发现后应更换。进电块、挡丝块目前常用硬质合金，只需改变位置，避开已磨损的部位即可。

（2）使用及日常维护应注意的主要方面

① 避开阳光直射，尽量远离振动源。机床附近不应有电焊机、高频处理设备等，避免高温对机床精度的影响，始终保持机床的清洁与完整。经常清理数控装置的散热通风系统，便于数控系统可靠运行。有超温情况时，一定要立即停机检测。

② 机床电源保持稳定，波动范围控制在 $-15\%\sim10\%$ 之间。最好有稳压装置和防止损坏系统。

③ 润滑装置要保持清洁、油路畅通，各部位润滑良好。油液必须符合标准。

④ 电气系统的控制柜和强电柜的门应尽量少开。防止灰尘、油雾对电子元器件的腐蚀及损坏。

4.2.2　数控线切割机床的维修

机床常见故障可以分为机械装置故障、电气装置故障和电子装置故障。具体故障要根据具体实际情况进行判断和处理。常见故障判断与处理仅供参考。

（1）线切割机床常见故障与处理

线切割机床常见故障与处理见表 4-1。

■ 表 4-1　线切割机床常见故障判断和处理方法

故障	可能原因	处理方法
刚开始切割工件就断丝	①进给不稳，开始切入速度太快或电流过大 ②切割时，工作液没有正常喷出 ③钼丝在储丝筒上盘绕松紧不一致，造成局部抖丝剧烈 ④导轮及轴承已磨损或导轮轴向及径向跳动大，造成抖丝剧烈 ⑤丝架尾部挡丝棒没调整好，挡丝位置不合适造成叠丝 ⑥工件表面有毛刺、氧化皮或锐边	①刚开始切入时，速度应稍慢，要根据工件材料的厚薄，逐渐调整速度至合适位置 ②排除不能正常喷液的原因、检查液泵及管路 ③尽量绷紧钼丝，消除抖动现象，必要时调整导轮位置，使钼丝入槽内 ④如果绷紧钼丝，调整导轮位置效果不明显，则应更换导轮及轴承 ⑤检查钼丝在挡丝棒位置是否接触或者靠向里侧 ⑥清除工件表面氧化皮和毛刺

续表

故障	可能原因	处理方法
在切割过程中突然断丝	①储丝筒换向时断丝,没有切断高频电源时换向,致使钼丝烧断 ②工件材料热处理不均匀,造成工件变形,夹断钼丝 ③电加工参数选择不当 ④工作液使用不当,浓度稀或脏,以及工作液流量小或有堵塞 ⑤导电块或挡丝棒与钼丝接触不好,或已被钼丝割成凹痕,造成卡丝 ⑥钼丝质量不好或霉变发脆	①检查处理储丝筒换向不切断高频电源的故障 ②工件材料要求材质均匀,并经适当热处理,使切割时不易变形,提高加工效率,保证钼丝不断 ③合理选择电加工参数 ④合理配制工作液,经常保持工作液的清洁,检查油路应畅通 ⑤调整导电块或挡丝棒的位置,必要时可更换导电块或挡丝棒 ⑥更换钼丝,切割较厚工件时使用较粗钼丝加工
断丝	①导轮不转或转动不灵,钼丝与导轮造成滑动摩擦而拉断钼丝 ②在工件接近切完断丝,使工件材料变形将电极丝夹断,并在断丝前会出现短路 ③工件切割完时跌落撞断电极丝 ④空运转时断丝	①重新调整导轮,紧丝时,要用张紧轮紧丝,不可用不恰当的工具;电极丝受伤也会引起断丝 ②加工时选择正常的切割材料和切割路线,从而最大限度地减小变形 ③一般在快切割完时用磁铁吸住工件,防止撞断电极丝 ④检查电极丝是否在导轮、挡丝棒内,电极丝排列有无叠丝现象,检查储丝筒转动是否灵活,检查导电块、挡丝棒是否已割出沟痕等
加工工件精度差	①线架导轮径向跳动或轴向窜动较大 ②齿轮啮合存在间隙 ③步进电动机静态力矩太小,造成失步 ④加工工件因材料热处理不当造成变形误差 ⑤十字工作台垂直度不好	①检查测量导轮跳动及窜动误差,允差轴向0.005mm,径向0.002mm,如不符合要求,需调整或更换导轮及轴承 ②调整步进电动机位置,消除齿轮啮合间隙 ③检查步进电动机及24V驱动电压是否正常 ④选择好加工工件材料及热处理加工工艺 ⑤重新调整十字工作台
加工工件表面粗糙度大	①导轮窜动大或钼丝上下导轮不对中 ②喷水嘴中有切削物嵌入造成堵塞 ③工作台与储丝筒的丝杠轴向间隙未消除 ④储丝筒跳动超差,造成局部抖丝 ⑤电规准选择不适当 ⑥高频与高频电源的实际切割能力不相适应 ⑦工作液选择不当或者太脏 ⑧钼丝张紧不均匀或者太松	①需要重新调整导轮,消除窜动并使钼丝处于上下导轮槽中间位置 ②应及时清理切削物 ③应重新调整 ④检查跳动误差径向允差0.002mm ⑤重新选择电规准 ⑥重新选择高频电源开关数量 ⑦更换工作液 ⑧重新调整钼丝松紧

（2）线切割机床电气故障与处理方法

线切割电气故障与处理方法见表4-2。

■ 表4-2 线切割机床电气故障与处理方法

故障	可能原因	处理方法
机床不能启动	①三相电源缺相 ②三相电源电压值过低	①检查电源进线及三相电源电压幅值 ②检查电源电压幅值应在+10%～−15%之间
走丝电动机不运转	①走丝电动机控制接触器不吸合 ②走丝电动机控制电路故障 ③走丝电动机故障	①检查接触器KA、KM2、KM3是否吸合,是否有控制电压,如有电压不吸合则需更换接触器或者更换接触器线圈 ②检查急停按钮是否按下,恢复按下应有控制电压,KA接触器常开触点自锁,行程开关SQ1和SQ2触点控制运丝机正、反转向,检测触点及闭合状态 ③检查三相电源通过接触器通入电动机,检查电动机绕组是否有短路、断路点,若无,则检查电动机绝缘,相间绝缘和对地绝缘小于规定值时应更换电动机;若有,则进行处理,还要进行绝缘测量后再通电试运行。对地绝缘应不小于0.5～1MΩ

故障	可能原因	处理方法
走丝电动机异常	①走丝电动机突然停机,可能三相电压波动太大或电压太低 ②走丝电动机没有刹车,可能保险器熔断或二极管被击穿 ③断丝保护不起作用,可能使用时间过长 ④导电块过脏,造成导电块与机床绝缘被破坏 ⑤模式开关在关状态机床不能启动,可能是接触不良或断丝保护开关电路发生故障	①检查进线电压幅值及波动情况,应在正常范围以内,否则改善电源质量 ②检查 FU 保险器是否熔断,若熔断则要检查刹车二极管是否穿,若击穿,则更换后再更换保险管 ③、④检查导电块并清洗干净。检验断丝保护作用,取下下导电块上面的导线;启动机床,若启动则证明断丝保护不起作用;检查清洗导电块及检查电路 ⑤检查上下导电块与钼丝之间的接触是否良好,导电块的引出线是否松开,与电器箱连线是否断开,否则调换断丝保护及总停控制板
水泵电动机不工作	①水泵电动机接触器不吸合 ②水泵电动机可能损坏	①检查接触器 KM1 是否吸合,检查 KM1 线圈两端是否无电压,否则更换接触器 ②检查电动机是否无三相电压,否则检查电动机,若电动机烧坏则更换
无高频	①电源指示灯不亮,可能电源保险断或者整流滤波电路故障 ②有高频指示电压,无高频输出,可能是高频功放输出和高频控制开关故障 ③功放开关在某挡无电流	①检查进线插头接触是否良好,保险丝是否烧断;如果保险熔断,需要检查整流滤波电路和全桥整流器,检查滤波电解电容器是否有击穿损坏 ②检查高频功放管驱动电路,功放管是否烧坏,可更换;检查高频控制继电器接触是否良好,线圈与触点是否烧坏;检查振荡电路有无脉冲信号,检查高频输出电路、电流表是否有开路损坏,模拟/数字转换开关是否损坏等 ③检查该挡功放电路的功放管,检查电路中二极管稳压管是否损坏,可更换
高频不正常	①功放开关在某挡电流过大 ②加工电流异常增大	①功放开关在某挡电流过大,其他各部正常,则振荡电路工作正常,只是该挡存在问题,检查方法同上 ②检查功放管是否损坏,可更换;检查振荡电路,脉冲信号占空比变大;检查并按在高频电源输出端的反向二极管是否击穿,更换
功放管损坏	①功放管本身质量差 ②定流检测电路有故障,功放管过流损坏 ③保护功放管的释放二极管损坏,击穿功放管 ④机床长期高速重载工作,使功放管过载烧坏	①检查电路是否正常,如果功放管耐压差,应重新选购 ②检查电路是否存在故障,故障则过流击穿功放管,应处理电路故障后换功放管 ③检查功放电路释放二极管是否击穿损坏,可更换 ④机床长期重载工作要开启轴流风机,通风散热,开启柜门散热,以防功放管过热烧坏
有高频无进给	①高频取样线断或者正、负极接错 ②变频调节电位器调节不当或接触不良 ③变频电路故障	①检查高频取样电路有无断线开路,检查正负极性是否正确 ②检查变频调节电位器 W 是否在最小位置,可调大,检查有无接触不良故障 ③检查变频电路元器件如三极管、电容器、集成块锁相环 4046 是否良好,用示波器检测压控振荡脉冲、输入和输出情况以及光电耦合器的输出状态,损坏可更换(WX-A 型采用)
步进电动机锁不住	①+24V 步进电动机驱动电源没有或者偏低 ②步进电动机连线断或驱动电阻烧坏 ③面板上环形分配指示异常,可能功放管损坏或接口电路有故障 ④由机械和电气故障引起	①检查+24V 驱动电源是否供电不正常,检查电源输入到变压器、保险、变压整流、滤波电路是否正常。不正常则更换器件,若供电正常则检查输出端子、连线有无松脱、断线开路等 ②检查步进电动机连线及接插件是否连接可靠,检查驱动电阻烧坏则更换 ③检查环形分配器指示灯应不停地轮回跳动,检查功放管是否损坏,检查接口电路上拉电阻,反相驱动器有无烧坏,否则更换 ④检查机械连接驱动部件定子和转子齿情况,检查电动机绕组线圈是否良好

续表

故障	可能原因	处理方法
步进电动机工作不正常	①+24V驱动电源电压不足 ②接插件或连线接触不良、缺相等 ③有驱动电源，步进电动机不锁	①检查驱动电源幅值，检查整流桥堆是否损坏，检查滤波电容是否损坏，否则更换 ②检查驱动电源与步进电动机的连接是否可靠，若有接触不良和缺相则处理 ③检查滤波电容是否良好，检查供电电压幅值是否低于下限值，否则检查步进电动机连线、绕组及绝缘情况，损坏则更换
开机正常按待命上挡键无响应	①供电电压低于下限极限电压 ②按键失效或键盘与主机断线	①检查供电电压低于150V，需加交流稳压电源 ②检查键盘与主机电路板的插头座及连线要牢固
指令输入冲数	①交流电源强干扰 ②输入/输出通道干扰	①检查机床电路进线电源零线、地线情况，可加电感电容滤波以防电磁干扰 ②检查计算机输入输出连线要有屏蔽，老型号机型应采用隔离元件替换，如采用隔离变压器、光电耦合器等进行交、直流隔离
关机后加工程序丢失	①主机板上3.6V电池供电不正常 ②存放程序的集成块故障 ③干扰屏蔽处理不良，造成程序紊乱或丢失	①检查主机板上3.6V电池电压是否正常，线路是否正常，有无开路、短路、断线，进行处理 ②检查集成块EPRAM或RAM有无外观损坏，还要根据丢失程序情况判断集成块，RAM存放加工图形程序，ERROM存放控制程序 ③检查防干扰措施，加强屏蔽处理，如屏蔽线是否完好，接地是否良好，可增加防干扰措施，采用电容器滤波技术
按多位键显示不正常	按单板机"复位"键，显示器不出现"-"或显示不正常	应检查单板机供电电源+5V，常设计进行两级稳压，先断开负载，检查主稳压器的输出，再逐级向电源级检查，包括滤波、整流等电路
步进电动机失步	①控制器输出不正常，环形分配器指示灯有一盏常亮或不亮 ②步进电动机一轴不转动或来回颤动可能是缺相	①检查单板机控制的该相输出电压和输入电压，输入正常、输出不正常，更换功放管；输入电压不正常检查单板机驱动电路 ②检查控制步进电动机的输入是否有缺相，再查功放电路是否击穿功放管

（3）数控线切割机床故障维修实例

【例4-1】 故障现象：一台型号为DK7740的线切割机床，配置CNC-I型数控系统。切割厚工件时正常，而切割薄工件时，X轴步进电动机丢步。

故障检查与分析：切割厚工件时进给速度慢，而切割薄工件时进给速度快。检修时考虑到这一点，就能少走一些弯路。检查数控系统完全正常，原因在机械方面。该机床X轴步进电动机与丝杠的连接如图4-61所示。

步进电动机轴上装有一小齿轮，该齿轮与中间消隙齿轮相啮合，消隙齿轮再与安装在丝杠上的大齿轮相啮合。为防止步进电动机在某一频率上丢步，在步进电动机轴上安装了阻尼器。阻尼器由阻尼盘、琵琶架和锁母组成。检查各齿轮之间的啮合均正常，但发现阻尼器上起阻尼作用的琵琶架与阻尼盘之间的摩擦力过小，没有起到阻尼作用。其原因是紧固锁母太松。

处理方法：将紧固螺母适当拧紧，使阻尼力适当。

【例4-2】 故障现象：DK7750型线切割机床，加工圆形工件时，其精度的一项圆度不合格，切出图形呈椭圆形状。

故障检查与分析：被加工工件圆柱体的截面呈椭圆形，其Y向尺寸小于X向尺寸，且

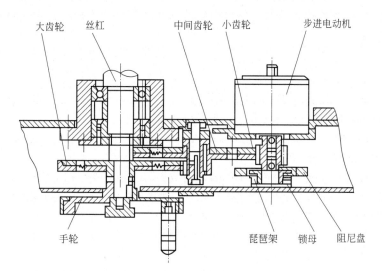

大齿轮　丝杠　　　中间齿轮　小齿轮　　步进电动机

手轮　　　　　　　　　琵琶架　锁母　阻尼盘

■ 图 4-61　X 轴步进电动机与丝杠的连接

小于设计尺寸。造成该故障现象的原因很多，主要是由于导轮的轴向窜动造成的。导轮的轴向窜动是由于向心推力轴承在装配时，没有使其达到应有的预应力，也就是说，导轮轴向间隙过大。当导轮运动中受轴向力作用时，导轮就会偏离中间位置，不受力时又回到原来的中间位置，受力方向决定了其窜动方向。在加工中由于导轮的轴向窜动，因而加大了 Y 向的尺寸。

处理方法：可以对上、下导轮的轴向间隙重新进行调整，使导轮的轴向间隙控制在允许的范围内。

说明：在拆卸和装配导轮组合件时要注意以下四点。

① 装配前必须对导轮、轴承和轴承座等零件进行严格清洗。

② 拆卸和装配导轮及轴承时，应尽量使用专用工具，并尽量用压力或推力，不要敲打。

③ 在装填润滑脂之前，先将轴承在润滑油中浸泡一下，不能用手指涂填润滑脂，因为手上有汗会腐蚀轴承。一般导轮轴承中的润滑脂填充量稍小于轴承空间的 1/3 为宜。

④ 导轮装配后，转动起来应该轻便、平稳且无阻滞现象，高速运转时应无杂音。导轮 V 形槽的径向圆跳动应等于或小于 0.005mm，导轮的轴向窜动应等于或小于 0.008mm。

【例 4-3】　故障现象：DK7750 型线切割机床，加工圆形工件时，电极丝进出接口处有一个小台阶，俗称为"逗号形"。

故障检查与分析：从加工工件可以看出，电极丝进出口处有一个小台阶，台阶形状比较明显，而且在 X 向。出现此种现象的主要原因是工作台 X 轴方向的矢动量。在加工过程中，由于电极丝切割前半个圆时，工作台 X 向一直沿着同一个方向加工，工作台 X 轴方向的矢动量并没有反映在加工零件的图形上。当加工到半个圆时，工作台开始反向，由于工作台 X 轴方向矢动量的关系，工作台在 X 轴方向上将少走，因此造成故障现象。

处理方法：工作台的矢动量主要由丝杠传动系统的齿轮齿隙和丝杠螺母的轴向间隙两部分组成，只要设法消除丝杠螺母的轴向间隙和齿轮齿隙即可。

【例 4-4】　故障现象：DK7750 型线切割机床，加工圆形工件时，其精度中的一项圆度不合格，切出图形呈椭圆形状。

故障检查与分析：圆柱体的截面呈椭圆形，图形的 X 向尺寸小于 Y 向尺寸，且小于设计尺寸，故障原因一般是导轮槽磨损后造成导轮槽的径向跳动。导轮的径向跳动是由于导轮

本身的精度、导轮的轴承精度和导轮组件的装配精度造成的。当导轮做旋转运动时，电极丝会在半径方向上跳动。

处理方法：更换导轮即可。现在的机床走丝机构，有前导轮和后导轮各一组，且每组有上下导轮之分。至于要更换哪一个导轮，还要根据工件的形状具体分析。如果圆柱体上端面呈椭圆形，下端面图形比较理想，说明上导轮槽已损坏，应该更换上导轮；反之，下端面呈椭圆形，上端面图形比较理想，说明下导轮槽已损坏，应该更换下导轮。

【例 4-5】 故障现象：DK7750 型线切割机床，加工圆形工件时，其精度中的一项圆度不合格，圆柱体截面呈波浪形。

故障检查与分析：使用千分表对工件测量，在两个坐标轴的方向上图形轨迹比较圆滑，而在两轴之间的方向上图形轨迹呈波浪形，造成的原因是工作台 X 轴和 Y 轴方向的周期性定位误差。周期性定位误差是指工作台在一个丝杠螺距范围内定位尺寸的变化量。造成工作台周期性定位误差的原因有许多，主要是丝杠支撑轴承内、外圈歪斜，引起丝杠在每转一圈的范围内，其螺纹部分做前后微动，产生工作台的周期性定位误差。进一步分析，支撑轴承歪斜的原因有结构设计不合理；轴承本身零件的加工误差；轴承座零件的加工误差；机床装配、调试不当。

处理方法：由于该机床使用多年，又经过多次修理，出现以上情况应该是由于装配、调试不当而引起的工作台周期性定位误差。拆开传动部分进行检查，发现丝杠支撑轴承有问题，丝杠轴向间隙过大，调整间隙至适当。

在消除丝杠轴向间隙时，丝杠的支撑轴承之间不需有较大的过盈量，只要能刚好消除丝杠与轴承间的轴向间隙就行，这样，即使轴承的内、外圈有微量的侧向摆动，丝杠仍然会具有一定的自由度，保持其直线性。具体方法是在丝杠的轴端放置一个千分表，把调节轴承间松紧的锁紧螺母先调到较松的程度，然后将锁紧螺母逐步锁紧，一直到丝杠的轴向间隙刚好为零即可。

【例 4-6】 故障现象：DK7725 型线切割机床，在使用一段时间后发现加工精度降低。

故障检查与分析：影响高速走丝线切割机床加工精度的主要因素中，有三项运动精度特别显著，即工做台运动的矢动量、工作台运动的定位精度及工作台运动的重复定位精度。当一台机床的加工精度下降时，也要先考虑这三个因素。

机床传动机构中的传动丝杠与螺母之间有间隙，当工作台做正反向运动时，这个间隙会产生误差。工作台运动的矢动量就反映出此误差的大小。此误差值要小于标准规定的允差值 0.005mm。工作台运动的定位精度，标准规定的允差值为 0.03mm，它主要反映了工作台丝杠的螺距误差，但也与重复定位精度有一定的关系。而工作台运动的重复定位精度主要反映工作台运动时，动静摩擦力和阻力大小是否一致、装配预紧力是否合适，而与丝杠间隙和螺距误差关系不大。标准规定的允差值为 0.002mm。此故障与电气部分关系不大，因此将检查重点放在机械部分。在检查中发现 X 轴传动丝杠与螺母之间间隙过大。

处理方法：调整 X 轴传动丝杠与螺母之间的间隙。

【例 4-7】 故障现象：DK7720 型线切割机床，加工精度很难达到要求。

故障检查与分析：影响加工精度的因素很多，本例只从电极丝稳定性对加工精度的影响的角度加以分析。在切割加工中，电极丝以高速（10m/s）运动，要想在运动中保持电极丝始终在同一位置上和恒定的状态是不可能做到的。在运动中由于丝速、张力变化，丝架与导轮的振动等因素都是电极丝振动的因素，这些因素同时也影响切割加工精度的提高。

如果电极丝的振动不能得到很大的改善，则线切割加工精度也难以得到显著的提高。有人做过增设电极丝限幅机构的实验，在其他加工条件不变的情况下，与原机床的加工精度作对比，使尺寸差由原来的 $9\mu m$ 降至 $3\mu m$，横剖面尺寸差由原来的最大 $11\mu m$ 降到了 $1\mu m$。这个实验有力地说明了电极丝振动对零件所造成的加工误差是非常大的。

处理方法：减小电极丝振动主要从走丝机构的四个部件的调整考虑。

① 增加稳丝机构。在上丝架前导轮处增加稳丝机构。它能有效地阻隔向加工区传送的振动，稳丝机构对减小电极丝振动，提高切割加工精度很重要。

② 丝速适中。在加工条件允许的情况下，适当降低丝速，也是减小电极丝振动的一种方法。丝速过高，造成导轮径向跳动的频率也高，而电极丝振动的最大幅值是随导轮径向跳动的频率成一定比例增加的。

③ 导轮组件。导轮组件装配质量的高低对电极丝的振动有直接而严重的影响，因此要严格控制导轮的径向跳动及摆动。特别是要控制导轮组件装配到上、下线臂上后的径向跳动及偏摆，才能更有效控制导轮组件对电极丝振动的影响。在安装、调整走丝系统中的导轮组件时，必须将走丝系统中所有导轮 V 形槽的中间平面严格控制在同一个平面中，否则，不论哪一个导轮 V 形槽的中间平面不在该平面，或导轮轴心线与该平面不垂直，都会加剧电极丝的振动。另外，导轮轴承的质量和轴承与导轮装配时的质量要满足设计要求。特别提醒的是：由于导轮组件工作环境很差，应采用好的润滑脂，并应尽量消除轴承间隙。

④ 调整电极丝的张力。张力过小（电极丝过松）会频繁短路，导致加工不稳定，而使切割效率下降，并严重影响加工精度。张力的大小还会造成电极丝在导轮上支点位置的变化，因而导致电极丝的位置移动。另外，由于高速走丝线切割机床走丝系统的结构，决定了电极丝在储丝筒的收丝侧张力大、放丝侧张力小，储丝筒在正反向运行时，上、下导轮上电极丝的张力状态是不同的。

用户可以自己增设恒张力机构，如使用张力电动机或重锤弹簧机构。这对改善电极丝因伸长而引起的松弛，减小电极丝晃动量，使加工稳定，有一定的好处。

另外，丝架自身的刚度，特别是可调丝架立柱与上、下横梁的连接刚度，都是丝架产生整体振动的外因。丝架产生整体振动对提高电极丝运行时的动态稳定性是十分不利的。

【例 4-8】 故障现象：一台型号为 DK7720 型的线切割机床，配置 CNC-I 数控系统，加工刚开始，储丝筒空运行时正常，自动加工中，当储丝筒在左边换向时，多次发生断丝故障。

故障检查与分析：加工中，储丝筒换向断高频一般采用换向开关（如行程开关、微动开关、接近开关）和换向挡块配合控制实现。换向开关安装在储丝筒座上，换向挡块固定在储丝筒拖板后面，随拖板来回移动，换向时应该先切断高频电源再换向，其安装简图如图 4-62 所示。造成此故障的原因主要有两点：一是储丝筒左侧换向挡块的位置没有调整好；二是换向断高频电路出现了问题。无论是第一个原因还是第二个原因，都会造成换向时没有先

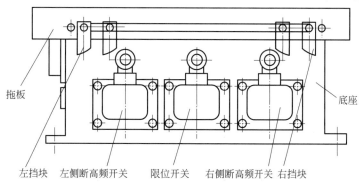

拖板　　　　　　　　　　　　　　　　　　　　　底座

左挡块　左侧断高频开关　　限位开关　右侧断高频开关　右挡块

■ 图 4-62　储丝筒换向机构安装简图

断高频就换向，这样就会使电极丝烧毁。

处理方法：调整储丝筒左侧换向挡块的位置，问题解决。

【例 4-9】 故障现象：一台型号为 DK7732 型线切割机床，配置 CNC 数控系统，用户反映脉冲电源出故障，加工时频繁短路，切出的圆弧形状不规则。

故障检查与分析：查脉冲电源短路电流正常，火花看不出问题，控制台程序能回零，步进电动机无丢步，钼丝无明显跳动，但坐标工作台纵横向拖板丝杠螺母都存在很大间隙。另外，导电块松动，分析认为，本故障短路原因是导电块松动，钼丝换向时可能造成钼丝与导电块接触不良，电流减小。但取样点在其他处，进给反而加快，圆弧形状误差则与丝杠螺母间隙及导电块松动都有关。

处理方法：经消除间隙、紧固导电块后，切割试件正常，故障排除。

【例 4-10】 故障现象：一台型号为 DK7720 型线切割机床，在切割过程中，工件与钼丝短路，控制台仍运算进给，手动变频正常，有时工作电流突然微弱，而进给速度却很快。

故障检查与分析：在加工电流变小时，用导线短接工件与丝架，短路电流正常，脉冲电源电路应无问题。根据故障情况，检查走丝等部分发现：电极丝跳动非常厉害，导轮组件轴承响声异常，导轮轴向窜动很大，丝架松动，同时还发现工作台 Y 向拖板丝杠螺母间隙过大，有空程。

处理方法：首先更换导轮组件，再对上述各项逐一处理后，试割工件基本正常。

注意：这类故障表面上看起来是电气原因所致，如果疏忽或不熟悉，往往会使问题复杂化，故在操作、维修机床时，应引起足够重视，在机床的日常维护保养中，应将导轮、轴承、行程等问题处理好。

【例 4-11】 使用接触器实现储丝筒换向的某高速走丝电火花数控线切割机床，储丝筒电动机控制电路如图 4-63 所示。该电路由储丝筒启动接触器 KM2，换向接触器 KM3、KM4，换向行程开关 SQ2，降压启动变压器 TC1，制动二极管 VD1，电容 C1，短路保护熔断器 FU2 等组成。

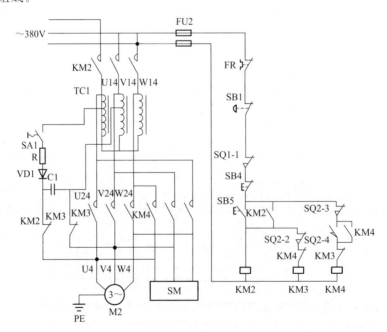

■ 图 4-63 储丝筒电动机控制电路（接触器）

① 故障现象：储丝筒电动机不转动。

故障检查与分析：此故障应先检查电源。使用万用表的交流挡位，测量交流 380V 电源是否正常。如果正常，再测量接触器 KM2 常开主触点的下端 U14、V14、W14 之间的电压是否为交流 380V，如果不正常，说明接触器 KM2 常开主触点接触不良或已经损坏；如果正常，再查变压器的下端 U24、V24、W24 之间的电压是否为交流 380V，如果不正常，说明变压器已经损坏。

处理方法：修理或更换接触器 KM2。此时要注意所更换的接触器线圈的工作电压一定要与原来的一致，否则将会使电动机不能正常运转。

② 故障现象：储丝筒电动机单方向运行。

故障检查与分析：此故障一般是换向行程开关失效造成的。使用电阻法进行检修。用万用表的电阻挡测量行程开关 SQ2，发现 SQ2-4 不能正常闭合，说明已经损坏了。

处理方法：修理或更换此行程开关。

【例 4-12】 储丝筒电动机使用直流电动机的常用线路故障，图 4-64 示出的是储丝筒（直流电动机）换向线路（在此只画出主电路）。

① 故障现象：储丝筒电动机不转。

故障检查与分析：直流电动机的励磁和电枢绕组都要有电才能运转，因此要首先检查电枢电压是否正常。一般检查方法是先看直流侧的熔断器 FU3 是否已烧毁，若已烧毁，则要更换。再使用万用表检测整流桥的输出电压，如果没有输出电压，再使用万用表交流挡测量整流桥的输入电压是否正常，如果正常，则说明整流桥已损坏，此时可将整流桥焊下，进行静态检测加以确认，检测流程如图 4-65 所示。

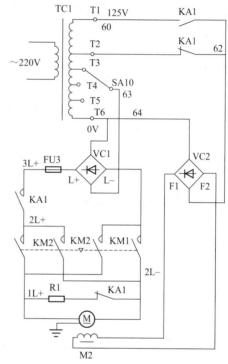

■ 图 4-64 储丝筒（直流电动机）换向线路

处理方法：用相同型号的整流桥替换。如果没有相同型号的整流桥，可使用比原来耐压高、工作电流更大的整流桥代替，但绝对不能使用比原来耐压低、工作电流小的整流桥代替。

② 故障现象：储丝筒停车不能制动。

故障检查与分析：造成此故障的原因主要是制动继电器的常闭触点 KA1 没有闭合，使制动电阻 R1 没有接入而不能实现制动或线路接线断路。

处理方法：将 KA1 常闭触点更换，修复线路断路点。

【例 4-13】 储丝筒单向运行，到极限位停止。

① 故障现象：某机床储丝筒单向运行，到极限位停止。

故障检查与分析：图 4-66 是该机床控制系统储丝筒换向的电路，其工作过程如下。

按动启动按钮 SB3（或 SB3-1），继电器 KA1 线圈得电，其常开触点吸合并实现自锁，由于接触器 KM1 线圈回路中串有继电器 KA1 的常开触点，所以接触器 KM1 不能得电吸合，而是接触器 KM2 吸合。储丝筒电动机 M2 向一个方向运行。当储丝筒运行到一端时，换向撞块压下行程开关 SQ5，其常闭触点断开，KM2 线圈断电释放，储丝筒电动机 M2 断电。KM2 常闭触点闭合，使接触器 KM1 线圈得电，触点吸合，储丝筒电动机 M2 得电，反

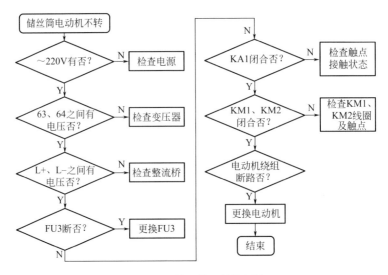

■ 图 4-65 储丝筒不转检测流程

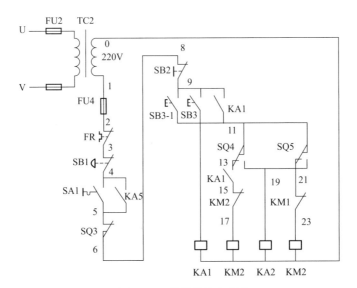

■ 图 4-66 储丝筒换向电路

方向接通运行。当储丝筒运行到另一端时，压下行程开关 SQ4，其常闭触点断开，接触器 KM1 失电释放，储丝筒电动机 M2 断电，KM1 常闭触点闭合，使接触器 KM2 线圈得电，触点吸合，储丝筒电动机 M2 得电，反方向接通运行。按停止按钮 SB2，则继电器 KA1 及接触器 KM1 或 KM2 失电释放，使电动机 M2 断电，并进行能耗制动，实现快速停车。

检测时先检查控制电路，此时最好将作为负载的电动机拆除，用手压下换向行程开关，模拟电动机运行状态，观察换向交流接触器的吸合状态，没有发现异常状态。在用手压下换向开关 SQ4 时，使用万用表交流电压挡测量 KM2 主触点下端的三相电压值，发现有一相电压值偏低。断电后仔细观察该接触器的触点接触情况，发现电压值偏低的触点接触不良。储丝筒电动机不能换向是由于电动机缺相运行，而负载又轻，加之运动惯性造成的。

处理方法：将该接触器拆下，调整主触点，处理好以后再安装上，储丝筒正常运行。

② 故障现象：一台型号为 DK7740B 的高速走丝电火花数控线切割机床储丝筒单向运行不换向，到极限位停止。

故障检查与分析：电路图见图 4-66。首先检查电气控制箱内的换向继电器和接线，一切正常。断电后使用万用表电阻挡测量触点通断时，没有发现异常现象。用手按压行程开关 SQ4 和 SQ5，发现行程开关 SQ4 操作按钮弹性不够，有时按压不到位，初步断定该行程开关有问题。因为当行程开关 SQ4 接触不良时，储丝筒运行到位后，压合行程开关 SQ4 而其触点并未闭合，未动作，所以储丝筒电动机仍将继续按原方向转动，致使超程保护开关 SQ3 被压合，控制电路失电断开，电动机因电源断开而停机。

处理方法：更换开关 SQ4，故障现象消除。

③ 故障现象：接触器延时断开引起的不能换向。

故障检查与分析：该机床储丝筒换向控制电路如图 4-67 所示。正常工作时，接通电源后，按下电源接通按钮，主电路和控制电路得电。此时，按下储丝筒电动机启动按钮 SB2，接触器 KM1 吸合，储丝筒电动机正转，走丝机构向左行进；到位后，行程开头被压合，KM1 断开，同时 KA1、KM2 吸合，储丝筒电动机反转，走丝机构往右行进。

故障时，当走丝机构向左行进到位后，储丝筒电动机没有换向，继续前行，压合极限保护行程开关，电源接触器失电，切断了机床主电源，储丝筒电动机在制动力作用下停住。

首先将储丝筒电动机的电源线断开，通电观察 KM1、KM2 的动作情况。分别顺序按压 SQ1、SQ2，发现 KM1 有时与 KA1 未能同步动作，偶尔可见非常明显的延迟。因为当 KM1 未断开时，电动机将继续朝原方向运转，导致故障发生。初步判断为继电器 KM1 有问题。

处理方法：更换该继电器或修理。拆下继电器 KM1，将继电器拆开，拿出铁芯，发现铁芯面上油污、杂质比较多。擦去油污后，再装配、安装好，通电试机，故障现象消除，一切正常。因为铁芯面上涂有防锈油，而工作环境灰尘较多，使得防锈油附着了灰尘，形成了具有一定黏性的油污，造成了动作的延缓。

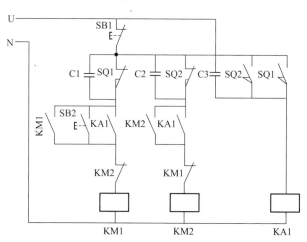

■ 图 4-67 储丝筒换向控制电路

【例 4-14】 故障现象：机床电气控制系统中，工作液电动机的控制电路非常简单。工作液电动机都使用三相交流异步电动机，由启停按钮控制继电器线圈，继电器的常开触点控制工作液电动机的三相电源接通与断开。工作液电动机过载由热继电器保护，短路由熔断器保护。其电路如图 4-68 所示。

按启动按钮 SB2，继电器 KM 吸合，但工作液电动机不转。

故障检查与分析：造成电动机不转的原因有电动机的电源没有接通；电动机本身有问

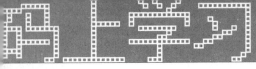

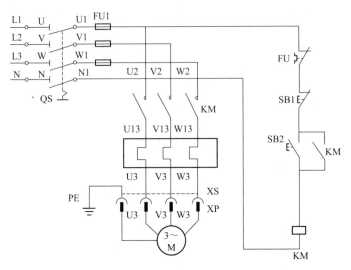

■ 图 4-68　工作液电动机控制电路

题；热继电器有问题。应该首先检查电源，使用万用表测量熔断器（保险）两端的三相交流电源电压是否都正常，如果保险的下端不正常，说明熔断器的熔芯（保险丝）已断，查明原因后再更换。如果电源正常，再测量热继电器触点的下端，看电压是否正常，按电路依次往下检测，直到发现故障点，并将其排除。在此例中，故障原因是两个熔断器的熔芯（保险丝）被烧断。

处理方法：更换同规格的熔芯。

【例 4-15】　故障现象：不能启动脉冲电源（高频电源）。

故障检查与分析：电火花数控线切割机床的脉冲电源（高频电源）一般是双重控制，除机床电气操作面板上有启停控制按钮外，脉冲电源（高频电源）装置本身也有电源控制开关。其控制电路如图 4-69 所示。

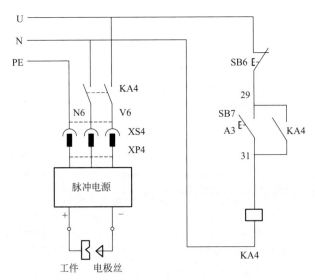

■ 图 4-69　脉冲电源（高频电源）控制电路

按启动按钮 SB7，继电器 KA4 没有吸合，此时应重点检查交流电源是否正常，如果电源正常，则查找的重点要放在线路上，看一看是否有接点接触不良，此故障原因在于继电器的线圈接点虚接。

处理方法：检测继电器线圈正常后，将线圈接点接好，开车运行正常。

【例 4-16】 换向接触器不良，导致运行机构越位。

一台 DK3220 线切割机床，运丝电动机为小功率右行进时，偶尔会发生越位停机故障，电动机控制电路如图 4-70 所示，图中，SQ1 为左向位置开关，如果 SQ1 压合后，电动机未能换向，则走丝机构将继续行进会使 SQ3 断开，从而断开电动机电源使之停下。SQ2 为右向位置开关，SQ4 的作用与 SQ3 相同，KM4、KM5 为正反向接触器。

接通电源，继电器 KM2、KM3、KM4 相继接通，运丝机构将向左运行，到设定位置压合 SQ1 后，KA2、KM5 顺次断开，运丝电动机失电。KM4 延时断开后，又有 KM4 接通（随之 KM5 接通，断开 KM5 线圈电路），运丝机构开始向右运行，故 SQ1 释放。SQ1 释放后，KA2 仍又接通，为 KM5 的再次接通做准备。以后情况类同，如此循环运行。

故障时，检查运丝电动机控制电路，没有发现问题。因此怀疑交流接触器有故障。

拆除电动机电源线，依次用手按压位置开关 SQ1、SQ2，模拟电动机运行情况，观察到交流接触器 KM4、KM5 动作正常，同时用低压测电笔、万用表检查到接触器的触点接触良好。于是，恢复电路，再开机，故障依旧。

继续观察，后来看到故障发生时，运丝机构向右运行到位后，KM4 断开，稍微延时后 KM5 吸合，至此仍为正常，但随即 KM5 释放，电动机停止运行（有能耗制动），但没有换向。这些可说明控制电路、保护电路正常。

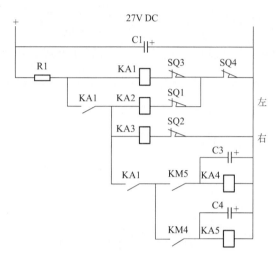

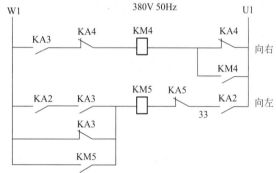

■ 图 4-70 使用低压直流电源的换向控制电路

分析认为，故障原因应当是 KM5 有一对触点偶尔发生接触不良现象，造成 KM5 吸合后电动机缺相运行，而由于惯性以及负载较轻，所以缺相时电动机会继续按原方向运转，导致运丝机构越位，压合 SQ4，保护电路起作用，停机。

取下 KM5 三个主触点触桥，分别进行调整，并注意同步性。处理好以后，再把 KM5 装上，通电试机，运转正常。观察一段时间后，未发现异常，问题得到解决。

【例 4-17】 控制触点接触不良造成换向失败。

运丝机构向右行进时，偶尔会发生越位停机故障。检查后，断定不是换向器有问题。

电动机控制电路如图 4-70 所示，先检查 KM5 的控制回路，测量 KM5、KA5 的常闭触点，接触良好。然后，在运丝机构向右运行（此时 KA5 接通，其常闭触点断开）时，用测电笔检查 KA2 常开触点，查到 33 号线时，发现测电笔有时不亮，而正好在这时发生故障，因此怀疑 KA2 触点接触不良。

因原型号的继电器已经没有备件，故后来在维修中，KA2 用 JZl2 型继电器代替，线圈电压为直流 24V。拆下 KA2，通电吸合后，用万用表检查其触点吸合良好。再在未断电的情况下，用手将 KA2 强行释放，手松开后继电器重又吸合。反复多次，发现有时常开触点吸合不好。仔细一看，其线圈支架曾被修理过，并且有轴向窜动。

换下 KA2，故障消除。但切记，强行释放继电器时需注意安全，也不提倡使用此法。再者，这里是低压直流小型继电器，若是交流线圈，则不得这样做。如果对继电器性能有损害，也不可这样。

另外还要说明：因为继电器 KA1～KA5 为转换型触点，接线时需要相互兼顾，故有图4-71 所示的接法。不过也可以把线圈置于电源的一端，而将继电器触点置于继电器线圈的同一边。行程开关 SQ1～SQ4 的接法也是由其结构决定的。

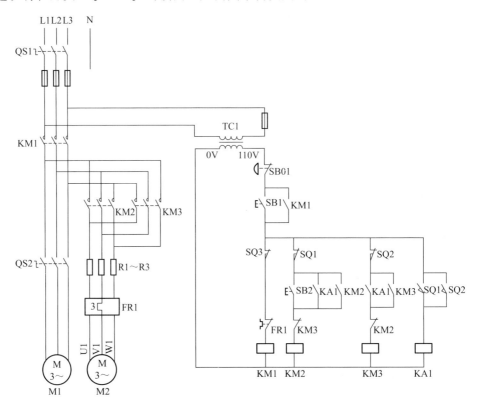

■ 图 4-71　采用电阻降压的电路

【例 4-18】　接触器延时断开引起换向失败。

正常工作时，接通电源后，按下电源接通按钮，主电路和控制电路得电。此时，按下运丝电动机启动按钮 SB6（见图 4-72），接触器 KM1 吸合，运丝机构向左行进。到位后，行程开关 SQ1 被压合，KM1 断开，同时 KA1 吸合、KM2 吸合，运丝电动机反向，运丝机构往右行进。

故障时，当运丝机构向左行进到位后，运丝电动机未能换向，而压合超程保护行程开关，电源接触器失电，切断了机床主电源，运丝电动机在制动力作用下停住。

拆开电动机电源线，通电观察 KM1、KM2 的动作情况。分别顺序按压 SQ1、SQ2，发现 KM1 有时与 KA1 未能同步动作，偶尔可见非常明显的延迟。因为，当 KM1 未断开时，电动机将继续朝原方向运转，导致故障发生。

拆下 KM1（使用的是 JZ7-44 中间继电器），拿出铁芯一看，极面上有一层黑色油污。擦去油污后，再装配、安装好，试机，动作正常，故障排除。这层油污是极面防锈油与灰尘的混合物，具有一定的黏性，造成了动作的延缓。在其他设备电气系统中，也多次处理过类似的现象，所以现在的继电器、接触器采用了干式油漆防锈。

图 4-72 中，由于电动机采用的是降压运行，故正反接触器间未设换向延时。本电路较为简单，但有一个不足之处：若通电前行程开关 SQ1 或 SQ2 被压合，则启动按钮 SB6 将失去作用，即只要电源接触器一接通，运丝电动机就会运行。在主电源接通后误按行程开关，也是如此。虽然操作者会注意到这一点，但终究是电气设计上的一个缺陷，应尽量避免。

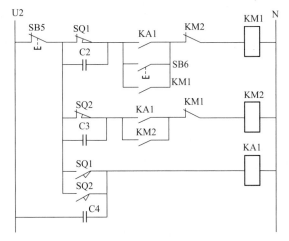

■ 图 4-72　控制电源未隔离的换向控制电路

【例 4-19】　电源缺相造成的不换向故障。

控制电路见图 4-72，制动电路部分见图 4-73。故障现象是运丝电动机不能换向，且转速缓慢。

停电检修，查得与二极管串联的降压电阻 R2（50W，51Ω）开路，更换 R2 后，试机，运丝电动机仍不能换向。接通主电源，但不启动运丝电动机，测量制动电容 C1 两端无电压，查得串联使用的两个整流二极管损坏，电容未见异常。换二极管后，恢复电路，连接好电动机试机，正常。

本例故障的原因是因为 R2 开路，使电动机缺相运行。单相运行时，由于负载轻，故电动机可转动，但无法换向。电阻的损坏，可能与电容充电及整流二极管的击穿有关。至于换下 R2 后的换向不成功，有可能是接线失误所造成的。

【例 4-20】　行程开关不良造成的换向失败。

一台 DK7725 偶尔出现运丝电动机换向失败的情况，电路图见图 4-74。检查控制箱内的接线及元器件，未发现问题。断电后按压行程开关，感觉左面的那个操作钮弹性不够，有时压不到位。试更换，观察一段时间后，未再出现故障，说明故障被排除。这是因为：当行程开关（假设为 SQ1）接触不良时，则运丝机构运行到位后，压合行程开关 SQ1，而其触点未动作，则电动机将继续朝原方向转动，致使超程保护开关 SQ3 被压合，接触器 KM3 失电断开，电动机电源断开而停机。

【例 4-21】　插头绝缘不良造成控制变压器损坏。

用户反映机床制动失灵，查得制动电容充电用 100V·A 控制变压器烧坏，其他电路初步查无问题。做好连线记录，拆下变压器送去修理，有关电路如图 4-75 所示。图中，KM1 为总电源接触器，KA1 接通则

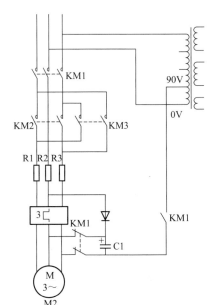

■ 图 4-73　电容储能制动

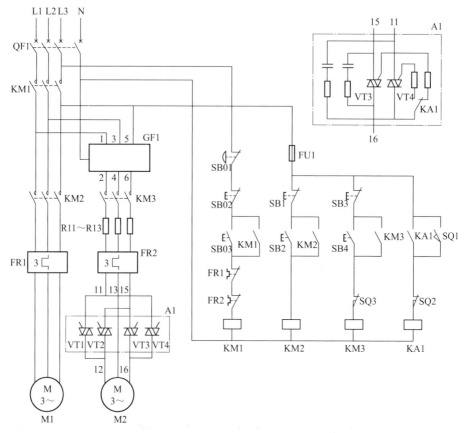

■ 图 4-74 采用双向晶闸管的换向电路

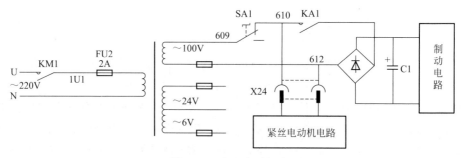

■ 图 4-75 紧丝电动机电源

启动运丝电动机，加工时，开关 SA1 是闭合的。

对经过修理的变压器做常规检查后安装上去，但不接负载。上好 FU2 的 2A 熔体，测量空载电压正常。再单独试交流 24V 工作照明正常，然后关断照明开关，连好 609、612 号线，但不接制动电容 C1，仅开机床总电源，观察到 1U1 线端 KM1 触点有火花，稍后变压器发热，随即断开电源。

检查线路，才知交流 100V 电源除了供 C1 充电外，还是紧丝电动机的电源。这时已查得 609、612 间电阻值不正常，逐级断开电路，至拔下插接件 X24 的插头时，阻值恢复正常。再细看，插头 X24 的①、②引脚（图中未标明）间短路。因暂无备件，故撤开紧丝电动机，恢复其他电路，机床继续使用。

在电气检修时，由于疏忽，对机床不熟悉等原因，可能会出现与本例检修过程类似的现象，使得一时忽略了故障点。因为如此，即使没有发现问题，在通电试机时也要把关。

由于机床使用条件不好，床身上的电器件容易被工作液污染，一个是要做好保养维护，再一方面检修时也要加以留意。维修中，遇到的插座不良故障不止一例，比如有一台机床也出现过紧丝电动机插座短路的问题。当时的处理也是暂时不用紧丝电动机，即将插座线断开。

具体维修时，可能会遇到各种各样的问题，关键是要掌握工作原理、明确器件位置和导线走向、遵守安全规程和检修规律。对于初涉高速走丝线切割机的维修者，可具体参照一台机床的说明书或实际电路，以熟悉电路结构及有关操作常识等方面，这样在面对故障时才能有的放矢。

熔断器熔断，需观察判断故障情况，再进行检查，无问题再试，熔体额定电流不可比原规格大。要确保停机时，应先停高频脉冲电源，后停工作液，让电极丝运行一段时间，并等储丝筒反向后再停走丝。工作结束后，关掉总电源。

【例 4-22】 接触器问题。

由于接触器的独特功能，即使采用无触点开关控制电动机电源的场合，一般也还会用到接触器。而接触器故障的表现，也是多种多样，例如，如图 4-76 所示电路的机床，出现换向失败的故障，故障时，总电源接触器 KM1 跳开。

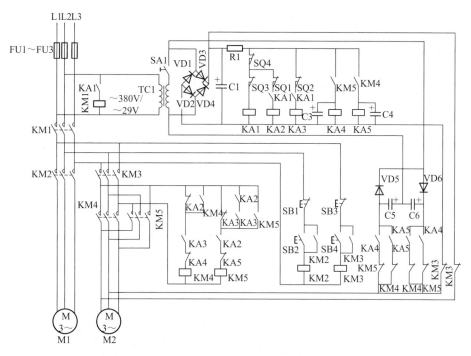

■ 图 4-76 运丝电动机换向停歇及能耗制动

维修人员检查了很长时间，都未找到问题。后来观察到，故障发生时，反向接触器吸合后随即断开，KM1 几乎是在 KM4 或 KM5 动作的同时跳开的。分析认为，KM1 的跳开是由于 KM4 或 KM5 动作时的振动引起的，故决定更换 KM1。更换接触器后，问题得到解决，证明判断是准确的。

在高速走丝线切割机的维修中，极少看到接触器短路的故障，但也不是绝对的。如某台机床出现一接通电源就把熔断器熔丝熔断的故障，后来通过排查，发现问题是一正反转接触器绝缘损坏。当然，面对这种故障，如果有绝缘电阻表，就很容易查出。

除了器件方面的原因以外，电路接触不良的现象也时有出现。某机床电路的原理与图4-76示出的情况相仿，虽然具体控制回路有所区别，但也是采用接触器换向。用户反映运丝电动机单相出现短路故障，机床开不起来，现象是：其中有一个熔断器，新的熔体换上去，接通电源就熔断了。

查得故障熔断器为－24V工作照明回路所用，但该机床照明被取消，－24V两根导线未做绝缘处理置于床身内，引起短路。把这两根线用塑料胶带包好，短路故障排除，但运丝电动机仍不能启动，似缺少一相电源。再检查，原来是正反转接触器上的一根电源线松动弹出，造成了缺相。

该机床电路采用的是单股铜心绝缘线（硬线）走线，可能是由于振动等原因造成了导线的松动。当然，控制电路的故障也会引起机床的不正常，例如，曾遇到机床不能启动的一例故障：总停按钮常闭触点接触不良，这是一台二手机床，走线不是很规范，也无图样和说明书，所以遵循先易后难的原则，先以控制电源通路查起，果然查出了故障。

【例4-23】 故障现象：运丝电动机运行不正常。

故障检查与分析：该机床是苏州沙迪克三光机电有限公司生产的三光牌产品之一。

运丝电动机电路见图4-77。启动运丝电动机时，接触器K1的常开触点接通，X1、Y1、Z1得电，由于继电器K2的常闭触点接通，换向电路中的晶闸管VT2和VT4导通，X1和Z1分别通过VT2、VT4对电动机的X2和Z2供电，Y1与Y2为直通，电动机正转，当运丝拖板运行到限位块压上换向开关S1时，继电器K2得电动作，其常开触点闭合而常闭触点断开。这样，换向电路中的VT2、VT4关断，VT1和VT3导通，运丝电动机的供电也就变为X1对Z2，而Z1对X2，也就是交换了三相供电中两相的相位，所以电动机反转。当拖板反向运行到限位块压上换向开关S2时，继电器K2失电释放，晶闸管又恢复为VT2、VT4导通，再使电动机正转，运丝电动机就这样周而复始的工作。

由于晶闸管VT2导通后，当交流电源未过零是不会自动关断的，而继电器K2动作后又使VT1导通，这样有可能使VT1和VT2同时导通，同理VT3和VT4也有可能同时导

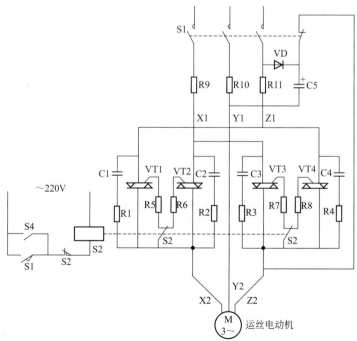

■ 图4-77 运丝电动机电路

通，造成 X1 与 Z1 之间短路，电路中的 R9、R10、R11 这时就起限流作用。在运丝电动机工作的同时，由于接触器 K1 的常闭触点断开，通过二极管 VD 对电容 C5 进行充电，一旦接触器的常开触点断开，停止运丝电动机工作，此时 K1 的常闭触点接通，电容 C5 则迅速放电，起到制动的作用。

运丝电动机电路常见故障的处理方法如下。

① 电动机不运转，一般是晶闸管开路引起的，应更换不通的晶闸管。

② X1、Z1 相线中的限流电阻 R9 和 R11 烧焦，这是由于晶闸管的阴极和阳极之间有漏电现象，应更换漏电的晶闸管。

③ Y1、Z1 相线中的限流电阻 R10 和 R11 烧焦，主要是充电二极管 VD 击穿短路，应更换该二极管。

④ 停机时制动失效，这是因为充电二极管 VD 开路损坏或者电容 C5 失效引起的，应检查更换二极管或电容。

【例 4-24】 故障现象：DK7725E 高速走丝电火花数控切割机床伺服驱动部分采用步进电动机，步进电动机的驱动电路及相关电路见图 4-78。X 轴工作时抖动，且伴有机械噪声。

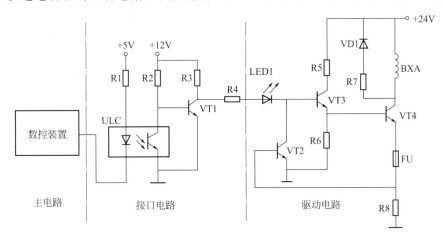

■ 图 4-78　步进电动机的驱动电路及相关电路

故障检查与分析：该故障发生时有机械噪声，由此，根据先机械后电气的原则，先检查机械部分是否有故障。首先将 X 轴电动机与其机械部分脱离，通电运行，X 轴运行时抖动的故障现象仍然存在，这表明故障源没有在机械部分，而应在电气部分。

该机床电气部分大致可分为数控装置部分（主板），该部分为典型的单板机标准电路；接口电路（接口板），数控装置与控制电路的信号传输电路；步进电动机驱动电路，机床的主要输出电路；其他辅助电路，包括电源电路、变频电路等。

与该故障有关的电路为数控装置的主电路、接口电路和步进电动机驱动电路。在检查时可使用原理分析法，按信号的流向顺序检查。而此时运用替换法更方便，使用替换法先判断出故障是否出在电动机上。用 Y 轴驱动电路去驱动 X 轴电动机，则 X 轴故障消除；用 X 轴驱动电路去驱动 Y 轴电动机，故障发生在 Y 轴。由此可判断是 X 轴驱动电路发生了故障。再运用原理分析法，按信号的流向顺序检查，即从主电路输出、接口电路、驱动电路逐步检查。当然也可以从驱动电路逆向检查。

检查步进电动机驱动电路。根据图 4-78 所示的步进电动机驱动电路检查 X 轴各驱动电路中的三极管元件，发现一只大功率晶体管 3DD101B 断路，从而造成步进电动机输入 A、B、C 三相缺相运行，进而造成故障发生。

处理方法：更换一只新管后故障排除。

说明：在高速走丝电火花数控线切割机床中，步进电动机驱动电路的大功率晶体管是故障率较高的部件，这是因为此类机床均采取开环控制。当机床在加工过程中，由于某种原因发生过载或过流，其开环系统无法检测到这种过载或过流信号，从而控制步进电动机驱动电路停止工作。由于按部就班地继续执行其控制指令，使大功率晶体管在过载或过流状态下工作，因此，必然会损毁大功率晶体管。此故障为常发故障。

【例 4-25】 故障现象：一台型号为 DK7720 的机床配置 CNC-Ⅰ型数控系统。加工中电极丝断后不报警。

故障检查与分析：在加工中，断丝报警电路是为提醒操作者及时处理而设置的，以声响提示。断丝报警电路如图 4-79 所示。图 4-79 中 SB2 是报警按键，当需要报警提示时按下此键。常闭触点 KA 为断丝保护继电器，在机床电气控制系统中，当断丝故障发生时，常闭触点 KA 断开，报警电路开始工作。使用万用表测量三极管 VT3 基极的电位正常，测量其发射极的电位也正常，测量三极管 VT4 也正常，但测量三极管 VT5 的集电极时，发现此处没有电压显示，说明三极管 VT5 断路。

处理方法：将三极管 VT5 焊下，再测量其结电阻为无穷大，使用同型号的三极管替换。

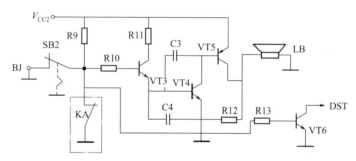

■ 图 4-79 断丝报警电路

【例 4-26】 故障现象：一台型号为 DK7750A 的机床配置 CNC-X 数控系统，数控系统电源故障。

故障检查与分析：数控系统供电电路如图 4-80 所示。

按图 4-81 所示的数控系统电源故障检测流程进行检修。

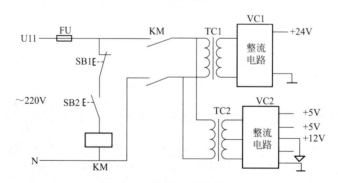

■ 图 4-80 数控系统供电电路

处理方法：对故障点做相应的处理。

【例 4-27】 故障现象：机床无空走（偶尔也能正常运行）。控制器空走正常，当加上进给时，拖板不动作，控制器也停止运作。

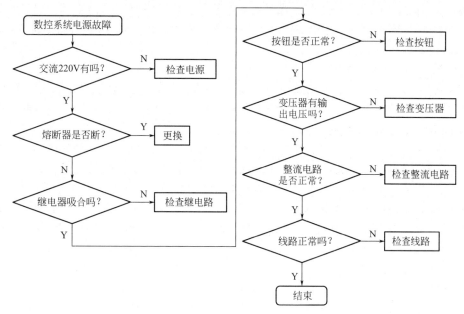

■ 图 4-81　数控系统电源故障检测流程

故障检查与分析：从上述现象看，只有当变频信号消失时，控制器才会停止运算，即无空走。而当加上进给后，只使步进电动机接口电路开始工作。因变频器和步进电动机接口电路共用＋12V电源，所以应重点检查预放电路和＋12V电源本身。查步进电动机接口电路，状态正常。再查＋12V电源，空载输出正常，打开控制器空走，电压亦正常。加上进给后，测＋12V跌至＋7.5V，此电压使变频及运放均不能正常工作。仔细查＋12V电源，测得输出滤波电容（3300μF/25V）漏电，导致负载能力下降。

处理方法：用3300μF/25V换下原电容，整机工作恢复正常。

【例4-28】　控制器故障

① 故障现象：通电无显示。

简易控制器通电后，数码管不显示，测量电源正常。该电路板集成电路采用IC座安装，找到与显示有关的集成电路，拔下后通电，数码管有显示。随着对不同集成块的插拔，数码管有不同的显示，按复位有效，证明晶振及相关显示电路可以工作。

后将所有电路恢复再通电，显示初始化字符，试进行操作，正常，说明故障已消除。故障原因应当是IC座接触不良。因对该控制器较为熟悉，所以在知道不会产生危害的前提下，采用了试探法进行检修，但这种方法一般不予提倡。如果对电路不了解，则更需慎重。

② 故障现象：运行或按键输入程序时突然复位。

在程序运行中，或在使用按键时，数码管突然显示初始化字符，似复位状态。检查电源，看不出问题。使用控制器自诊断功能，未见异常。

按复位键，能够复位。因故障现象与复位相似，故检查复位电路，查得有关电路如图4-82所示。因电阻、电容及连接无问题，故试更换74LS04集成电路。再试机，未见异常。经相当长时间使用后，一直正常，说明故障原因是74LS04六反相器性能不良。

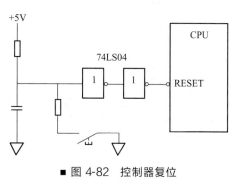

■ 图 4-82　控制器复位

在缺乏检修手段的情况下，常常采用元器件替代法进行检修，但仍必须辅之以对电路的分析和工作经验，不可盲目动手。并且，应尽可能采用可行的检修手段，对故障点做出准确的判断，以提高检修效率。

③ 故障现象：变频失控。

现象是加工程序调出来后，会快速运行结束或者不能运行，而不受变频调节电位器控制。检查看到，至接口板的＋5V 电源地线脱开，连接好，故障排除。因为变频电路在接口板上，所以当无地线时，变频信号就会异常，快速运行应当是干扰信号所致。

控制器使用时间一长，特别是经过多次维修、反复拆卸的机床，电路连接不良或断开的情况常可见到。还有就是，有的连线稍不注意就可能会脱开，所以在打开控制器盖板或查线时，动手前就应留意电路情况，并做好必要的记录。

另有一次，某控制器出现变频速度调节不良的故障，结果仅查出控制器上的一个熔断器座接触不好，处理好后就一切正常，至于故障现象是否与熔断器接触电阻相关，却难以肯定。

④ 故障现象：无停电记忆。

控制器的停电记忆功能是借助于电池实现的，实际使用中遇到过电池接触不良或者电池盒（使用干电池）接触不良导致的故障，也曾见过一例因元器件损坏而引起的故障，停电记忆功能有关电路如图 4-83 所示。

用户反映的故障现象是控制器刚开始通电时，在某个程序段范围内输不进数据，并且程序运行中，若断电，则断点不能保持，无法在中止处继续加工。根据故障现象，怀疑 6264 数据存储器有问题，遂更换一片，故障仍发生。当检查到停电记忆电路时，发现电容 C1 已击穿，于是进行更换，电路恢复正常。

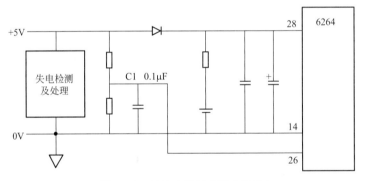

■ 图 4-83 某停电记忆电路（部分）

⑤ 故障现象：显示不正确。

该简易控制器以 8051 系列单片机为核心，用户反映控制器上电后，显示的初始化字符不正确，用按键手动输入程序时也不正常。

检查电源电压，正常。按下复位键后，可看到显示的字符有重复，按下其他按键时也有此现象。查得与显示有关的一块集成电路为 7406，将其某引脚悬空时，会有对应的显示字符，与故障表现似有关。故试换下 7406 六反相缓冲器/驱动器，显示正常。

其实，像这些通用数字集成电路，只要进行质量控制，其可靠性是很高的，这也说明了进行元器件筛选和防止整机老化的重要性。

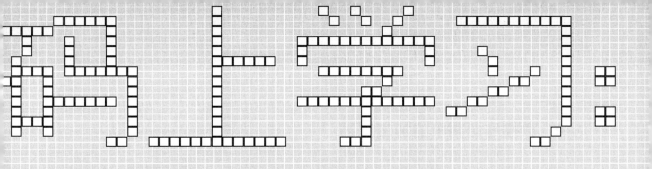

网上学习:

数控电加工机床编程与维修

chapter 5

第 5 章

数控线切割机床的编程与操作

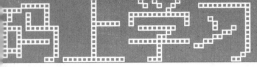

5.1　数控线切割机的加工工艺

数控线切割加工，一般作为工件加工的最后一道工序，使工件达到图样规定的尺寸、形位精度和表面粗糙度。图 5-1 所示为数控线切割加工的加工过程。

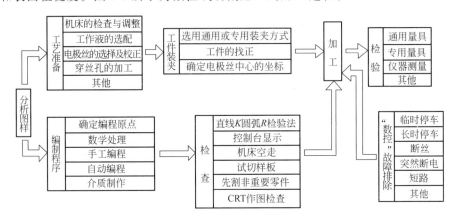

■ 图 5-1　数控线切割加工的流程图

5.1.1　零件图的工艺分析

主要分析零件的凹角和尖角是否符合线切割加工的工艺条件，零件的加工精度、表面粗糙度是否在线切割加工所能达到的经济精度范围内。

（1）凹角和尖角的尺寸分析

因线电极具有一定的直径 d，加工时又有放电间隙 δ，使线电极中心的运动轨迹与加工面相距 l，即 $l=d/2+\delta$，如图 5-2 所示。因此，加工凸模类零件时，线电极中心轨迹应放大；加工凹模类零件时，线电极中心轨迹应缩小，如图 5-3 所示。

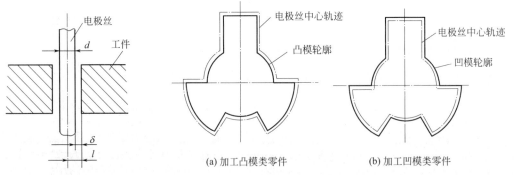

■ 图 5-2　线电极与工件
加工面的位置关系

■ 图 5-3　线电极中心轨迹的偏移

在线切割加工时，在工件的凹角处不能得到"清角"，而是圆角。对于形状复杂的精密冲模，在凸、凹模设计图样上应说明拐角处的过渡圆弧半径 R。同一副模具的凹、凸模中，R 值要符合下列条件，才能保证加工的实现和模具的正确配合。

对凹角，
$$R_1 \geqslant Z = d/2 + \delta$$
对尖角，
$$R_2 = R_1 - \Delta$$

式中　R_1——凹角圆弧半径；

　　　R_2——尖角圆弧半径；

　　　$\triangle$——凹、凸模的配合间隙。

（2）表面粗糙度及加工精度分析

电火花线切割加工表面和机械加工的表面不同，它是由无方向性的无数小坑和硬凸边所组成的，特别有利于保存润滑油；而机械加工表面则存在着切削或磨削刀痕，具有方向性。两者相比，在相同的表面粗糙度和有润滑油的情况下，电火花线切割加工表面润滑性能和耐磨损性能均比机械加工表面好。所以，在确定加工面表面粗糙度 Ra 值时要考虑到此项因素。

合理确定线切割加工表面粗糙度 Ra 值是很重要的。因为 Ra 值的大小对线切割速度 v_{wi} 影响很大，Ra 值降低一个档次将使线切割速度 v_{wi} 大幅度下降。所以，要检查零件图样上是否有过高的表面粗糙度要求。此外，线切割的加工所能达到的表面粗糙度 Ra 值是有限的，因此，若不是特殊需要，零件上标注的 Ra 值尽可能不要太小，否则，对生产率的影响很大。

同样，也要分析零件图上的加工精度是否在数控线切割机床加工精度所能达到的范围内，根据加工精度要求的高低来合理确定线切割加工的有关工艺参数。

5.1.2　工艺准备

工艺准备主要包括线电极准备、工件准备和工作液配制。

（1）线电极准备

1）线电极材料的选择　目前线电极材料的种类很多，主要有纯铜丝、黄铜丝、专用黄铜丝、钼丝、钨丝、各种合金丝及镀层金属线等。表 5-1 是常用线电极材料的特点，可供选择时参考。

■ 表 5-1　各种线电极材料的特点

材料	线径/mm	特　　点
纯铜	0.1～0.25	适合于切割速度要求不高或精加工时用。丝不易卷曲,抗拉强度低,容易断丝
黄铜	0.1～0.30	适合于高速加工,加工面的蚀屑附着少。表面粗糙和加工面的平直度也较好
专用黄铜	0.05～0.35	适合于高速、高精度和理想的表面粗糙度加工以及自动穿丝,但价格高
钼	0.06～0.25	由于它的抗拉强度高,一般用于快速走丝,在进行微细、窄缝加工时,也可用于慢速走丝
钨	0.03～0.10	由于抗拉强度高,可用于各种窄缝的微细加工。但价格昂贵

一般情况下，快速走丝机床常用钼丝作线电极，钨丝或其他昂贵金属丝因成本高而很少用，其他线材因抗拉强度低，在快速走丝机床上不能使用。慢速走丝机床上则可用各种铜丝、铁丝，专用合金丝以及镀层（如镀锌等）的电极丝。

2）线电极直径的选择　线电极直径 d 应根据工件加工的切缝宽窄、工件厚度及拐角尺寸大小等来选择。由图 5-4 可知，线电极直径 d 与拐角半径 R 的关系为 $d \leqslant 2(R-\delta)$。所以，在拐角要求小的微细线切割加工中，需要选用线径细的电极，但线径太细，能够加工的工件厚度也将会受到限制。表 5-2 列出线径与拐角和工件厚度的极限关系。

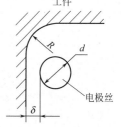

■ 图 5-4　线电极直径与拐角的关系

■ 表 5-2　线径与拐角和工件厚度的极限关系　　　　　　　　　　　　　　　　　　mm

线电极直径 d	拐角极限 R_{max}	切割工件厚度
钨 0.05	0.04~0.07	0~10
钨 0.07	0.05~0.10	0~20
钨 0.10	0.07~0.12	0~30
黄铜 0.15	0.10~0.16	0~50
黄铜 0.20	0.12~0.20	0~100 以上
黄铜 0.25	0.15~0.22	0~100 以上

　　（2）工件准备

　　1）工件材料的选定和处理　工件材料的选择是由图样设计时确定的。作为模具加工，在加工前毛坯需经锻打和热处理。锻打后的材料在锻打方向与其垂直方向会有不同的残余应力；淬火后也会出现残余应力。加工过程中残余应力的释放会使工件变形，从而达不到加工尺寸精度要求，淬火不当的工件还会在加工过程中出现裂纹，因此，工件需经二次以上回火或高温回火。另外，加工前还要进行消磁处理及去除表面氧化皮和锈斑等。例如，以线切割加工为主要工艺时，钢件的加工工艺路线一般为：下料→锻造→退火→机械粗加工→淬火与高温回火→磨加工（退磁）→线切割加工→钳工修整。

　　为了避免或减少上述情况，应选择锻造性能好、淬透性好、热处理变形小的材料，如以线切割为主要工艺的冷冲模具，尽量选用 CrWMn、Cr12Mo、GCr15 等合金工具钢，并要正确选择热加工方法和严格执行热处理规范。另一方面，也要合理安排线切割加工工艺。

　　2）工件加工基准的选择　为了便于线切割加工，根据工件外形和加工要求，应准备相应的校正和加工基准，并且此基准应尽量与图样的设计基准一致，常见的有以下两种形式：

　　① 以外形为校正和加工基准。外形是矩形状的工件，一般需要有两个相互垂直的基准面，并垂直于工件的上、下平面（如图 5-5 所示）。

　　② 以外形为校正基准，内孔为加工基准。无论是矩形、圆形还是其他异形的工件，都应准备一个与工件的上、下平面保持垂直的校正基准，此时其中一个内孔可作为加工基准，如图 5-6 所示。在大多数情况下，外形基面在线切割加工前的机械加工中就已准备好了。工件淬硬后，若基面变形很小，可稍加打光便可用线切割加工；若变形较大，则应当重新修磨基面。

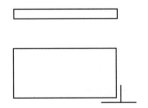

■ 图 5-5　矩形工件的校正和加工基准

■ 图 5-6　外形一侧边为校正基准，内孔为加工基准

　　3）穿丝孔的确定

　　① 切割凸模类零件。为避免将坯件外形切断引起变形，通常在坯件内部外形附近预制穿丝孔［见图 5-7（c）］。

　　② 切割凹模、孔类零件。此时可将穿丝孔位置选在待切割型腔（孔）内部。当穿丝孔位置选在待切割型腔（孔）的边角处时，切割过程中无用的轨迹最短；而穿丝孔位置选在已

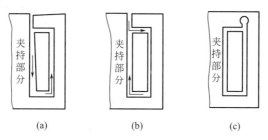

■ 图5-7 切割起始点和切割路线的安排

知坐标尺寸的交点处,则有利于尺寸推算;切割孔类零件时,若将穿丝孔位置选在型腔(孔)中心可使编程操作容易。因此,要根据具体情况来选择穿丝孔的位置。

③ 穿丝孔大小。穿丝孔大小要适宜。一般不宜太小,如果穿丝孔径太小,不但钻孔难度增加,而且也不便于穿丝。但是,若穿丝孔径太大,则会增加钳工工艺上的难度。一般穿丝孔常用直径为 $\phi 3 \sim 10mm$。如果预制孔可用车削等方法加工,则穿丝孔径也可大些。

4)切割路线的确定 线切割加工工艺中,切割起始点和切割路线的确定合理与否,将影响工件变形的大小,从而影响加工精度。如图5-7所示的由外向内顺序的切割路线,通常在加工凸模零件时采用。其中,如图5-7(a)所示的切割路线是错误的,因为当切割完第一边,继续加工时,由于原来主要连接的部位被割离,余下材料与夹持部分的连接较少,工件的刚度大为降低,容易产生变形而影响加工精度。如按图5-7(b)所示的切割路线加工,可减少由于材料割离后残余应力重新分布而引起的变形。所以,一般情况下,最好将工件与其夹持部分分割的线段安排在切割路线的末端。对于精度要求较高的零件,最好采用如图5-7(c)所示的方案,电极丝不由坯件外部切入,而是将切割起始点取在坯件预制的穿丝孔中,这种方案可使工件的变形最小。

切割孔类零件时,为了减少变形,还可采用二次切割法,如图5-8所示。第一次粗加工型孔,各边留余量 0.1~0.5mm,以补偿材料被切割后由于内应力重新分布而产生的变形。第二次切割为精加工。这样可以达到比较满意的效果。

5)接合突尖的去除方法 由于线电极的直径和放电间隙的关系,在工件切割面的交接处,会出现一个高出加工表面的高线条,称之为突尖,如图5-9所示。这个突尖的大小决定于线径和放电间隙。在快速走丝的加工中,用细的线电极加工,突尖一般很小,在慢速走丝加工中就比较大,必须将它去除。下面介绍几种去除突尖的方法。

① 利用拐角的方法。凸模在拐角位置的突尖比较小,选用图5-10所示的切割路线,可

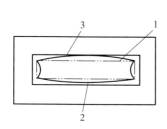

■ 图5-8 二次切割孔类零件

1—第一次切割的理论图形;
2—第一次切割的实际图形;
3—第二次切割的图形

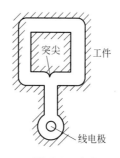

■ 图5-9 突尖

167

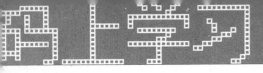
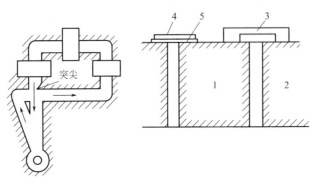

■ 图 5-10　利用拐角去除突尖

1—凸模; 2—外框; 3—短路用金属; 4—固定夹具; 5—粘接剂

减少精加工量。切下前要将凸模固定在外框上，并用导电金属将其与外框连通，否则在加工中不会产生放电。

②切缝中插金属板的方法。将切割要掉下来的部分，用固定板固定起来，在切缝中插入金属板，金属板长度与工件厚度大致相同，金属板应尽量向切落侧靠近，如图 5-11 所示。切割时应往金属板方向多切入大约一个线电极直径的距离。

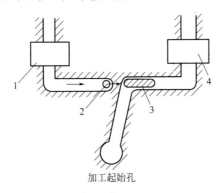

加工起始孔

■ 图 5-11　插入金属板去除突尖

1—固定夹具; 2—线电极; 3—金属板; 4—短路用金属

③用多次切割的方法。工件切断后，对突尖进行多次切割精加工。一般分三次进行，第一次为粗切割，第二次为半精切割，第三次为精切割。也可采用粗、精二次切割法去除突尖，如图 5-12 所示，切割次数的多少，主要看加工对象精度要求的高低和突尖的大小来确定。

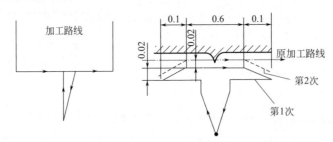

■ 图 5-12　二次切割去除突尖的路线

改变偏移量的大小，可使线电极靠近或离开工件。第一次比原加工路线增加大约 0.04mm 的偏移量，使线电极远离工件开始加工，第二次、第三次逐渐靠近工件进行加工，一直到突尖全部被除掉为止。一般为了避免过切，应留 0.01mm 左右的余量供手工精修。

（3）工作液的正确配制

1）工作液的配制方法　一般按一定比例将自来水冲入乳化油，搅拌后使工作液充分乳化成均匀的乳白色。天冷（在0℃以下）时可先用少量开水冲入拌匀，再加冷水搅拌。某些工作液要求用蒸馏水配制，最好按生产厂的说明配制。

2）工作液的配制比例　根据不同的加工工艺指标，一般在5%～20%范围内（乳化油5%～20%，水95%～80%）。一般均按质量比配制。在称量不方便或要求不太严时，也可大致按体积比配制。

（4）工作液的使用方法

① 对加工表面粗糙度和精度要求比较高的工件，浓度比可适当大些，约10%～20%，这可使加工表面洁白均匀。加工后的料芯可轻松地从料块中取出，或靠自重落下。

② 对要求切割速度高或大厚度的工件，浓度可适当小些，为5%～8%，这样加工比较稳定，且不易断丝。

③ 对材料为Crl2的工件，工作液用蒸馏水配制，浓度稍小些，这样可减轻工件表面的黑白交叉条纹，使工件表面洁白均匀。

④ 新配制的工作液，当加工电流约为2A时，其切割速度约40mm²/min，若每天工作8h，使用约2天以后效果最好，继续使用8～10天后就易断丝，须更换新的工作液。加工时供液一定要充分，且使工作液要包住电极丝，这样才能使工作液顺利进入加工区，达到稳定加工的效果。

（5）工作液对工艺指标的影响

在电火花线切割加工中，可使用的工作液种类很多，有煤油、乳化液、去离子水、蒸馏水、洗涤剂、酒精溶液等，它们对工艺指标的影响各不相同，特别是对加工速度的影响较大。早期采用慢速走丝方式、RC电源时，多采用油类工作液。其他工艺条件相同时，油类工作液的切割速度相差不大，一般为2～3mm²/min，其中以煤油中加30%的变压器油为好。醇类工作液不及油类工作液能适应高切割速度。

采用快速走丝方式、矩形波脉冲电源时，试验结果如下。

① 自来水、蒸馏水、去离子水等水类工作液，对放电间隙冷却效果较好，特别是在工件较厚的情况下，冷却效果更好。然而采用水类工作液时，切割速度低，易断丝。这是因为水的冷却能力强，电极丝在冷热变化频繁时，丝易变脆，容易断丝。此外，水类工作液洗涤性能差，对放电产物排除不利，放电间隙状态差，故表面黑脏，加工速度低。

② 煤油工作液切割速度低，但不易断丝。因为煤油介电强度高，间隙消耗放电能量多，分配到两极的能量少；同时，同样电压下放电间隙小，排屑困难，导致切割速度低。但煤油受冷热变化影响小，且润滑性能好，电极丝运动磨损小，因此不易断丝。

③ 水中加入少量洗涤剂、皂片等，切割速度就可能成倍增长。这是因为水中加入洗涤剂或皂片后，工作液洗涤性能变好，有利于排屑，改善了间隙状态。

④ 乳化型工作液比非乳化型工作液的切割速度高。因为乳化液的介电强度比水高，比煤油低，冷却能力比水弱，比煤油好，洗涤性比水和煤油都好，故切割速度高。

总之，工艺条件相同时，改变工作液的种类或浓度，就会对加工效果发生较大影响。工作液的脏污程度对工艺指标也有较大影响。工作液太脏，会降低加工的工艺指标，纯净的工作液也并非加工效果最好，往往经过一段放电切割加工之后，脏污程度还不大的工作液可得到较好的加工效果。纯净的工作液不易形成放电通道，经过一段放电加工后，工作液中存在一些悬浮的放电产物，这时容易形成放电通道，有较好的加工效果。但工作液太脏时，悬浮的加工屑太多，使间隙消电离变差，且容易发生二次放电，对放电加工不利，这时应及时更

换工作液。

5.1.3　工件的装夹和位置校正

（1）对工件装夹的基本要求

① 工件的装夹基准面应清洁无毛刺，经过热处理的工件，在穿丝孔或凹模类工件扩孔的台阶处，要清理热处理液的渣物及氧化膜表面。

② 夹具精度要高。工件至少用两个侧面固定在夹具或工作台上，如图 5-13 所示。

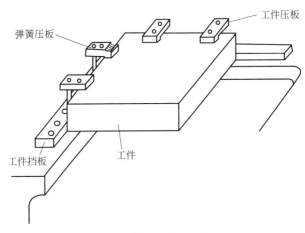

■ 图 5-13　工件的固定

③ 装夹工件的位置要有利于工件的找正，并能满足加工行程的需要，工作台移动时，不得与丝架相碰。

④ 装夹工件的作用力要均匀，不得使工件变形或翘起。

⑤ 批量零件加工时，最好采用专用夹具，以提高效率。

⑥ 细小、精密、壁薄的工件应固定在辅助工作台或不易变形的辅助夹具上，如图 5-14 所示。

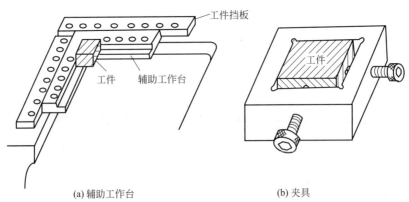

(a) 辅助工作台　　　　　　　　　(b) 夹具

■ 图 5-14　辅助工作台和夹具

（2）常用夹具简介

1）压板夹具　主要用于固定平板式工件。当工件尺寸较大时，则应成对使用（如图 5-15、图 5-16 所示）。当如图 5-16 成对使用时，夹具基准面的高度要一致。否则，因毛坯倾斜，使切割出的工件型腔与工件端面倾斜而无法正常使用。如果在夹具基准面上加工一个 V 形槽，则可用来夹持轴类圆形工件。

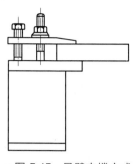

■ 图 5-15　悬臂支撑方式

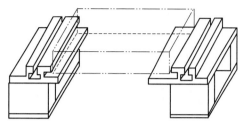

■ 图 5-16　两端支撑方式

2）分度夹具　主要用于加工电机定子、转子等多型孔的旋转形工件，可保证较高的分度精度。如图 5-17 所示。近年来，因为大多数线切割机床具有对称、旋转等功能，所以此类分度夹具已较少使用。

3）磁性夹具　对于一些微小或极薄的片状工件，采用磁力工作台或磁性表座吸牢工件进行加工。磁性夹具的工作原理如图 5-18 所示。当将磁铁旋转 90°时，磁靴分别与 S、N 极接触，可将工件吸牢，如图 5-18（b）所示；再将永久磁铁旋转 90°［如图 5-18（a）所示］，则磁铁松开工件。

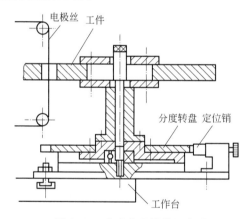

■ 图 5-17　分度夹具结构示意图

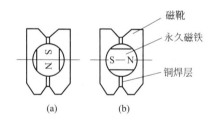

■ 图 5-18　磁性夹具工作原理

使用磁性夹具时，要注意保护夹具的基准面，取下工件时，尽量不要在基准面上平拖，以防拉毛基准面，影响夹具的使用寿命。

（3）常用的装夹方式

1）悬臂支撑方式　如图 5-15 所示的悬臂支撑方式通用性强，装夹方便。但工件平面难与工作台面找平，工件受力时位置易变化。因此只在工件加工要求低或悬臂部分小的情况下使用。

2）两端支撑方式　两端支撑方式是将工件两端固定在夹具上，如图 5-16 所示。这种方式装夹方便，支撑稳定，定位精度高，但不适于小工件的装夹。

3）桥式支撑方式　桥式支撑方式是在两端支撑的夹具上，再架上两块支撑垫铁（见图 5-19）。此方式通用性强，装夹方便，大、中、小型工件都适用。

4）板式支撑方式　板式支撑方式是根据常规工件的形状，制成具有矩形或圆形孔的支撑板夹具（见图 5-20）。此方式装夹精度高，适用于常规与批量生产。同时，也可增加纵、横方向的定位基准。

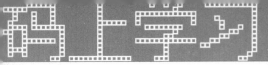

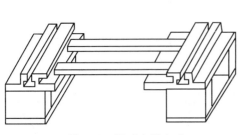

■ 图 5-19　桥式支撑方式

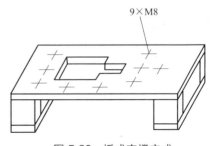

■ 图 5-20　板式支撑方式

5）复式支撑方式　在通用夹具上装夹专用夹具，便成为复式支撑方式（见图 5-21）。此方式对于批量加工尤为方便，可大大缩短装夹和校正时间，提高效率。

6）专用特殊夹具

① 当工件夹持部分尺寸太少，几乎没有夹持余量时，可采用如图 5-22 所示的夹具。由于在右侧夹具块下方固定了一块托板，使工件犹如两端支撑（托板上平面与工作台面在一个平面上），保证加工部位与工件上下表面相垂直。

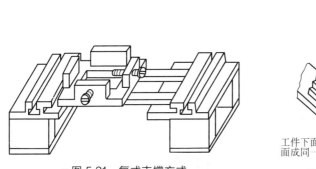

■ 图 5-21　复式支撑方式

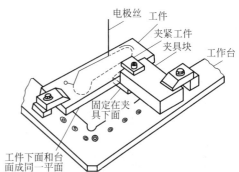

■ 图 5-22　小余量工件的专用夹具

② 用细圆棒状坯料切割微小零件用专用夹具（如图 5-23 所示）。圆棒坯料装在正方体形夹具内，侧面用内六角螺钉固定，即可进行切割加工。

③ 加工多个复杂工件的夹具，如图 5-24 所示。

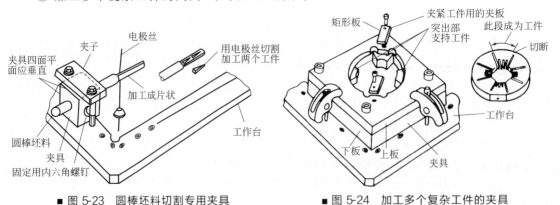

■ 图 5-23　圆棒坯料切割专用夹具

■ 图 5-24　加工多个复杂工件的夹具

（4）工件位置的校正方法

1）拉表法　拉表法是利用磁力表架，将百分表固定在丝架或其他固定位置上，百分表头与工件基面接触，往复移动床鞍，按百分表指示数值调整工件。校正应在三个方向上进行（见图 5-25）。

2）划线法　工件待切割图形与定位基准相互位置要求不高时，可采用划线法（见图 5-26）。固定在丝架上的一个带有顶丝的零件将划针固定，划针尖指向工件图形的基准线或基准面，移动纵（或横）向床鞍，据目测调整工件进行找正。该法也可以在粗糙度较差的基面校正时使用。

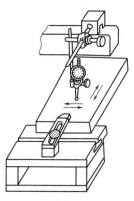

■ 图 5-25　拉表法校正

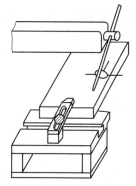

■ 图 5-26　划线法校正

3）固定基面靠定法　利用通用或专用夹具纵、横方向的基准面，经过一次校正后，保证基准面与相应坐标方向一致。于是具有相同加工基准面的工件可以直接靠定，就保证了工件的正确加工位置（见图 5-27）。

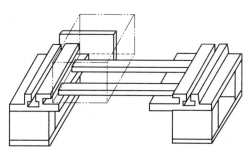

■ 图 5-27　固定基面靠定法

（5）线电极的位置校正

在线切割前，应确定线电极相对于工件基准面或基准孔的坐标位置。

1）目视法　对加工要求较低的工件，在确定线电极与工件有关基准线或基准面相互位置时，可直接利用目视或借助于 2～8 倍的放大镜来进行观察。

图 5-28 所示为观察基准面来确定线电极位置法。当线电极与工件基准面初始接触时，记下相应床鞍的坐标值。线电极中心与基准面重合的坐标值，则是记录值减去线电极半径值。

图 5-29 所示为观测基准线来确定线电极位置法。利用穿丝孔处划出的十字基准线，观测线电极与十字基准线的相对位置，移动床鞍，使线电极中心分别与纵、横方向基准线重合，此时的坐标值就是线电极的中心位置。

2）火花法　火花法是利用线电极与工件在一定间隙时发生火花放电来确定线电极坐标位置的方法（见图 5-30）。移动拖板，使线电极逼近工件的基准面，待开始出现火花时，记下

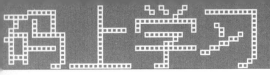
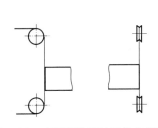

■ 图 5-28　观测基准面校正线电极位置

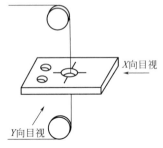

■ 图 5-29　观测基准线校正线电极位置

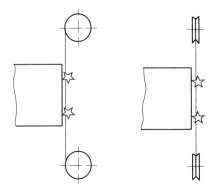

■ 图 5-30　火花法校正线电极位置

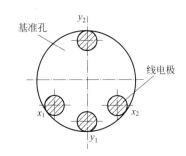

■ 图 5-31　找中心

拖板的相应坐标值来推算线电极中心坐标值。此法简便、易行。但线电极运转易抖动而会出现误差；放电也会使工件的基准面受到损伤；此外，线电极逐渐逼近基准面时，开始产生脉冲放电的距离往往并非正常加工条件下线电极与工件间的放电距离。

3）自动找中心　自动找中心是为了让线电极在工件的孔中心定位。具体方法为：移动横向床鞍，使电极丝与孔壁相接触，记下坐标值 x_1，反向移动床鞍至另一导通点，记下相应坐标值 x_2，将拖板移至两者绝对值之和的一半处，即（$|x_1|+|x_2|$）/2 的坐标位置。同理也可得到 y_1 和 y_2。则基准孔中心与线电极中心相重合的坐标值为[（$|x_1|+|x_2|$）/2，（$|y_1|+|y_2|$）/2]详见图 5-31。

5.1.4　加工实例

如图 5-32 所示为异形孔喷丝板。其孔形特殊、细微、复杂，图形外接参考圆的直径在 1mm 以下，缝宽为 0.08～0.1mm。孔的一致性要求很高，加工精度在 ±0.005mm 以下，表面粗糙度小于 $Ra0.4\mu m$，喷丝板的材料是不锈钢 1Cr18Ni9Ti，在加工中，为了保证高精度和小表面粗糙度的要求，应采取以下措施。

（1）加工穿丝孔

细小的穿丝孔是用细钼丝作电极在电火花成形机床上加工的。穿丝孔在异形孔中的位置要合理，一般是选择在窄缝相交处，这样便于校正和加工。穿丝孔的垂直度要有一定的要求，在 0.5mm 高度内，穿丝孔孔壁与上下平面的垂直度应不大于 0.01mm，否则会影响线电极与工件穿丝孔的正确定位。

（2）保证一次加工成形

当线电极进退轨迹重复时，应当切断脉冲电源，使得异形孔诸槽能一次加工成形，有利于保证缝宽的一致性。

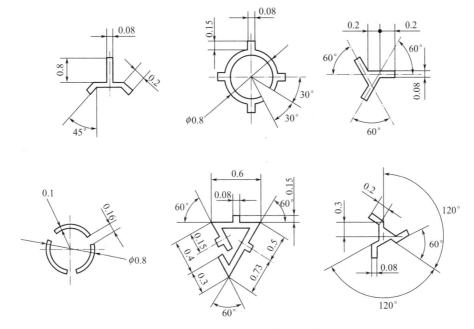

■ 图 5-32　异形孔喷丝板实例

（3）选择线电极直径

线电极直径应根据异形孔缝宽来选定，通常采用直径为 0.035～0.10mm 的线电极。

（4）确定线电极线速度

实践表明，对快速走丝线切割加工，当线速在 0.6m/s 以下时，加工不稳定。线速为 2m/s 时工作稳定性显著改善。线速提高到 3.4m/s 以上时，工艺效果变化不大。因此，目前线速常用 0.8～2.0m/s。

（5）保持线电极运动稳定

利用宝石限位器保持线电极运动的位置精度。

（6）线切割加工参数的选择

选择的电参数如下：空载电压峰值为 55V；脉冲宽度 1.2μs；脉冲间隔为 4.4μs；平均加工电流为 100～120mA。采用快速走丝方式，走丝速度 2m/s；线电极为 ϕ0.05mm 的钼丝；工作液为油酸钾乳化液。

加工结果：表面粗糙度 Ra0.4μm，加工精度 ±0.005mm，均符合要求。

5.2　数控线切割机的手工编程

数控线切割编程方法分手工编程和自动编程。数控线切割加工的程序有 3B、4B 代码格式和符合国标标准的 ISO 代码格式。使用较多的是 3B 代码格式，慢走丝多采用 4B 代码格式，目前有不少系统采用 ISO 代码格式。其中应用 3B、4B 代码格式的，又称为固定程序段格式；应用 ISO 代码格式的，又称为可变程序段格式。

5.2.1　3B 代码编程

3B 代码格式是数控电火花线切割机床上最常用的程序格式，在该程序格式中无间隙补偿，但可通过机床的数控装置或一些自动编程软件自动实现间隙补偿。

（1）3B 代码编程格式

3B 代码编程的格式为　B X　B Y　B J　G Z

其中，B：分隔符，它的作用是将 X、Y、J 数据区分隔开来；

　　　　X、Y：表示增量坐标值，一律用 μm 作单位；

　　　　J：表示加工线段的计数长度；

　　　　G：表示加工线段计数方向；

　　　　Z：表示加工指令。

MJ 为停机符，表示程序结束（加工完毕）。

（2）程序编写方法

1）坐标系与坐标值 X、Y 的确定　规定：面对机床操作台，工作台平面为坐标系平面，左右方向为 X 轴，且右方向为正，即 +X；前后方向为 Y 轴，前方为正，即 +Y。编程时，采用相对坐标系，即坐标系的原点随程序段的不同而变化。加工直线时，以该直线的起点为坐标系的原点，X、Y 取该直线终点的坐标值；加工圆弧时，以该圆弧的圆心为坐标系的原点，X、Y 取该圆弧起点的坐标值，不写坐标值的正负号。

2）计数方向 G 的确定　不管是加工直线还是圆弧，计数方向均按终点的位置来确定。加工直线时，计数方向取终点靠近的轴，当加工与坐标轴成 45°角的线段时，计数方向可任取一轴即可，记作：GX 或 GY，如图 5-33（a）所示；加工圆弧时，计数方向取终点靠近轴的另一轴，当加工圆弧的终点与坐标轴成 45°角时，计数方向可任取一轴即可，记作：GX 或 GY，如图 5-33（b）所示。

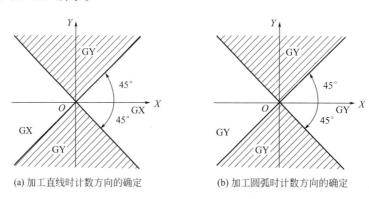

(a) 加工直线时计数方向的确定　　　(b) 加工圆弧时计数方向的确定

■ 图 5-33　计数方向的确定

3）计数长度 J 的确定　确定计数长度以计数方向为基础。计数长度是指被加工的直线或圆弧在计数方向坐标轴上投影的绝对值总和，其单位为 μm。

例如：在图 5-34 中，加工直线 OA 时计数方向为 X 轴，计数长度为 OB，数值等于 A 点的 X 坐标值；在图 5-35 中，加工半径为 $400\mu m$ 的圆弧 MN 时，计数方向为 X 轴，计数长度为 $400\mu m \times 3 = 1200\mu m$，即 MN 中三段 90°圆弧在 X 轴上投影的绝对值总和。

4）加工指令 Z 的确定　加工直线时有四种加工指令：L1、L2、L3、L4。如图 5-36（a）所示，当直线在第 Ⅰ 象限（含 X 轴不含 Y 轴）时，加工指令记作 L1；当处于第 Ⅱ 象限（含 Y 轴不含 X 轴）时，记作 L2；L3、L4 依此类推。

加工顺时针圆弧时有四种加工指令：SR1、SR2、SR3、SR4。如图 5-36（b）所示，当圆弧的起点在第 Ⅰ 象限时，加工指令记作 SR1，当起点在第 Ⅱ 象限时，记作 SR2；SR3、SR4 依此类推。

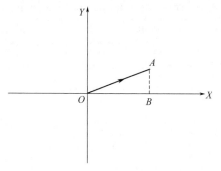

■ 图 5-34　加工直线时计数长度的确定

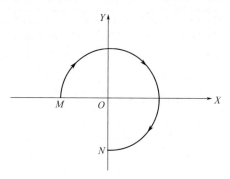

■ 图 5-35　加工圆弧时计数长度的确定

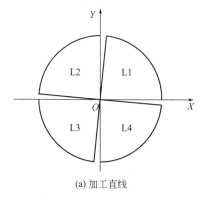

(a) 加工直线

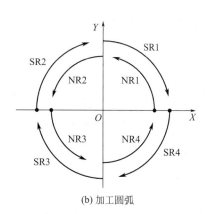

(b) 加工圆弧

■ 图 5-36　加工指令的确定范围

加工逆时针圆弧时有四种加工指令：NR1、NR2、NR3、NR4。如图 5-36 （b） 所示，当圆弧的起点在第Ⅰ象限（含 X 轴不含 Y 轴）时，加工指令记作 NR1，当起点在第Ⅱ象限（含 Y 轴不含 X 轴）时，记作 NR2；NR3、NR4 依此类推。

提示：

不要受数控车床、数控铣床的影响，这里的 Z 不是 Z 方向。

（3）有关补偿问题

在实际加工中，电火花线切割数控机床是通过控制电极丝的中心轨迹来加工的，而电极丝的中心轨迹不能与零件的实际轮廓线重合（如图 5-37 所示）。在进行线切割加工手工编程

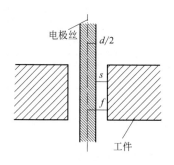

(a) 电极丝直径与放电间隙

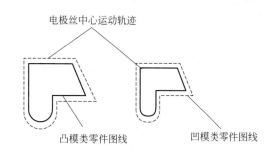

(b) 加工凸模类零件时　　　(c) 加工凹模类零件时

■ 图 5-37　电极丝切割运动轨迹与图纸的关系

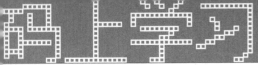

时，要加工出符合图样要求的零件，需要考虑因电极丝直径及放电间隙导致的补偿量。

由于加工中程序的执行是以电极丝中心轨迹来计算的，要加工出相应轨迹，必须计算出电极丝中心轨迹的交点和切点坐标，并按电极丝中心轨迹编程。电极丝中心轨迹与零件轮廓相距一个 ΔR 值，ΔR 值称为间隙补偿值，计算公式如下。

① 切割凹模或样板零件时：

$$\Delta R = |r + g|$$

式中，r 为电极丝直径半径；g 为单边放电间隙，约为 0.01mm。

② 切割凸模时：

$$\Delta R = |r + g - \Delta|$$

式中，Δ 为模具配合单边间隙。

③ 切割镶板时：

$$\Delta R = |r + g + \Delta + \Delta g|$$

式中，Δg 为镶板凸模的单边过盈量。

④ 切割卸料板时：

$$\Delta R = |r + g - \Delta s|$$

式中，Δs 是卸料板与凹模相比的单边扩大量。

【例 5-1】 按 3B 格式编写如图 5-38 所示的图形轮廓的线切割加工程序。

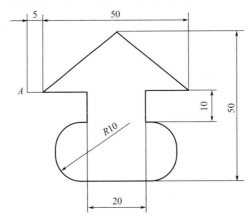

■ 图 5-38 编程图形轮廓

① 确定加工路线：起始点为 A，加工路线按顺时针方向进行。

② 分别计算各段曲线的坐标值。

③ 按 "3B" 格式编写程序单，程序如下。

```
B5000     B0        B5000     GX   L1;
B25000    B20000    B25000    GX   L1;
B25000    B20000    B25000    GX   L4;
B15000    B0        B15000    GX   L3;
B0        B10000    B10000    GY   L4;
B0        B10000    B20000    GX   SR1;
B20000    B0        B20000    GX   L3;
B0        B10000    B20000    GX   SR3;
B0        B10000    B10000    GY   L2;
B15000    B0        B15000    GX   L3;
```

B5000   B0   B5000   GX L3;

　 M J；　　　　　　　　　　　结束语句

5.2.2 4B 代码编程

（1）4B 代码编程格式

4B 代码的编程格式为：B X　B Y　BJ　B R　G（D 或 DD）Z

其中，B：分隔符，它的作用是将 X、Y、J 数据区分隔开来；

　　　X，Y：表示增量（相对）坐标值，一律用 μm 作单位；

　　　J：表示加工线段的计数长度；

　　　R：圆弧半径或公切圆半径；

　　　G：表示加工线段计数方向；

　　　D 或 DD：曲线形式，D 为凸圆弧，DD 为凹圆弧；

　　　Z：表示加工指令，即加工方向。

MJ 为停机符，表示程序结束（加工完毕）。

（2）4B 代码编程特点

4B 程序格式是有间隙补偿的程序，与 3B 格式相比，4B 格式增加了 R 和 D（或 DD）两项功能。编程时应注意以下几个方面。

① 因 4B 格式不能处理尖角的自动间隙补偿，若加工图形出现尖角时，应取圆弧半径大于间隙补偿量的圆弧过渡。

② 加工外表面时，当调整补偿间隙后使圆弧半径增大的称为凸圆弧，用 D 表示；当调整补偿间隙后使圆弧半径减少的称为凹圆弧，用 DD 表示。加工内表面时，D 和 DD 表示与加工外表面相反。由此用 4B 代码编写加工相互配合的凸、凹模程序时，只要适当改变引入、引出程序段（加工凸、凹模的起始点对称）和补偿间隙即可，其他程序段是相同的。

③ 间隙补偿程序的引入、引出程序段　利用间隙补偿功能，可以用特殊的编程方式来编制不加过渡圆弧的引入、引出程序段。若图形的第一道加工程序加工的是斜线，引入程序段指定的引入线段必须与该斜线垂直；若是圆弧，引入程序段指定的引入线段应沿圆弧的法向进行（见图 5-39 的引入线段 O_1A）。

【例 5-2】　图 5-39 所示为凸模设计图，图中的所有尺寸都为名义尺寸，现要求凹模按凸模配作，保证双边配合间隙 $Z=0.04mm$，试编制凸模和凹模的电火花线切割加工程序（电极丝为 $\phi0.12mm$ 的钼丝，单边放电间隙为 0.01mm）。

① 编制凸模加工程序。建立坐标系并计算出尺寸后，选取穿丝孔为 O_1 点，加工顺序为

$O_1 \rightarrow A \rightarrow B \rightarrow C \rightarrow D \rightarrow E \rightarrow F \rightarrow G \rightarrow H \rightarrow I \rightarrow J \rightarrow O_1$

确定间隙补偿量：

$$\Delta R=(0.12/2+0.01)=0.07mm$$

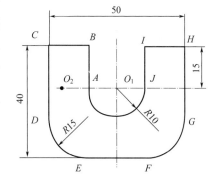

■ 图 5-39　凸模的平均尺寸

加工前将间隙补偿量输入数控装置。图形上 B、C、H、I 各点处需加过渡圆弧，其半径应大于间隙补偿量（取 $r=0.10mm$）。

凸模加工程序单见表 5-3。

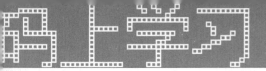

■ 表 5-3　凸模加工程序单（4B 程序格式）

序号	B	X	B	Y	B	J	B	R	G	D（DD）	Z	备注
1	B		B		B	10000	B		GX		L3	引入程序段
2	B		B		B	14900	B		GY		L2	
3	B	100	B		B	100	B	100	GX	D	NR1	过渡圆弧
4	B		B		B	14800	B		GX		L3	
5	B		B	100	B	100	B	100	GY	D	NR2	过渡圆弧
6	B		B		B	24900	B		GY		L4	
7	B	15000	B		B	15000	B	15000	GX	D	NR3	
8	B		B		B	20000	B		GX		L1	
9	B		B	15000	B	15000	B	15000	GY	D	NR4	
10	B		B		B	24900	B		GY		L2	
11	B	100	B		B	100	B	100	GX	D	NR1	过渡圆弧
12	B		B		B	14800	B		GX		L3	
13	B		B	100	B	100	B	100	GY	D	NR2	过渡圆弧
14	B		B		B	14900	B		GY		L4	
15	B	10000	B		B	20000	B	10000	GY	DD	SR4	
16			B		B	10000	B		GX		L1	引出程序段

② 编制凹模加工程序。因 4B 程序格式有间隙补偿，所以凹模加工程序只需修改引入、引出程序段（引入点选在 O_2 点）即可，其他程序段与凸模加工程序相同。

加工凹模时的间隙补偿量为：

$$\Delta R = (0.12/2 + 0.01 - 0.04/2) = 0.05\text{mm}$$

【例 5-3】　采用数控线切割机床加工图 5-40 所示的凸模。采用的电极丝直径为 $\phi0.1\text{mm}$，单边放电间隙为 0.01mm。图中双点划线为坯料外轮廓。[二维码 5-1]

5-1 五角星的加工
操作演示

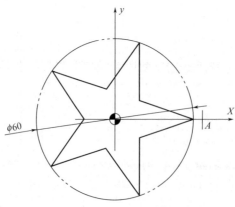

■ 图 5-40　五角星的加工

这了适应不同的数控线切割机床，不同格式的加工程序见表 5-4、表 5-5。根据实际情况在不同的机床对该凸模进行加工。

■ 表 5-4　凸模加工程序单（ 4B 程序格式 ）

序号	B	X	B	Y	B	J	B	R	G	D（DD）	Z	备注
1	B		B		B	10000	B		GX		L3	引入程序段
2	B		B		B	14900	B		GY		L2	
3	B	100	B		B	100	B	100	GX	D	NR1	过渡圆弧
4	B		B		B	14800	B		GX		L3	
5	B		B	100	B	100	B	100	GY	D	NR2	过渡圆弧
6	B		B		B	24900	B		GY		L4	
7	B	15000	B		B	15000	B	15000	GX	D	NR3	
8	B		B		B	20000	B		GX		L1	
9	B		B	15000	B	15000	B	15000	GY	D	NR4	
10	B		B		B	24900	B		GY		L2	
11	B	100	B		B	100	B	100	GX	D	NR1	过渡圆弧
12	B		B		B	14800	B		GX		L3	
13	B		B	100	B	100	B	100	GY	D	NR2	过渡圆弧
14	B		B		B	14900	B		GY		L4	
15	B	10000	B		B	20000	B	10000	GY	DD	SR4	
16			B		B	10000	B		GX		L1	引出程序段

■ 表 5-5　五角星加工 3B 格式程序

B3000	B0	B300	GX	L3
B20730	B6735	B20730	GX	L2
B0	B21796	B21796	GY	L2
B12812	B17634	B17634	GY	L3
B20730	B6735	B20730	GX	L2
B12812	B17634	B17634	GY	L4
B20730	B6735	B20730	GX	L1
B12812	B17634	B17634	GY	L4
B0	B21796	B21796	GY	L2
B20730	B6735	B20730	GX	L1
B3000	B0	B300	GX	L3
MJ				

5.2.3　国际标准 ISO 代码编程

（1）准备功能与辅助功能

电火花线切割数控机床常用的准备功能与辅助功能见表 5-6。

■ 表 5-6　电火花线切割数控机床常用的 ISO 代码

代码	功能	代码	功能	代码	功能
G00	快速定位	G40	取消丝半径补偿	G82	半程移动
G01	直线插补	G41	左边丝半径补偿	G84	微弱放电找正
G02	顺时针圆弧插补	G42	右边丝半径补偿	G90	绝对尺寸
G03	逆时针圆弧插补	G50	消除锥度	G91	增量尺寸
G05	X 轴镜像	G51	锥度左偏	G92	定起点
G06	Y 轴镜像	G52	锥度右偏	M00	程序暂停
G07	X、Y 轴交换	G54	加工坐标系 1	M02	程序结束
G08	X 轴镜像，Y 轴镜像	G55	加工坐标系 2	M05	解除接触感知
G09	X 轴镜像，X、Y 轴交换	G56	加工坐标系 3	M96	调用子程序开始
G10	Y 轴镜像，X、Y 轴交换	G57	加工坐标系 4	M97	调用子程序结束
G11	X 轴镜像，Y 轴镜像，X、Y 轴交换	G58	加工坐标系 5	W	下导轮到工作台面高度
		G59	加工坐标系 6	H	工件厚度
G12	消除镜像	G80	接触感知	S	工作台面到上导轮高度

（2）T 功能

表 5-7 为数控线切割机床常用的 T 功能。

■ 表 5-7　常用 T 代码及功能说明

T 代码	功能	T 代码	功能
T80	电极丝送进	T86	加工介质喷淋
T81	电极丝停止送进	T87	加工介质停止喷淋
T82	加工介质排液	T90	切断电极丝
T83	保持加工介质	T91	电极丝穿丝
T84	液压泵打开	T96	向加工槽送液
T85	液压泵关闭	T97	停止向加工槽送液

（3）C 代码（功能）

C 代码用在程序中选择加工条件，格式为 C×××，C 和数字间不能有别的字符，数字也不能省略，不够三位请用"0"补齐，如 C005。加工条件的各个参数显示在加工条件显示区域中，加工进行中可随时更改。代码加工时各参数状态如表 5-8 所示。

■ 表 5-8　参数状态表

参数号	ON	OFF	IP	SV	GP	V	加工速度 /（mm²/min）	粗糙度Ra / μm
C001	02	03	2.0	01	00	00	11	2.5
C002	03	03	2.0	02	00	00	20	2.5
C003	03	05	3.0	02	00	00	21	2.5
C004	06	05	3.0	02	00	00	20	2.5
C005	08	07	3.0	02	00	00	32	2.5

（4）H 功能

H 代码实际上是一种变量，每个 H 代码代表一个具体的数值，既可根据需要在控制台上输入修正，亦可在程序中用赋值语句对其进行赋值。

赋值格式：H××× = _____（具体数值）；对 H 代码可以作加、减和倍数运算。

（5）关于运算

数控系统支持的运算符有：＋，－，dH×××（d×H×××），d 为一位十进制数。

1）运算符地址　在式子中（地址后所接代码、数据）能够用运算符的地址如表 5-9 所示。

■ 表 5-9　运算符地址

种　　类	地　　址
坐标值	X，Y，Z，U，V，I，J
旋转量	RX，RY
赋值类	H

2）优先级　所谓优先级即执行运算符的先后顺序，数控系统中运算符的优先级如下。

高：dH×××；低：＋，－。

3）运算式的书写　运算符的式长只能在一个段内。

例 1：H000 = 1000；

G90 G01 X1000 ＋ 2H000；　　　X 轴直线插补到 3000μm 处

例 2：H000 = 320；

H001 = 180 ＋ 2H000；H001 等于 820

（6）常用指令简介

1）快速定位指令 G00　G00 指令可使指定的某轴以最快速度移动到指定位置，不进行加工。

其程序段格式为：G00　X__　Y__

注意：如果程序段中有了 G01 或 G02 指令，则 G00 指令无效。

2）直线插补指令 G01　该指令可使机床在各个坐标平面内加工任意斜率的直线轮廓和用直线段逼近的曲线轮廓。

其程序段格式为：G01　X__　Y__

例如，图 5-41 中直线插补的程序段格式为：

G92　X20000　Y20000

G01　X80000　Y80000

目前，可加工锥度的电火花线切割数控机床具有 X、Y 坐标轴及 U、V 附加轴工作台，其程序段格式为：

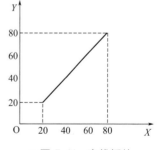

■ 图 5-41　直线插补

G01　X__　Y__　U__　V__

3）圆弧插补指令 G02/G03　G02 为顺时针插补圆弧指令，G03 为逆时针插补圆弧指令。

用圆弧插补指令编写的程序段格式为：

G02　X__　Y__　I__　J__

G03　X__　Y__　I__　J__

程序段中：X、Y 分别表示圆弧终点坐标；I、J 分别表示圆心相对圆弧起点的增量尺

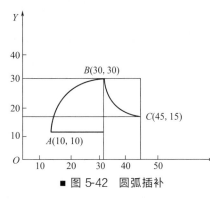

■ 图 5-42 圆弧插补

寸。例如，图 5-42 中圆弧插补的程序段格式为：

```
G92  X10000  Y10000;                起切点 A
G02  X30000  Y30000  I20000  J0;    AB 段圆弧
G03  X45000  Y15000  I15000  J0;    BC 段圆弧
```

4）镜像和交换（G05、G06、G07、G08、G09、G10、G11、G12）　对于加工一些对称性好的工件，利用原来的程序加上上述指令，很容易产生一个与之对应的新程序，如图 5-43 所示。

　　G05（Y 轴镜像）　　　函数关系式：$X=-X$

　　G06（X 轴镜像）　　　函数关系式：$Y=-Y$

G07（X、Y 轴交换）　函数关系式：$X=Y\ Y=X$

G08（X、Y 轴镜像）　函数关系式：$X=-X\ Y=-Y$ 即：G08＝G05＋G06

G09（X 轴镜像，X、Y 轴交换）即：G09＝G05＋G07

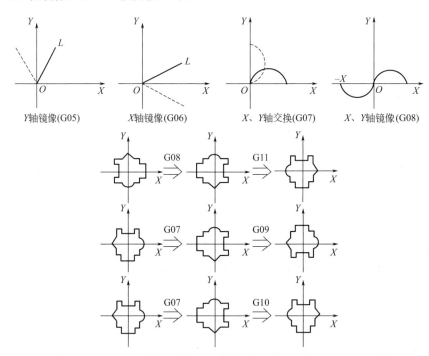

■ 图 5-43 镜像和交换举例

G10（Y 轴镜像，X、Y 轴交换）　即：G10＝G06＋G07

G11（X 轴镜像，Y 轴镜像，X、Y 轴交换）　即：G11＝G05＋G06＋G07

G12（取消镜像）　每个程序镜像结束后都要加上该指令。

【例 5-4】　要在一个毛坯上加工如图 5-44 所示两个相同的凸模，可以利用镜像加工编程指令进行编程。程序如下（图 5-45）：

```
G05;
G92 X0 Y0;
G01 X2000 Y0;
G01 X2000 Y2000;
G01 X4000 Y2000;
```

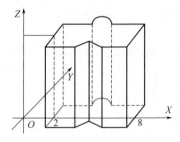

■ 图 5-44 源程序立体图

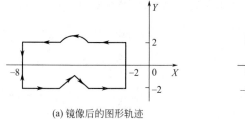

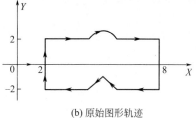

(a) 镜像后的图形轨迹　　　　　　　　(b) 原始图形轨迹

■ 图 5-45　镜像编程

```
G02 X6000 Y2000 I1000 J0;
G01 X8000 Y2000;
G01 X8000 Y-2000;
G01 X6000 Y-2000;
G01 X5000 Y-1000;
G01 X4000 Y-2000;
G01 X2000 Y-2000;
G01 X2000 Y0;
G01 X0 Y0;
G12;
M02;
```

5）丝半径补偿（G40、G41、G42）

① G41 为左偏补偿指令，其程序段格式为：　　G41　D ＿

② G42 为右偏补偿指令，其程序段格式为：　　G42　D ＿

程序段中的 D 表示间隙补偿量，而不是补偿号，其计算方法与前面的方法相同。

注意：左偏、右偏是沿加工方向看，电极丝在加工图形左边为左偏；电极丝在加工图形右边为右偏，如图 5-46 所示。

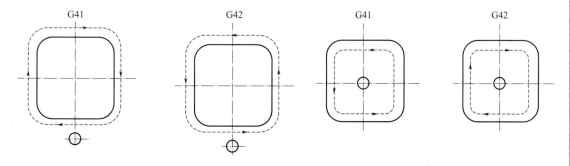

■ 图 5-46　丝半径补偿

例如：

```
G92 X0 Y0;
G41 D100;
G01 X5000 Y0;
G40;
G01 X0 Y0;
```

【例 5-5】　采用丝半径补偿加工简单图形——线切割加工正方形，如图 5-47 所示。其程序为：

```
G92 X0 Y0;
```

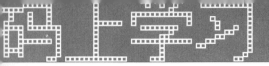

```
G41 D100;
G01 X5000 Y0;
G01 X5000 Y5000;
G01 X15000 Y5000;
G01 X15000 Y-5000;
G01 X5000 Y-5000;
G01 X5000 Y0;
G40;
G01 X0 Y0;
M02;
```

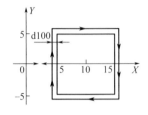

■ 图 5-47 采用丝半径左补
偿线切割加工正方形

提示

① 此例加工的零件为凸模。

② 采用丝半径补偿切割时，进刀线和退刀线不能与程序的第一条边或最后一条边重合或平行。切多边形时，进刀线应该选择 45°方向或垂直进刀，如果选择平行或重合或极小角度进刀，则容易出错。

【例 5-6】　完成图 5-48 所示复合模零件的加工。毛坯尺寸 80mm×80mm×10mm，材料 45 钢。

① 编写加工程序。确定穿丝孔位置，如图 5-49 所示，走丝顺序为 $A→1→2→3→4→1$ $→A→B→5→6→7→8→9→5→B$。

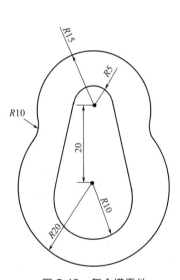

■ 图 5-48 复合模零件

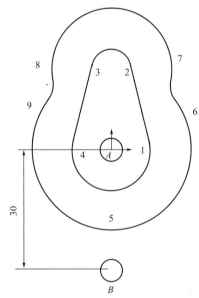

■ 图 5-49 穿丝孔位置图

根据图样，编制程序如下：

```
G92 X0 Y0;                              定位起割点 A
G01 X9682 Y2500;                        A→1(通过机床后置设置进行间隙补偿)
G01 X4841 Y21250;                       1→2
G03 X- 4841 Y21250 I- 4841 J- 1250;     2→3
```

```
G01 X- 9682 Y2500;                      3→4
G03 X9682 Y2500 I- 9682 J- 2500;        4→1
G01 X0 Y0;                              1→A（返回起割点 A）
M00;                                    程序暂停
G01 X0 Y- 30000;                        A→B（定位起割点 B）
C01 X0 Y- 20000;                        B→5（通过机床后置设置进行间隙补偿）
G03 X16536 Y11250 I0 J20000;            5→6
G02 X14882 Y18125 I8268 J5625;          6→7
G03 X- 14882 Y18125 I- 14882 J1875;     7→8
G02 X- 16536 Y11250 1- 8047 J- 1250 ;   8→9
G03 X0 Y- 20000 I0 J- 11250;            9→5
G01 X0 Y- 30000;                        返回起割点 B
M02;                                    程序结束
```

5-2 复合模零件的加工操作演示

② 加工工件 ［二维码 **5-2**］

a. 将工件装夹到工作台上并找正，如图 5-50 所示。

b. 将丝架移动到穿丝孔上方，电极丝从穿丝孔中穿过，如图 5-51 所示。

■ 图 5-50　工件装夹

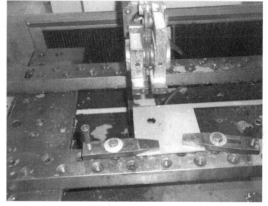

■ 图 5-51　从穿丝孔穿过电极丝

c. 输入凹模间隙补偿值，先加工工件内部轮廓，如图 5-52 所示。

d. 内部轮廓加工结束后，将电极丝抽出，如图 5-53 所示。

■ 图 5-52　加工内部轮廓

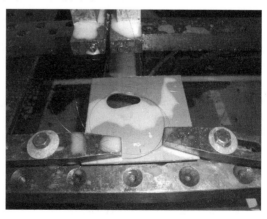

■ 图 5-53　抽出电极丝

■ 图 5-54 加工工件外部轮廓

e. 移动位置后，输入凸模间隙补偿值，加工工件外部轮廓，如图 5-54 所示。

f. 完成零件加工，关闭机床，清理机床并加油保养。

6）锥度加工（G50、G51、G52）

① 指令。线切割加工带锥度的零件一般采用锥度加工指令，G51 为锥度左偏加工指令，G52 为锥度右偏加工指令，G50 为取消锥度加工指令。这是一组模态加工指令，缺省状态为 G50。按顺时针方向进行切割加工时，采用 G51（锥度左偏）指令加工出来的零件为上大下小，如图 5-55（a）所示；采用 G52（锥度右偏）指令加工出来的工件为上小下大，如图 5-55（b）所示。按逆时针方向进行切割加工时，采用 G51（锥度左偏）指令加工出来的工件为上小下大，如图 5-55（c）所示；采用 G52（锥度右偏）指令加工出来的工件为上大下小，如图 5-55（d）所示。

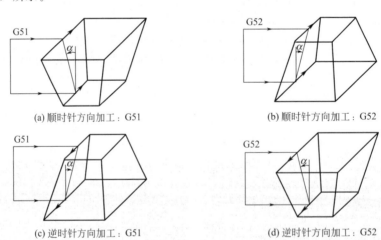

(a) 顺时针方向加工：G51   (b) 顺时针方向加工：G52

(c) 逆时针方向加工：G51   (d) 逆时针方向加工：G52

■ 图 5-55 镀锥加工指令的意义

格式：

G52 A____；

G50；

② 锥度加工的条件。进行锥度线切割加工，首先必须输入下列参数：

上导轮中心到工作台面的距离 S。

工作台面到下导轮中心的距离 W。

工件厚度 H。如图 5-56 所示。

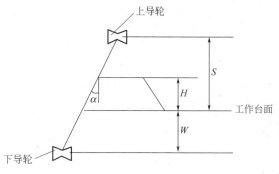

■ 图 5-56 锥度线切割加工中的参数定义

工厂经验：

a. 锥度加工的建立和退出过程如图 5-57 所示，建立锥度加工（G51 或 G52）和退出锥度加工（G50）程序段必须是 G01 直线插补程序段，分别在进刀线和退刀线中完成。

b. 锥度加工的建立是从建立锥度加工直线插补程序段的起始点开始偏摆电极丝，到该程序段的终点时电极丝偏摆到指定的锥度值，如图 5-57（a）所示。图中的程序面为待加工工件的下表面，与工作台面重合。

c. 锥度加工的退出是从退出锥度加工直线插补程序段的起始点开始偏摆电极丝，到该程序段的终点时电极丝摆回 0°值（垂直状态），如图 5-57（b）所示。

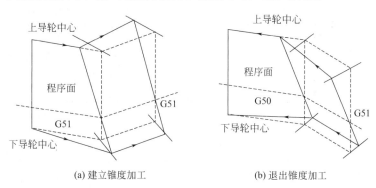

(a) 建立锥度加工　　　　　(b) 退出锥度加工

■ 图 5-57 锥度加工的建立和退出

锥度加工与上导轮中心到工作台面的距离 S、工件厚度 H、工作台面到下导轮中心的距离 W 有关。进行锥度加工编程之前，要求给出 W、H、S 值，如图 5-58 所示。

格式：

```
G92 X0 Y0;
W60000;
H40000;
S100000;
G52 A4;
……
G50;
M02;
```

【例 5-7】 线切割加工带锥度的正方棱锥体工件，如图 5-58所示。其程序为：

```
G92 X0 Y0;
```

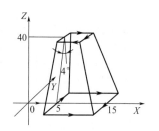

■ 图 5-58 线切割加工带锥度的正方棱锥体

```
W60000;
H40000;
S100000;
G52 A4;
G01X5000 Y0;
G01X5000 Y5000;
G01X15000 Y5000;
G01X15000 Y-5000;
G01X5000 Y-5000;
G01X5000 Y0;
G50;
G01 X0 Y0;
M02;
```

注意：对于方锥，由于棱角是一个复合角，如果复合角大于6°时，将不能加工。

【例 5-8】　采用丝半径补偿线切割加工带锥度的复杂工件如图5-59所示。其程序为：

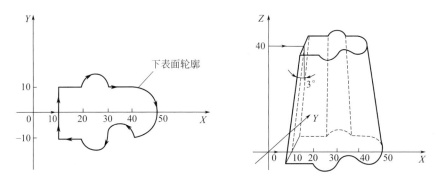

■ 图 5-59　采用丝半径补偿线切割加工带锥度的复杂工件

```
G92 X0 Y0;
W60000;
H40000;
S100000;
G52 A3;
G41 D100;
G01 X10000 Y0;
G01 X10000 Y10000;
G01 X20000 Y10000;
G02 X30000 Y10000 I5000 J0;
GO1 X40000 Y10000;
G02 X40000 Y-10000 I0 J-10000;
G03 X30000 Y-10000 I-5000 J0;
G02 X20000 Y-10000 I-5000 J0;
G01 X10000 Y-10000;
G01 X1O000 Y0;
G50;
G40;
G01 X0 Y0;
M02;
```

7）工件坐标系（G54、G55、G56、G57、G58、G59、G92） G92 为定起点坐标指令。G92 指令中的坐标值为加工程序的起点的坐标值，其程序段格式为：

```
G92  X__  Y__
```

例如，加工图 5-60 中的零件，按图样尺寸编程。

用 G90 指令编程：

A1;				程序名
N01	G92	X0	Y0;	确定加工程序起点 O 点
N02	G01	X10000	Y0;	O→A
N03	G01	X10000	Y20000;	A→B
N04	G02	X40000	Y20000 I15000 J0;	B→C
N05	G01	X30000	Y0;	C→D
N06	G01	X0	Y0;	D→O
N07	M02;			程序结束

用 G91 指令编程：

A2;				程序名
N01	G92	X0	Y0;	
N02	G91	;		
N03	G01	X10000	Y0;	
N04	G02	X0	Y20000;	
N05	G01	X30000	Y0 I15000 J0;	
N06	G01	X-10000	Y-20000;	
N07	G01	X-30000	Y0;	
N08	M02;			

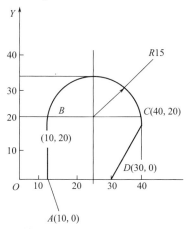

■ 图 5-60 零件图样

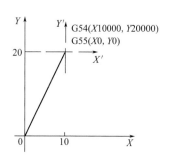

■ 图 5-61 工件坐标系

在采用 G92 设定起始点坐标之前，可以用 G54～G59 选择坐标系，如图 5-61 所示。

```
G92 X0 Y0;
G54;
G00 X10000 Y20000;
G55;
G92 X0 Y0;
```

如果不选择工件坐标系，则当前坐标系被自动设定为本程序的工件坐标系。

8）上下异形件的线切割加工 不同品牌的机床，上下异形件线切割加工指令可能不同，

下面分别介绍苏三光线切割　机床和北京阿奇夏米尔线切割机床的上下异形件线切割加工指令。

① 苏三光线切割机床。

G141：上下异形允许。

G140：上下异形取消。

举例：

```
G91 G92 X0 Y0：
C004：
G01   Y-6000：
M00：
G01 Y-200：
H000：
T84；
C000：
M98 P100,L1：
M02；
N100；
G01 Y-1000；
G141；
G02 X10.  Y-10.  I0 J-10.：      G01 X10.  Y-10.；
X-10.  Y-10.  I-10.：            X-10.  Y-10.；
X-10.  Y10.  J10.：              X-10.  Y10.；
X10.  Y10.  I10：                X10.  Y10.；
G140；
M99；
```

根据上述 ISO 代码程序：加工出的工件是一个上面为方，下面为圆的形状，如图 5-62 所示。

② 北京阿奇夏米尔线切割机床。

G61：上下异形允许。

G60：上下异形取消。

上下异形打开时，不能用 G50、G51、G52 等代码。上下形状代码的区分符为"："，"："左侧为下面形状，"："右侧为上面形状。

举例：

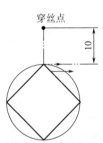

■ 图 5-62 上下异形件

```
G92 X0 Y0 U0 V0：
C010 G61；
G01 X0 Y10.：      G01 X0 Y10.：
G02 X-10. Y20. J10.：G01 X-10. Y20.；下面是直径 φ20mm 的圆，上面是其内接正方形
X0 Y30. I10.：       X0 Y30.；
X10. Y20.  J-10.：   X10. Y20.；
X0 Y10.  I-10.：     X0 Y10.；
G01 X0 Y0：         G01 X0 Y0：
G60；
M02；
```

9）接触感知（G80） 利用接触感知 G80 指令，可以使电极丝从当前位置，沿某个坐标轴运动，接触工件，然后停止。该指令只在"手动"加工方式时有效。

10）半程移动（G82） 利用半程移动 G82 指令，使电极丝沿指定坐标轴移动指令路径一半的距离。该指令只在"手动"加工方式时有效。

11）校正电极丝（G84） 校正电极丝 G84 指令的功能是通过微弱放电校正电极丝，使之与工作台垂直。在进行加工之前，一般要先进行校正。此功能有效后，开丝筒、高频钼丝接近导电体会产生微弱放电。该指令只在"手动"加工方式时有效。

12）程序暂停（M00） 执行 M00 以后，程序停止，机床信息将被保存，按"回车"键继续执行下面的程序。

13）程序结束（M02） 主程序结束，加工完毕，返回菜单。

14）接触感知解除（M05） 解除接触感知 G80。

15）子程序调用（M96） 调用子程序。

格式：M96 SUBl. 调用子程序 SUBl，后面要求加圆点。

16）子程序结束（M97） 主程序调用子程序结束。

【例 5-9】 子程序调用编程如图 5-63 所示。其程序为：

程序①（主程序）

G90;

G54;

G92 X0 Y0;

G00 X10000 Y10000;

MOO;

M96 B:TUl11. ;

MOO;

G54;

G00 X50000 Y20000;

MOO;

M96 B:TUl12. ;

MOO;

G54;

G00 X70000 Y-13000;

MOO;

M96 B:TUl13. ;

M97;

M02;

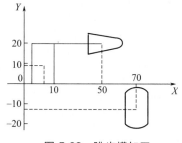

■ 图 5-63 跳步模加工

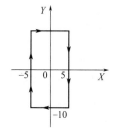

■ 图 5-64 第一个图形 TU111

子程序①（程序名 TU111）／＊加工第一个图形：四方形凹模，如图 5-64 所示

G55;

G92 X0 Y0;

G01 X-5000 Y0;

G01 X-5000 Y10000;

G01 X5000 Y10000;

G01 X5000 Y-10000;

G01 X-5000 Y-10000;

G01 X-5000 Y0;

G00 X0 Y0;

M02;

子程序②（程序名 TU112）/＊加工第二个图形，如图 5-65 所示

G55;

G92 X0 Y0;

G01 X-5000 Y0;

G01 X-5000Y-5000;

G01 X5590 Y-2429;

G03 X7500 Y0 I-590 J2429;

G03 X5590 Y2429 I-2500 J0;

G01 X-5000 Y5000;

G01 X-5000 Y0;

COO X0 Y0;

M02;

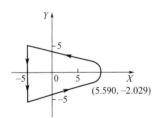

■ 图 5-65　第二个图形 TU112

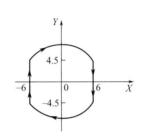

■ 图 5-66　第三个图形 TU113

子程序③（程序名 TU113）/＊加工第三个图形，如图 5-66 所示

G55;

G92 X0 Y0;

G01 X6000 Y0;

G01 X6000 Y-4500;

G02 X-6000 Y-4500 I-6000 J4500;

G01 X-6000 Y4500;

G02 X6000 Y4500 I6000 J-4500;

G01 X6000 Y0;

G00 X0 Y0;

M02;

【例 5-10】　图 5-67 中的凹模锥度加工指令的程序段格式为"G51　A0.5"。加工前还需输入工件及工作台面参数指令 W、H、S。

用绝对坐标和相对坐标两种方式编写如图 5-68 所示的凸模加工程序，切入长度为 10mm，间隙补偿量 $\Delta R = 0.1$mm。

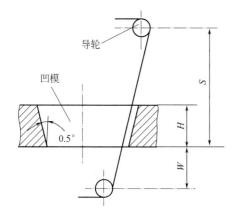

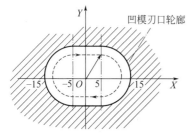

■ 图 5-67 凹模锥度加工

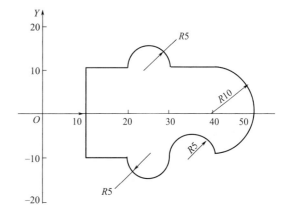

■ 图 5-68 凸模加工

按绝对坐标方式编程，程序为：

G92 X0 Y0;	起始点坐标
G41 D100;	左侧补偿，$\Delta R = 0.1$
G01 X10000;	直线，切入长度10mm
Y10000;	直线，终点(10,10)
X20000;	直线，终点(20,10)
G02 X30000 Y10000 I5000 J0;	顺圆，终点坐标为(30,10)，圆心对起点坐标为(5,0)
G01 X40000 Y10000;	直线，终点(40,10)
G02 X40000 Y-10000 I0 J-1000;	顺圆，终点为(40,-10)，圆心对起点为(0,-10)
G03 X30000 Y-10000 I-5000 J0;	逆圆，终点为(30,-10)，圆心对起点为(-5,0)
G02 X20000 Y-10000 I-5000 J0;	顺圆，终点为(20,-10)，圆心对起点为(-5,0)
G01 X10000 Y-10000;	直线，终点为(10,-10)
Y0;	直线，终点为(10,0)
G40;	消除补偿
G01 X0 Y0;	直线，回起始点
M02;	结束

按增量坐标方式编程，程序为：

G92 X0 Y0;	起始点(0,0)
G91;	增量坐标
G41 D100;	左侧补偿，$f = 0.1$mm
G01 X10000;	直线，切入长度10mm
Y10000;	直线，Y正向走10mm
X10000;	直线，X正向走10mm
G02 X10000 Y0 I5000 J0;	顺圆，终点对起点(10,0)，圆心对起点坐标为(5,0)
G01 X10000 Y0;	直线，X正向走10mm

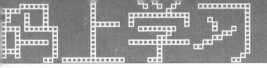
```
G02  X0  Y-20000  I0  J-10000;         顺圆,终点对起点(0,-20),圆心对起点(0,-10)
C03  X-10000 Y0  I-5000  J0;           逆圆,终点对起点(-10,0),圆心对起点(-5,0)
G02  X-10000 Y0  I-5000  J0;           顺圆,终点对起点(-10,0),圆心对起点(-5,0)
G01  X-10000  Y0;                      直线,X 负向走 10mm
     Y10000;                           直线,Y 正向走 10mm
     G40                               消除补偿
G01  X-10000;                          直线,X 负向走 10mm,回起始点
     M02                               结束
```

5.2.4 慢走丝线切割的多次切割

线切割多次切割加工首先采用较大的电流和补偿量进行粗加工,然后逐步用小电流和小补偿量一步一步精修,从而得到较好的加工精度和光滑的加工表面。目前慢走丝线切割加工普遍采用多次切割加工工艺,快走丝多次切割加工技术也正在探讨之中,市场上销售的中走丝线切割机床实质上就是采用多次切割加工工艺的快走丝线切割机床。

（1）常见加工条件参数

以苏三光慢走丝线切割机床为例,说明慢走丝线切割加工中常用的加工条件参数（见表5-10）,不同企业的机床可能有部分不同。

1）ON（放电脉宽时间） 此参数设定脉冲施加的时间（在极间施加电压的时间）。数值越大,施加电压的时间越长,能量也越大。

2）OFF（放电脉间时间） 此参数设定脉冲停止的时间（在极间不施加电压的时间）。数值越大,停止的时间也越长,能量也越小。

3）IP（放电电流峰值） 此参数设定放电电流的最大值。一个脉冲能量的大小,基本上由 IP、V 和 ON 来决定。设定范围为 0~17,其值越小,断丝可能性越小,但加工效率和加工电流会降低。

粗加工时：IP=16 或 17；精加工时：IP=0~15,16。

■ 表 5-10 常用慢走丝加工条件参数

加工条件参数	功　能	加工条件参数	功　能
ON	放电脉宽时间	V	主电源电压
OFF	放电脉间时间	SF	伺服速度
IP	放电电源峰值	C	极间电容回路
HP	辅助电源回路	WT	电极丝张力
M,A	脉间调整	WS	电极丝速度
SV	伺服基准电压	—	—

4）HP（辅助电源回路） 此参数设定加工不稳定时放电脉宽时间,其设定值不能比 ON 大,设定范围为 0~9。其值越小,断丝可能性越小,但加工效率和加工电流会降低。

5）M、A（脉间调整） M 设定加工过程中的检测电平,设定范围为 0~9；A 设定加工不稳定时的放电脉间时间,设定范围为 0~9。

M、A 的值越大,加工越稳定,不容易断丝,但加工效率会降低。

6）SV（伺服基准电压） 此参数设定电极丝和工件之间的加工电压。设定值越大,平均电压越高,加工越稳定,但随着间隙的扩大,加工效率下降。

7）V（主电源电压） V 与 IP、ON 共同决定脉冲的能量。粗加工时为 03,精加工或细电极丝加工时为 00～02。

8）SF（伺服速度）　伺服速度是指为保证极间电压而设定台面空载的移动速度。

（2）凹模的多次线切割加工工艺

下面以沙迪克 MARK21 型线切割机床的慢走丝程序（工作液：煤油）来说明凹模的多次线切割加工工艺。

```
(       ON  OFF  IP   HRP  MA   SV   V   SF  C  WT    WS   WC):
C001=  003  015  2015  112  480  090  8  0020  0  009  000  000
C002=  002  014  2015  000  490  073  5  4025  0  000  000  000
C003=  001  010  1015  000  490  072  3  4030  0  000  000  000
C004=  000  006  0030  000  110  072  1  4030  0  000  000  000
C005=  000  005  0007  000  110  071  1  4035  0  000  000  000
C901=  000  005  0015  000  000  000  8  2060  0  000  000  000
C911=  000  005  0015  000  000  000  7  2050  0  000  000  000
C921=  000  005  0015  000  000  000  6  0050  0  000  000  000
H000= + 000000000   H001= + 000001960   H002= + 000001530:
H003= + 000001430   H004= + 000001370   H005= + 000001340:
H006= + 000001330   H007= + 000001305   H008= + 000001285:
N000(MAIN PROGRAM);
G90;
G54;
G92 X0 Y0Z0;
G29;          设置当前点为主参考点
T84;          高压喷流
C001 WS00 WT00;
G01Y4500;
C001   WS00 WT00;
G42 H001;
M98 P0010;
T85;          //关闭高压喷流
C002 WS00   WT00;
G41 H002;
M98 P0030;
C003 WS00 WT00;
G42 H003;
M98 P0020;
C004 WS00 WT00;
G41 H004;
M98 P0030;
C005 WS00 WT00;
G42 H005;
M98 P0020;
C901 WS00 WT00;
G41 H006;
M98 P0030;
C911 WS00 WT00;
G42 H007;
```

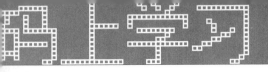
```
M98 P0020;
C921 WS00 WT00;
G41 H008;
M98 P0030;
M02;
N0010(SUB PRO 1/G42);
G01 Y5000;
G02 X0 Y5000 J-5000;
M00;      //圆孔中的废料完全脱离工件本体,提示操作者查看废料是否掉在喷嘴上或是否与电极丝接
```
触,以便及时处理,避免断丝;若处于无人加工状态,则应删掉。
```
M00;
G40 C01 Y4500;
M99;
N0020(SUB PRO 2/G42);
G01 Y5000;
G02 Y5000 J-5000;
G40 G01 Y4500;
M99;
N0030(SUB PRO 2/G41);
G01 Y5000;
G03 X0 Y5000 J-5000;
G40 G01 Y4500;
M99;
```

上面的 ISO 代码程序切割的零件形状是一直径为 10mm 的圆孔（见图 5-69、图 5-70），其特点如下。

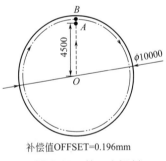

补偿值OFFSET=0.196mm

■图 5-69　第一次切割

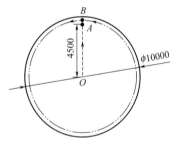

补偿值OFFSET=0.153mm

■图 5-70　第二次切割

① 首先采用较强的加工条件 C001（电流较大、脉宽较长）来进行第一次切割，补偿量大，然后采用较弱的加工条件逐步进行精加工，电极丝的补偿量依次逐渐减小。

② 相邻两次的切割方向相反，所以电极丝的补偿方向相反。如第一次切割时，电极丝的补偿方向为右补偿 G42，第二次切割时电极丝的补偿方向为左补偿 G41。

③ 在多次切割时，为了改变加工条件和补偿值，需要离开轨迹一段距离，这段距离称之为脱离长度。如图 5-69、图 5-70 所示，穿丝孔为 O 点，轨迹上的 B 点为起割点，AB 的距离为脱离长度。脱离长度一般较短，目的是为了减少空行程。

④ 本程序采用了 8 次切割。具体切割的次数根据机床、加工要求来确定。

（3）凸模的线切割多次加工工艺

用同样的方法来切割凸模（或柱状零件），如图5-71（a）所示，则在第一次切割完成时，凸模（或柱状零件）就与工件毛坯本体分离，第二次切割时将切割不到凸模（或柱状零件）。所以在切割凸模（或柱状零件）时，大多采用图5-71（b）所示的方法。

如图5-71（b）所示，第一次切割的路径为 $O \to O_1 \to O_2 \to A \to B \to C \to D \to E \to F$，第二次切割的路径为 $F \to E \to D \to C \to B \to A \to O_1 \to O_2$，第三次切割的路径为 $O_1 \to O_2 \to A \to B \to C \to D \to E \to F$。这样，当 $O_2 \to A \to B \to C \to D \to E$ 部分加工好，O_2E 段作为支撑段尚未与工件毛坯分离。O_2E 段的长度一般为 AD 段的 $1/3$ 左右，若太短了则支撑力可能不够。在实际中可采用的处理最后支撑段的工艺方法很多，下面介绍常见的几种。

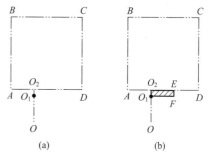

■ 图5-71 凸模多次切割

① 首先沿 O_1F 切断支撑段，在凸模（或柱状零件）上留下一凸台，然后再在磨床上磨去该凸台。这种方法应用较多，但对于圆柱等曲边形零件则不适用。

② 在以前的切缝中塞入铜丝、铜片等导电材料，再对 O_2E 边多次切割。

③ 用一狭长铁条架在切缝上面，并将铁条用金属胶接在工件和坯料上，再对 O_2E 边多次切割。

5.3 数控线切割机的计算机辅助编程

线切割技术正朝着现代化、智能化方向发展，线切割加工中的科学技术含量越来越高，计算机技术在线切割行业得到越来越广泛的应用。

5.3.1 计算机辅助编程及软件简介

（1）计算机辅助编程的特点

计算机辅助编程是指在计算机及相应软件系统的支持下，自动生成数控程序的过程。计算机辅助编程功能编出的程序还可通过计算机或自动绘图仪进行刀具运动轨迹检查，编程人员可以及时检查程序是否正确，并及时修改。

（2）计算机辅助编程软件简介

现已有多款线切割编程软件可提供快速、高效、高品质的数控编程代码。例如，美国CNC Software 公司开发的基于 PC 平台的 MasterCAM Wire，以 AutoCAD 为平台、在慢走丝系统中应用较广的统赢 PressCAD、统达 TwinCAD，软件兼容性好、普及率较高的 Autop，功能完备的 Ycut＋Auto3B，基于 Windows 平台、高兼容性的 KuCut，以及在高校中普及率较高的 CAXA 线切割。

这些编程软件有些专为线切割加工开发，有些则采用模块式设计。例如，集二维绘图、三维曲面及实体设计、数控计算机辅助编程及加工模拟于一体的 MasterCAM 软件，是以三维图形设计 Design 为基础模块，添加线切割编程及加工功能的 Wire 模块，由 Design 模块来实现设计（CAD）部分，Wire 模块来实现加工（CAM）部分。CAXA 线切割则是北航海尔开发的具有完全自主知识产权的 CAXA 系列软件之一，它的图形绘制部分由 CAXA 电子图板完成，在此基础上添加线切割功能模块完成轨迹绘制及代码生成功能。

5.3.2 CAXA线切割计算机辅助编程介绍

CAXA 线切割由北航海尔自主开发，全中文界面，适应中国人的思维方式，使用方便，

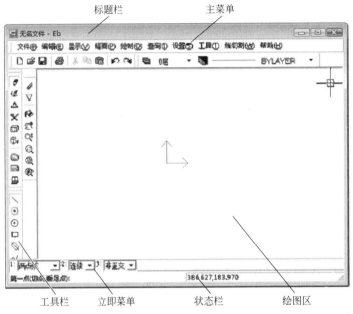

具有绘图设计、加工代码生成、联机通信、仿真加工等功能，集图样设计和代码编程于一体。

启动CAXA线切割软件就进入CAXA线切割绘图工作界面，如图5-72所示。它主要包括标题栏、菜单系统、工具栏、状态栏等部分，屏幕中间为绘图区。

标题栏　　　　　　　　主菜单

工具栏　　立即菜单　　　　状态栏　　　绘图区

■ 图 5-72　CAXA 线切割绘图工作界面

（1）标题栏

标题栏位于窗口最上端，显示当前文件的文件名及当前软件版本。如图5-73所示。

D:\对刀样板.exb - Eb

■ 图 5-73　标题栏

（2）菜单系统

菜单系统包括主菜单、立即菜单、工具菜单、快捷菜单等。

1）主菜单　主菜单位于窗口顶部，由一行菜单条及其子菜单构成。主菜单的菜单条包括文件、编辑、显示、幅面、绘制、查询、设置、工具、线切割、帮助等项。鼠标单击每项都会出现一个下拉菜单，如图5-74所示。

2）立即菜单　单击绘图工具栏中任一按钮，系统会弹出一个立即菜单。例如，单击绘制直线 \ 按钮，就会弹出如图5-75所示的立即菜单，可以选择直线类型和绘制方式。

3）工具菜单　工具菜单包括点工具菜单和拾取工具菜单两种，如图5-76所示。在绘制状态下需要输入特征点时按下空格键，可调出点工具菜单。在拾取状态下按下空格键，可调出拾取工具菜单。

4）快捷菜单　在不同状态下单击鼠标右键可弹出快捷菜单。例如，拾取某个图形元素后单击右键，出现如图5-77所示的快捷菜单。

（3）工具栏

如图5-78所示，工具栏中的每一个按钮对应一个菜单中的命令。鼠标在按钮图标上停留片刻，系统将出现该按钮的功能提示。单击按钮时，开始执行相应的操作功能。系统默认

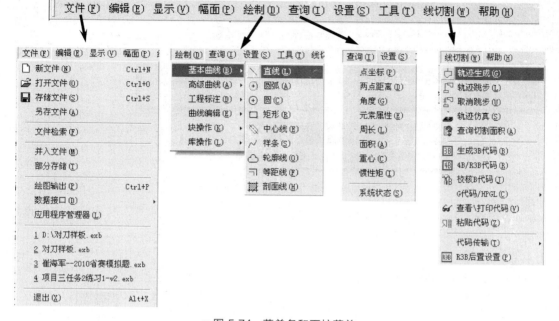

■ 图 5-74　菜单条和下拉菜单

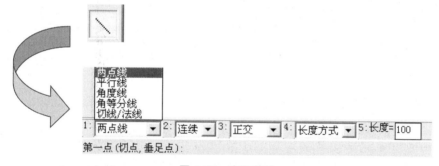

■ 图 5-75　立即菜单

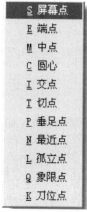

在绘制状态下需要输入特征点时
按下空格键，可调出点工具菜单。

(a) 点工具菜单

在拾取状态下按下空格键，
可调出拾取工具菜单。

(b) 拾取工具菜单

■ 图 5-76　工具菜单

■ 图 5-77　快捷菜单

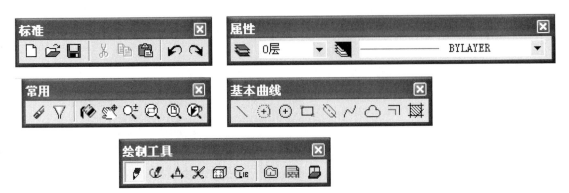

■ 图 5-78 工具栏

显示工具栏为"标准"工具栏、"属性"工具栏、"绘制工具"工具栏等，其他工具栏可通过"设置"→"自定义"选择显示。

（4）状态栏

状态栏位于窗口最底端，如图 5-79 所示，显示系统的当前状态。

■ 图 5-79 状态栏

状态栏共分为 4 个区域，由左至右依次为：

1）命令提示区　提示当前命令的执行情况或用户下一步应进行的操作。

2）当前数值显示区　显示当前元素点坐标或参数。

3）点工具菜单提示区　显示工具菜单的状态，即当前可捕捉的特征点性质或元素拾取方式。

4）点捕捉状态设置区　显示和设置点的捕捉状态，有自由、智能、栅格、导航 4 种状态，可用 F6 键切换。

（5）绘图区

绘图区是指屏幕中间的大面积区域，用于绘图设计和显示图形。

【例 5-11】　采用计算机辅助编程功能，加工如图 5-80 所示的对刀样板。毛坯尺寸为 50mm×30mm×3mm，材料 45 钢。

1）图形绘制［二维码 5-3］

① 打开 CAXA 线切割软件，选择绘制工具→基本曲线→矩形，输入尺寸，绘制 50mm×30mm 的矩形，如图 5-81 所示。

5-3 对刀样板的图形绘制操作

② 选择绘制工具→曲线编辑→平移，设置"给定偏移""拷贝"，复制矩形上边框并向下偏移 10mm，得到凹槽深度线，如图 5-82 所示。

③ 用同样的方法绘制 3 组相距 2mm 的竖直平行线和一条距凹槽深度线 2mm 的平行线，如图 5-83 所示。

④ 选择绘制工具→曲线编辑→裁剪，剪掉多余的线段，如图 5-84 所示。

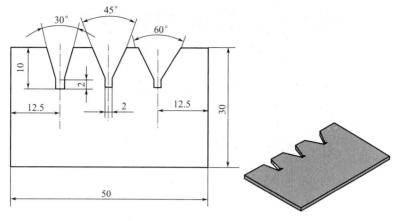

■ 图 5-80　对刀样板

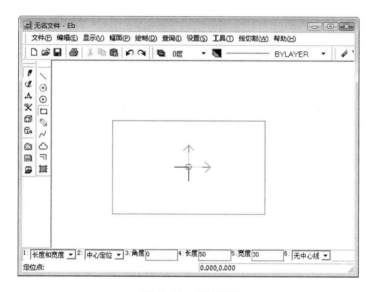

■ 图 5-81　绘制矩形

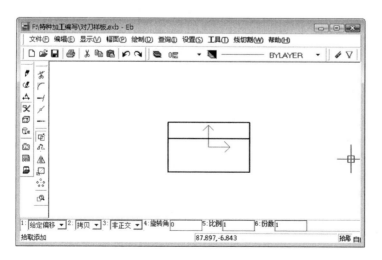

■ 图 5-82　绘制凹槽深度线

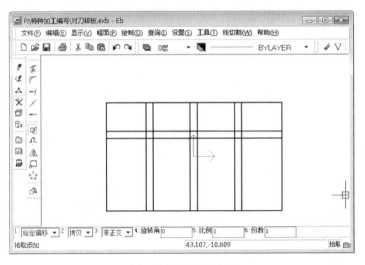

■ 图 5-83　绘制平行线

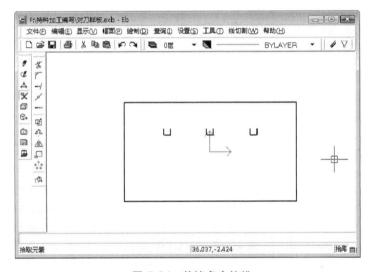

■ 图 5-84　剪掉多余的线

⑤ 选择绘制工具→基本曲线→角度线，输入角度值，绘制角度线，如图 5-85 所示。

⑥ 选择绘制工具→曲线编辑→裁剪，将多余的线段剪掉，即得所需图形，如图 5-86 所示。

2）加工轨迹生成

① 选择"轨迹生成"按钮，填写线切割轨迹生成参数表，如图 5-87 所示。

② 拾取轮廓，输入穿丝点位置，得到加工轨迹，如图 5-88 所示。

3）程序生成［二维码 5-4］

5-4 复合模零件的
加工操作演示

① 根据需要选择生成 3B、4B/R3B、G 代码等文件类型和程序名、保存路径，如图 5-89 所示。

② 选择加工轨迹，如图 5-90 所示。

③ 生成所需代码，如图 5-91 所示。

4）程序校验

① 选择程序校验功能，输入程序名和路径，提取校验程序，如图 5-92 所示。

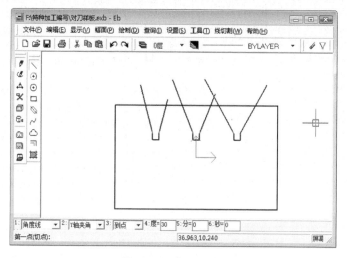

■ 图 5-85 绘制角度线

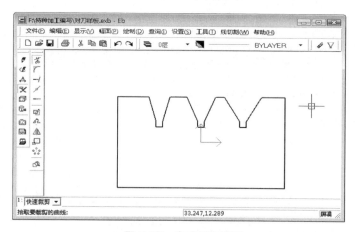

■ 图 5-86 完成所需图形

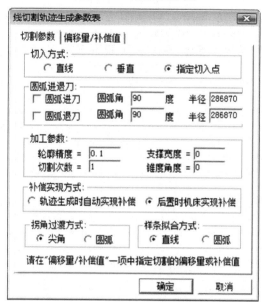

■ 图 5-87 轨迹生成参数表

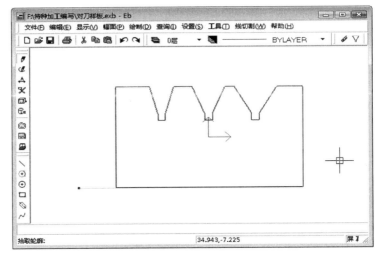

■ 图 5-88 加工轨迹

■ 图 5-89 选择加工代码类型

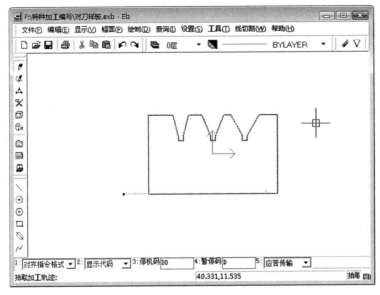

■ 图 5-90 选择加工轨迹

■ 图 5-91 生成所需代码

■ 图 5-92 提取校验程序

② 生成程序轨迹，如图 5-93 所示。

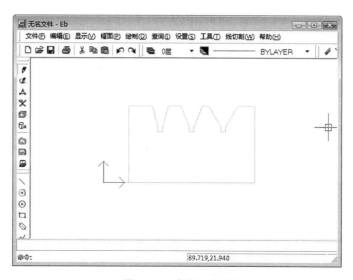

■ 图 5-93 生成程序轨迹

③ 程序校验无误后可输入机床进行加工，若有误则返回修改。

5）注意

① 计算机辅助编程生成的程序和所用机床的兼容性，不同机床兼容的代码格式不同，应保证程序能 被机床正确识别。

② 正式加工前应进行程序校验，确保无误后方可加工。

5.4 数控电火花线切割机床的使用

5.4.1 数控电火花线切割加工的安全技术规程

作为电火花线切割的安全技术规程，可从两方面考虑：一方面是人身安全；另一方面是

设备安全。具体有以下几点。

① 操作者必须熟悉线切割机床的操作技术，开机前应按设备润滑要求，对机床有关部位注油润滑（润滑油必须符合机床说明书的要求）。

② 操作者必须熟悉线切割加工工艺，恰当的选取加工参数，按规定操作顺序操作，防止造成断丝等故障。

③ 用手摇柄操作储丝筒后，应及时将摇柄拔出，防止储丝筒转动时将摇柄甩出伤人。装卸电极丝时，注意防止电极丝扎手。换下来的废丝要放在规定的容器内，防止混入电路和走丝系统中造成电器短路、触电和断丝等事故。注意防止因储丝筒惯性造成断丝及传动件碰撞。为此，停机时，要在储丝筒刚换向后再尽快按下停止按钮。

④ 正式加工工件之前，应确认工件位置已安装正确，防止碰撞线架和因超程撞坏丝杠、螺母等传动部件。对于无超程限位的工作台，要防止超程坠落事故。

⑤ 尽量消除工件的残余应力，防止切割过程中工件爆炸伤人。加工之前应安装好防护罩。

⑥ 机床附近不得放置易燃、易爆物品，防止因工作液一时供应不足产生的放电火花引起事故。

⑦ 在检修机床、机床电器、脉冲电源、控制系统时，应注意适当地切断电源，防止触电和损坏电路元件。

⑧ 定期检查机床的保护接地是否可靠，注意各部位是否漏电，尽量采用触电开关。合上加工电源后，不可用手或手持导电工具同时接触脉冲电源的两输出端（床身与工件），以防触电。

⑨ 禁止用湿手按开关或接触电器部分。防止工作液等导电物进入电器部分，一旦发生因电器短路造成火灾时，应首先切断电源，立即用四氯化碳等合适的灭火器灭火，不准用水救火。

⑩ 停机时，应先停高频脉冲电源，后停工作液，让电极运行一段时间，并等储丝筒反向后再停走丝。工作结束后，关掉总电源，擦净工作台及夹具，并润滑机床。

5.4.2 数控电火花线切割机床的使用规则

数控线切割机床是技术密集型产品，属于精密加工设备，操作人员在使用机床前必须经过严格的培训，取得合格的操作证后才能上机操作。

为了安全、合理、有效地使用机床，要求操作人员必须遵守以下几项规则。

① 对自用机床的性能、结构有较充分的了解，能掌握操作规程和遵守安全生产制度。

② 在机床的允许规格范围内进行加工，不要超重或超行程工作。

③ 经常检查机床的电源线、超程开关和换向开关是否安全可靠，不允许带故障工作。

④ 按机床操作说明书所规定的润滑部位，定时注入规定的润滑油或润滑脂，以保证机构运转灵活，特别是导轮和轴承，要定时检查和更换。

⑤ 加工前检查工作液箱中的工作液是否足够，水管和喷嘴是否通畅。

⑥ 下班后清理工作区域，擦净家具和附件等。

⑦ 定期检查机床电气设备是否受潮和可靠，并清除尘埃，防止金属物落入。

⑧ 遵守定人定机制度，定期维护保养。

5.4.3 数控电火花线切割机床交流稳压电源的使用方法

交流稳压电源是数控线切割机床的重要组成部分。交流电电压的变化，会使加工和控制系统的输出电压幅值不稳定，从而导致加工效果不良；严重时，会使机床电器控制失灵，造成机床运行故障，导致工件报废。配置交流稳压电源，可在一定程度上缓解这类问题。

按相数分，交流稳压电源有单相和三相稳压电源；按稳压原理分，有磁饱和式稳压电源和电子交流稳压电源。目前使用多数是电子交流稳压电源，有各种规格的成品可供选购。数控电火花线切割机床的控制柜多采用 $1 \sim 2kW$ 的单相电子交流稳压电源。

使用电子交流稳压电源之前，应详细阅读其使用说明书，按规定安装、使用交流稳压电源。一般应注意以下几方面。

① 交流稳压电源的输入、输出线除了考虑机械强度、防伤、绝缘之外，还要考虑导线线径有一定裕度。

② 为确保稳压电源正常工作，其负载应小于稳压电源的额定输出功率。不可让交流稳压电源超过规定的连续运行时间。

③ 保证稳压电源的保护接地可靠，符合接地标准。

④ 尽量满足稳压电源对使用环境的要求，例如温度、湿度、海拔高度、腐蚀性气体及液体、导轨尘埃等。

⑤ 稳压电源中的保护设施，例如保险丝、过压和欠压保护及过流保护回路的调节元件（如电位器等），不可任意变动与调节。

⑥ 使用中要注意监视稳压电源的工作状态，一旦发现异常现象，应在适当的时间关机，并请专业人员维修，不可自行拆修。

5.4.4 数控电火花线切割机床工作时的注意事项

① 工作台上不能放置工具和其他物品。

② 人站立在机床正对面，其余位置不要站立。

③ 床身与夹具不能同时接触，机床的脉冲电压 $70 \sim 110V$。

④ 床身上高频开关打开（上部闭合），只能在调试状态下关闭。

⑤ 不允许 2 人同时操作同一台机床。

⑥ 手控盒操作过程中不可大力拉动电线，以免失灵，使用后一定要放回原处挂好。

⑦ 为了避免电器柜过热，冷却系统必须处于连续工作状态。

⑧ 为了避免直接接触到通电的电线，必须关闭机床防护罩。

⑨ 工件的装夹以方便和稳固为原则，在架设工件时，压紧力以工件不被水冲动为原则，以免造成螺钉滑丝而无法卸除。

⑩ 对丝（电极丝定位）前一定要注意零件的尺寸，防止出现加工时切割到夹具或床身。

⑪ 加工中不能直接用手触摸工件及钼丝，落料时应注意避免料头卡住机头的现象，料头较难取出时要小心设备和手指，以免受到伤害。

⑫ 加工过程中一定要注意观察，防止出现意外，一旦出现紧急情况，立即按下急停按钮。

⑬ 加工后应注意勤洗手，特别在用餐前应洗净双手，避免杂质较多的加工液摄入，危害身体。

5.4.5 数控电火花线切割机床的基本操作步骤

（1）高速走丝数控电火花线切割机床的通电操作

1）开关机　正确开机、关机是使用机床的第一步。

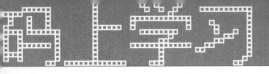

① 开机操作［二维码5-5］

5-5 数控线切割机床的开机操作

a. 确认各电气箱、柜的门已关闭后。检查机床各部件状态及各控制开关位置。

b. 打开电源空气开关（见图5-94）。

c. 拉起急停按钮，按下启动按钮（见图5-95）。

d. 检查工作台行程限位开关、储丝筒的换向开关及急停开关是否安全可靠。

■ 图5-94　电源空气开关

■ 图5-95　启动按钮和急停按钮

② 关机操作［二维码5-6］

5-6 数控线切割机床的关机操作

a. 调整机床各部件到达合适位置，如图5-96所示。

■ 图5-96　调整机床各部件到达合适位置

b. 按下急停按钮。

c. 关闭电源空气开关。

2）启动/停止储丝筒　将储丝筒的换向开关及急停开关的撞块调至适当位置，按储丝筒启动按钮，储丝筒运行正常；停机时，要等储丝筒刚换向后，再按下储丝筒停止按钮。

3）启动/停止工作液泵　将上下水嘴阀门置于开的位置，但不能置于最大的位置，按下工作液启动按钮，此时工作液泵启动，上下水嘴有工作液流出，调整上下水嘴阀门，工作液的流量有明显变化。停止工作液泵时，按下工作液停止按钮。

4）启动/停止数控系统　按数控系统的启动按钮，数控系统得电并进入自检状态。自检结束后将功放开关闭合，手动正反方向运行X、Y（带锥度切割的机床也要运行U、V）拖板。停止时，按数控系统的停止按钮即可。

5）启动/停止脉冲电源（高频电源）　按脉冲电源启动按钮，脉冲电源风扇转动，电压表有电压指示。停止时，按脉冲电源的停止按钮即可。脉冲电源除在机床操作面板上有电源开关外，其本身也有电源开关。

5-7 数控线切割机床手控盒操作

加工时，上电操作顺序为：闭合电源总开关→启动数控系统→启动储丝筒→启动工作液泵→启动脉冲（高频电源）电源。

（2）手控盒的操作［二维码5-7］

手控盒可控制电极丝启停、工作液开关、工作台移动等项目，图5-97所示为线切割机床手控盒。手控盒的操作见表5-11。

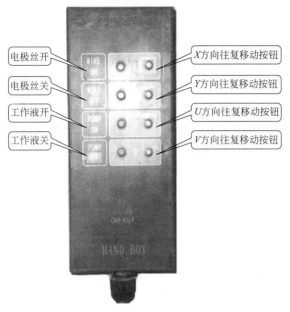

■ 图 5-97　线切割机床手控盒

■ 表 5-11　手控盒的操作

步　　骤	观　　察
分别按下 X 方向"＋…""－"按钮	工作台运动方向
分别按下 Y 方向"＋…""－"按钮	工作台运动方向
按下"电极丝开、关"按钮	电极丝启停情况
按下"工作液开、关"按钮	工作液泵运转及工作液供给情况

注意：

① 按照所需动作顺序依次按下按钮，不可同时按住不同按钮，避免不必要的损伤。

② 多数机床设定按下"电极丝开"按钮后"工作液开"按钮才有效，按下"工作液关"按钮时"电极丝关"按钮自动生效。如果没有本设定的机床，在操作时应先开走丝电动机，待电极丝运动后再打开工作液开关，利用导轮旋转离心力防止工作液进入导轮轴承造成损伤。同理，停止时先关工作液开关再关走丝电动机。

（3）储丝筒的调节

1）储丝筒的调节步骤　储丝筒是储存电极丝的部件，工作时由电动机带动储丝筒旋转实现电极丝的运转。储丝筒的动作受储丝筒启停按钮、行程开关、速度调节器和手控盒上的电极丝启停开关控制。图 5-98 所示为储丝筒和行程开关、图 5-99 所示为储丝筒启停按钮、图 5-100 所示为储丝筒速度调节器。储丝筒的调节操作见表 5-12。

2）储丝筒的调节注意事项

① 储丝筒运转时应注意安全。

② 单人操作时，不可同时按下手控盒和机床侧面的储丝筒启停按钮。

（4）上丝［二维码 5-8］

① 上丝操作准备。准备好 $\phi0.18$ mm 钼丝、螺钉旋具等，如图 5-101 所示。

将钼丝从包装中取出，去掉封纸，理出线头，注意防止钼丝缠绕、打结，如图 5-102 所示。

5-8 线切割机床的上丝操作

211

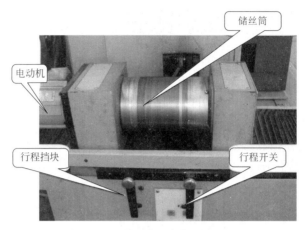

■ 图 5-98　储丝筒和行程开关

■ 图 5-99　储丝筒启停开关

■ 图 5-100　储丝筒速度调节器

■ 表 5-12　储丝筒的调节操作

步　骤	内　容
用手控盒启动储丝筒	观察储丝筒运转情况
调节储丝筒行程开关	观察储丝筒换向情况
用机床侧面的启停按钮启动、停止储丝筒运转	观察储丝筒运转情况
调节储丝筒速度调节旋钮	观察储丝筒运转速度变化情况

■ 图 5-101　线切割钼丝与螺钉旋具

■ 图 5-102　取出钼丝

② 上丝操作步骤见表 5-13。

■ 表 5-13 上丝操作步骤

步骤	说　明	图
1	接通电源,关闭断丝保护,打开滚丝筒防护罩	
2	将旧丝取下[二维码 5-9] 5-9 线切割机床卸丝操作	
3	打开行程保护,将滚丝筒移到最右端	
4	将新钼丝的一端固定到滚丝筒左端的螺钉上。缠绕半圈压紧即可,注意不要留太多的线头	
5	打开立柱防护门,将电极丝挂在与滚丝筒相对的过轮凹槽中	

续表

步骤	说　明	图
6	固定丝盘,并用螺母压紧,调节弹簧强度	
7	打开滚丝筒开关	
8	滚丝筒在电动机的带动下旋转并将电极丝均匀缠绕其上	
9	待电极丝缠绕长度基本达到要求后,关闭电源	
10	取下丝盘	
11	剪断多余电极丝	

③ 上丝注意事项

a. 旧电极丝应单独存放回收，严禁随意丢弃，以防伤人或卡进机床导致故障。

b. 新电极丝固定时缠绕半圈即可，不需太大的压紧力，注意固定螺钉外不要留太多的线头。

c. 用螺母压紧丝盘时应注意方向。

d. 调整储丝筒速度，电极丝缠绕应均匀。

e. 根据使用要求调节要缠绕的电极丝长度。

f. 折断电极丝时，可先将电极丝交叉、打结，再将其拉断。若在加工过程中断丝，则需先用剪刀将断点处修齐再穿丝。

（5）穿丝 ［二维码 **5-10**］

在加工前要先将电极丝绕在惰轮和导轮上，有必要的话还要从工件穿丝孔中穿过，电极丝绕丝顺序如图 5-103 所示。

5-10 数控线切割机床穿丝操作

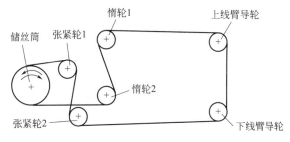

■ 图 5-103　绕丝顺序

① 穿丝操作步骤见表 5-14。

■ 表 5-14　穿丝操作步骤

步骤	说　　明	图
1	由下至上绕过惰轮 2,将电极丝卡在惰轮槽中	惰轮2
2	由左侧绕过惰轮 1,水平向右拉	惰轮1

续表

步骤	说　　明	图
3	拉至右端上线臂导轮处	上线臂导轮
4	由上至下绕过上线臂导轮,将电极丝卡在导轮槽中	导轮槽
5	绕过下线臂导轮,向左拉回	下线臂导轮
6	将电极丝挂在张紧轮上并张紧	张紧轮
7	将穿好的电极丝一段固定在滚丝筒上,掐断多余的丝	拧紧螺钉,固定电极丝
8	旋转滚丝筒,察看穿丝情况,无误即可	

② 穿丝操作注意事项

a. 应严格按图 5-103 所示绕丝顺序进行。

b. 绕丝过程中电极丝应平直，切忌打结、弯折。

c. 电极丝应卡在导轮凹槽中，绕丝过程中电极丝应保持较紧状态，不可轻易回退，防止从凹槽中脱出。

d. 注意导电块及小惰轮也要绕上。

e. 绕过张紧轮时应拉紧电极丝，利用弹簧力将电极丝张紧。

■ 图 5-104　紧丝轮及螺钉旋具

（6）电极丝的调整

加工过程中，电极丝的排列应均匀，松紧应适当，太松容易抖丝影响加工质量，太紧容易断丝。紧丝时要用到紧丝轮。图 5-104 所示为紧丝轮及螺钉旋具。

1）电极丝的张力调整［二维码 5-11］

调整电极丝张力（紧丝）的操作见表 5-15。

5-11 数控线切割机床紧丝操作

■ 表 5-15　调整电极丝张力（紧丝）的操作

步骤	说　明	图
1	将电极丝放入紧丝轮的凹槽中，向斜上方拉紧，保持一定的张力	
2	启动滚丝筒。使整段电极丝逐步被张紧，直至最后	
3	拧开螺钉，将多余电极丝拉出并重新固定，折断多余的丝	

2）电极丝的匀丝　调整储丝筒行程，盖上防护罩空运行几分钟以达到匀丝的目的。

3）电极丝的张力调整注意事项

① 保持电极丝张力适中。

② 初学者可缩短紧丝长度，紧丝时精力要集中，避免抖动。

③ 若一次操作未达到要求，允许反复紧丝。

④ 在低速走丝加工中，设备操作说明书中一般都有详细的张力设置说明，刚开始操作的人员可以按照说明书进行设置，有经验者可以根据经验调整设定。

（7）调整换向撞块位置

① 将储丝筒左右换向撞块调至适当的位置，使储丝筒上的电极丝在两端均留一定的余量，这部分电极丝是不参加切割加工的。

② 将急停撞块调至适当的位置。发生超出储丝筒加工行程时能停机，而不发生断丝故障。

5-12 电极丝垂直度
调整操作

（8）电极丝垂直度调整 ［二维码 5-12］

1）操作步骤 在具有 U、V 轴的线切割机床上，电极丝运行一段时间、重新穿丝后或加工新工件之前，需要重新调整电极丝对坐标工作台表面的垂直度。校正方法有使用校正块校正和用校直仪校正两种方式。

使用校正块校正方法较简单，步骤如下：

① 擦净工作台面和校正块表面，将校正块在工作台上放好。

② 打开高频电源，使用较小电量，运行电极丝。

③ 移动机床 X 轴使电极丝接近校正块，有轻微放电火花。

④ 目测电极丝和校正块接触长度上放电火花的均匀程度，如出现上端或下端中只有一端有火花，说明该端离找正块距离近，而另一端离找正块侧面远，电极丝不平行于该侧面，需要校正。

⑤ 移动 U 轴，直到上下端火花均匀一致，这时电极丝在 X 坐标方向上垂直。

⑥ 用同样方法通过移动 Y 轴调整电极丝在 Y 坐标方向上的垂直度。

2）电极丝垂直度调整注意事项

① 经常变换校正块位置，避开放电痕迹。

② 精密零件加工时，需要多次校正。

③ 校正前，电极丝张力与加工中使用的张力相同。

（9）装夹工件及找正操作

合理选择夹具，思考如何装夹、找正工件，会使加工既省事，又能达到较好的效果。

（10）输入程序

将编制好的加工程序，利用键盘或其他输入设备输入到数控装置中。同时在加工之前，应将间隙量输入到数控系统中。对于较复杂的程序，要进行空机校验。

（11）加工

将防护板安装好，按加工顺序操作。加工顺序为：启动储丝筒→启动工作液泵→启动脉冲（高频）电源→按下数控系统的功放键→调整变频速度。

（12）结束

加工后，断电操作顺序为：停止脉冲（高频）电源→停止工作液泵→停止储丝筒→抬起数控系统功放开关→停止数控系统→断开电源总开关。

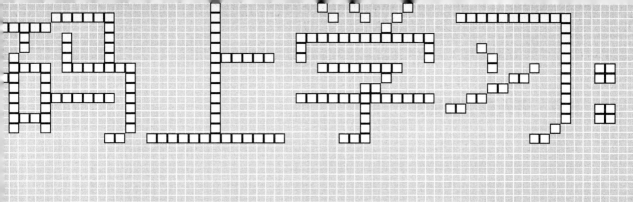

边学边练

数控电加工机床编程与维修

chapter 6

第6章
其他电加工技术简介

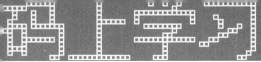
6.1 电火花小孔加工

小孔电火花加工一般指 $\phi0.1\sim3\text{mm}$ 孔的加工。小于 $\phi0.1\text{mm}$ 的孔称为微孔。一般来说，电火花小孔加工的深径比约为 $20\sim50$。

小孔加工时，大多采用晶体管控制的 RC 电源，当然也可使用 RC 电源或晶体管电源。孔的加工精度约为 $\pm$（$0.002\sim0.01$）mm，加工表面粗糙度 Ra 为 $1.25\sim0.2\mu\text{m}$。小孔加工的范围很广，较成熟的工艺有以下几种。

6.1.1 喷嘴加工

大多使用校直后的黄铜丝或钨丝作电极，工件热处理后打孔，不易产生毛刺，成品率高，易于实现自动化生产。如图 6-1 所示。

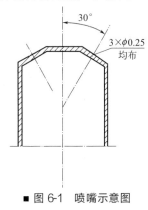

■ 图 6-1 喷嘴示意图

■ 图 6-2 叶片小孔加工示意图

6.1.2 发动机涡轮叶片散热孔的加工

如图 6-2 所示，采用经过校直的钨丝作电极，数孔一次加工，效果良好。近来又改为高压电解加工打散热孔，效率比电火花加工高几倍。

6.1.3 高速打小孔加工

在机械制造行业，微孔加工、群孔加工、深小孔加工、异形小孔加工、特殊超硬材料的孔加工一直是个技术工艺上的难题，若用常规方法加工，由于加工过程产生的切削力可能要远远大于孔加工使用的工具所能够承受的力，使得加工无法进行。

电火花加工的特点：直接利用电能进行加工，加工过程易于控制；加工过程中没有常规加工之中的切削力；可以加工任何硬度的金属材料、导电材料，包括硬质合金和导电陶瓷、导电聚晶金刚石等。利用电火花加工方法解决微孔加工、群孔加工、深小孔加工、异形小孔加工、特殊超硬材料的孔加工难题，正是电火花加工的优势。

（1）高速电火花小孔加工的原理

高速电火花小孔加工工艺除了要遵循电火花加工的基本加工机理外，有别于一般电火花加工方法的特点有：一是采用中空的管状电极；二是管状电极中通有高压工作液，强制排出加工碎屑；三是加工过程中电极要做匀速旋转运动，可以使管状电极的端面损耗均匀，不致受到电火花的反作用力而振动倾斜，并且，高压高速流动的工作液在小孔孔壁按着螺旋线的轨迹排出小孔外，类似液体静压轴承的原理，使得管状电极稳定保持在小孔中心，不会产生短路故障，可以加工出直线度和圆柱度很好的小深孔。从原理上，小深孔的深径比取决于管状电极的长度，只要有足够长的管状电极，就能加工出深深的小孔。加工时管状电极做轴向进给运动，管状电极中通入 1～5MPa 的高压工作液（自来水、去离子水、蒸馏水、乳化液或煤油），如图 6-3 所示。

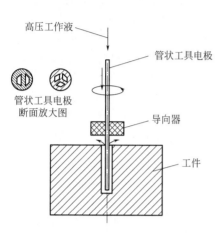

■ 图6-3　电火花高速小孔加工原理

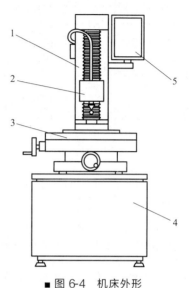

■ 图6-4　机床外形

1—主轴头；2—旋转头；3—坐标工作台；
4—床身机座；5—电器控制箱

由于高压工作液能够迅速强制将电加工金属碎屑产物排除，而且能够强化电火花放电的蚀除作用，因此这个加工方法的最大特点是加工速度很高，一般电火花小孔加工速度可以达到 20～60mm/min，比机械加工钻削小孔快得多。这种加工方法最适于加工直径为 0.3～3mm 的小孔，而且深径比可以达到 300：1。

（2）高速电火花小孔加工机床的构造

高速电火花小孔加工机床主要由主轴、旋转头、坐标工作台、机床电控系统、机床操作箱、高压工作液系统等部分组成。机床外形如图 6-4 所示。主轴头安装在立柱上，立柱安装在床身机座上，主轴头的作用是完成加工过程中工具电极的伺服进给功能。旋转头安装在主轴头的滑块上，由主轴滑块带动上下运动。旋转头可以实现工具电极的装卡、旋转、导电以及旋转时高压工作液的密封等功能。机床电控系统位于床身内的底座上。装有脉冲电源、主轴进给伺服系统、机床电器等电气控制系统。机床操作箱安装在机床立柜右侧可移动的摇臂上方，机床操作箱的面板上有各种操作开关、电器按钮和数显装置。高压工作液系统是对工作液进行储存、过滤并将高压工作液输送到工具电极内的组件，由工作液箱、过滤器、高压泵、调节阀、高压管道及工作液桶几部分组成，高压工作液系统放置在床身内部。机床的机械传动结构如图 6-5 所示。

1）主轴、密封旋转系统和导向器　主轴部分由升降滑台、主轴、密封旋转系统和导向器等组件构成，如图 6-6 所示。升降滑台安装在立柱前方的导轨上，在滑台升降电动机的驱动下，带动丝杠螺母完成上下升降运动。主轴旋转头安装在升降滑台前方的双 V 形直线导轨上，主轴旋转头和主轴滑块之间用绝缘板绝缘。主轴滑块内部装有限位开关，用于限定主轴滑块运动的极限位置。按动立柱左侧按钮，在滑台升降电动机的驱动下经由丝杠使整个主轴头升降滑座上下移动，用于调整导向器与工件间的最佳距离。主轴头升降滑座不运动时应

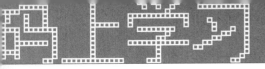

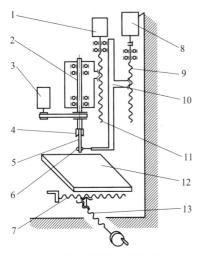

■ 图 6-5　机床机械传动结构

1—伺服电动机；2—主轴；3—旋转电动机；4—电极夹头；

5—工具电极；6—导向器；7—Y 坐标丝杠；

8—主轴升降电动机；9—升降丝杠；10—升降滑台；

11—伺服进给丝杠；12—坐标工作台；13—X 坐标丝杠

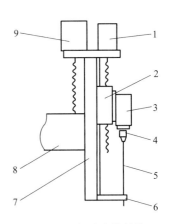

■ 图 6-6　机床主轴结构

1—伺服电动机；2—主轴；3—旋转电动机；4—电极夹头；

5—工具电极；6—导向器；7—升降滑台；

8—立柱；9—主轴升降电动机

　　锁紧压块，可以锁定主轴头升降滑座，需要上下移动主轴头升降滑座时，必须放松锁紧压块。

　　在升降滑台的下方装有导向器座，不同直径的工具电极管需要配用相应内孔的导向器。与工具电极管匹配使用的导向器上下端都镶嵌有红宝石作为导向孔，以限制工具电极管在上下进给和转动时的晃动。松开导向器座前部的螺钉，可取下导向器，换上所需规格的导向器后再锁紧螺钉。

　　旋转主轴头安装在主轴滑块上，旋转主轴头可以实现工具电极的装卡、旋转、导电以及旋转时高压工作液的密封导入，如图 6-7 所示。主轴采用步进电动机驱动，中间经齿轮副减速，旋转主轴的转速为 100r/min。

　　工具电极采用小型钻夹头夹持，并用特制的橡胶密封圈密封，更换不同直径工具电极时密封圈也作相应变化，如图 6-8 所示，按次序将所需的电极、夹头、密封圈、导套组合好，

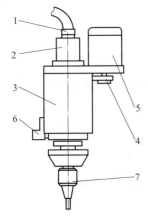

■ 图 6-7　电极密封旋转组件外形

1—高压管接头；2—密封组件；3—主轴旋转头；

4—传动齿轮副；5—旋转电动机；

6—电刷组件；7—电极夹头

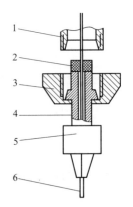

■ 图 6-8　电极安装结构示意图

1—主轴；2—密封圈；3—压紧螺母；

4—导套；5—夹头；6—工具电极

放入主轴端部孔内，旋转压紧螺母即可。如果夹头、密封圈取不出，可以先将螺母松开若干圈，启动工作液泵，利用高压工作液的压力将夹头、密封圈冲松，再全部拧下螺母。

工具电极的旋转导电采用一组电刷实现，如图 6-9 所示。如果电刷磨损，可以拧下电刷套，取下旧电刷，换上新电刷后按原顺序将电刷组件安装好。旋转头旋转时，高压工作液的密封采用机械密封，高压工作液管与旋转头的连接采用螺母连接。

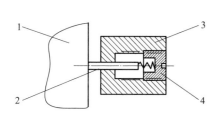

■ 图 6-9　进电电刷组件结构示意图

1—旋转主轴；2—电刷；3—电刷套；4—螺钉

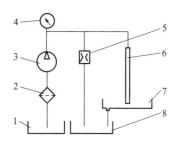

■ 图 6-10　工作液压系统原理

1—工作液桶；2—过滤器；3—高压泵；
4—压力表；5—调压阀；6—工具电极；
7—积水盘；8—工作液回水桶

2）工作液高压供油系统　高压工作液系统由工作液箱、过滤器、高压泵、压力表、节流阀、高压管组成。高压泵将工作液从工作液箱吸到过滤器，过滤芯一般采用线绕滤芯，工作液经过滤后由高压泵加压送到管状电极；调压阀用于调整工作液压力；压力表显示工作液的压力大小，一般压力应调整到 $6\sim8$MPa；管径细的电极或深径比大的孔，工作液的压力要高；工作液经过放电区，依靠高压将电加工的蚀除物从深孔中排出，并送到废液箱。高压泵采用三缸柱塞泵，由交流电动机通过同步齿形带减速驱动。工作液压原理如图 6-10 所示。电火花高速穿孔机床的工作液使用去离子水加工效果最好，用蒸馏水效果也不错，用普通清洁的自来水代替也可以，但是加工效果稍微差一点。工作液一次性使用，用后放入废液桶内。

3）高速电火花小孔加工机床脉冲电源　高速电火花小孔加工机床的工作液使用水作为加工介质，高频电源除了要求有较高的峰值电流外，还要求有较窄的脉宽。目前普遍采用 Tr-C 型脉冲电源，其输出与常规的脉冲电源（煤油介质）比较，它的特点是要求脉冲电源能产生大电流幅值的窄脉冲，加工电压 $20\sim25$V，加工电流根据工具电极的粗细不同，可以选择从 $3\sim25$A 不同的挡位。这种电路由放电间隙高低压检测控制电路、加工状态控制电路、主振级、前级放大器、功放级组成。这种电源的特点有：控制电路和主振级采用集成电路，根据加工区状态容易实现对脉冲电源进行自动控制；功放级的前级放大器采用低压直流电源电压的晶体管跟随器输出电路，安全可靠，易于实现窄脉冲；配备有分组脉冲控制电路，使用方便；脉冲间隔采用无级调节，在加工过程中容易调整，操作简单；能够提高加工精度。

4）高速电火花小孔加工机床自动控制系统　主轴控制系统采用步进电动机伺服进给自动调节系统。正常电火花小孔加工时，工具电极管的端面和工件间必须有一合适的放电间隙 S。电火花小孔加工过程中，工件以一定的速度不断被蚀除，间隙 S 将逐渐加大，必须使工具电极管以一定的速度补偿进给，以维持所需的放电间隙。如进给速度大于工件的蚀除速度，则间隙 S 将逐渐变小，甚至等于零，形成短路。当间隙过小时，必须降低进给速度。如果工具电极管和工件间一旦短路（$S=0$），则必须使电极以较大的速度反向快速回退，迅速及时消除短路状态，随后再重新向下进给，自动调节到所需的放电间隙。这是正常电火花小孔加工所必须达到的要求。

主轴步进电动机伺服进给自动调节系统控制原理如图6-11所示。

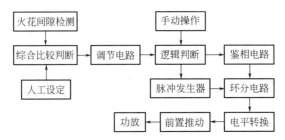

■ 图 6-11 伺服进给自动调节系统控制原理框图

打开高频电源加工开关，工具电极向下做进给运动，当电极与工件接触开始放电时，控制系统检测到火花间隙的数据，送到综合比较电路与人工设定的数值进行比较，比较的结果送到调节电路，调节电路进行逻辑判断。若判断间隙为很大，则给出信号使步进电动机快速正转，使电极继续快速下行进给；若判断间隙为稍大，则给出信号使步进电动机缓慢正转，使电极继续少许下行进给；若判断间隙为合适，则给出信号使步进电动机停歇，使电极停止下行进给；若判断间隙为稍小，则给出信号使步进电动机缓慢反转，使电极稍微回退；若判断间隙为短路，则给出信号使步进电动机快速反转，使电极继续快速回退，迅速脱离短路的状态。循环往复周而复始，在电火花放电穿孔的全部加工过程中主轴步进电动机伺服进给自动调节系统始终控制着工具电极的进给，使放电间隙一直保持良好的稳定高速加工状态。

（3）高速电火花小孔加工的一般加工工艺

高速电火花小孔加工的深孔工件，其孔的尺寸精度和圆度均不错，还可以在斜面和曲面上打孔，现在，电火花穿孔加工已应用在线切割加工件的穿丝孔、各种喷嘴以及硬质合金、耐热合金等难加工材料的小孔加工中，并且会日益扩大其应用领域。

工具电极管在高速电火花加工过程中由于电极管截面积很小，因此沿长度方向电极损耗很大（20%～50%），而且每根电极管都会剩下很长的一段材料无法使用。另外，高速电火花加工小孔时由于需要在转动状态下通入高压工作液，因此电极管夹持部分必须有一段用于动态密封；此外工件的入口处还有一小段工具电极插入导向器用于导向，所以每一根长300～400mm的工具电极管使用到最后总会剩下100mm左右的材料不能再利用，以300mm长的工具电极管为例，实际上只用了200mm，材料利用率只有66%。为了减少材料的浪费，可以采用加接过渡套管的方法，如图6-12所示。

具体方法为将打孔用的工具电极管插入合适的过渡套管中，在套管与电极接头处锡焊以加强密封。过渡套管装卡在机床主轴的卡头上，加工用的电极管穿过导向器对工件进行加工。可以准备几根这样的过渡套管轮换交替使用，更换电极时用电烙铁将焊锡去除，过渡套管可以反复使用。这样就可以把工具电极管的利用率提高到90%以上。

（4）高速电火花小孔加工应用及加工实例

零件上的小孔、深孔、多孔、异形小孔很难甚至无法采用常规切削加工，这时采用电火花加工就可以做到经济、合理、方便、可行。

一般认为，小孔的直径范围在0.1～2mm，微孔的直径范围小于0.1mm，深孔为孔的深度与直径之比（深径比）大于10的孔。多孔又称密集孔，是指在同一工件上制作几十、成百、

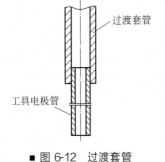

■ 图 6-12 过渡套管

上千个小孔，这些小孔按照一定规律成组分布排列，孔的中心位置有明确的精密定位要求。

在使用电火花穿孔机床加工小孔时，根据标准样件的工艺试验及各种材料加工试验得到一些工艺参数，见表 6-1，以供加工时参考。

■ 表 6-1　加工规准工艺参数

电极管径/mm	加工材料	脉宽/μs	脉间/μs	功放管/只	压力/MPa	电压/V	电流/A	旋转
0.3	45 钢	2	1	2	5～6	25	3	Y
0.3	淬火钢	2	1	2	5～6	25t	3	Y
0.3	不锈钢	2	2	2	5～6	25	3	Y
0.5	45 钢	3	2	3	6	25	5	Y
0.5	淬火钢	3	2	3	6	25	5	Y
0.5	不锈钢	3	2	2	6	25	4	Y
1.0	45 钢	2	2	5	6	20	12	Y
1.0	淬火钢	2	2	6	6	20	12	Y
1.0	不锈钢	2	2	4	6	20	10	Y
2.0	45 钢	2	2	6	6	20	18	Y
2.0	淬火钢	2	2	6	6	20	18	Y
2.0	不锈钢	2	2	6	6	20	16	Y

1）密集孔加工　对于密集小孔类工件的加工，关键是孔的中心坐标位置的计算和移动定位，成百上千个小孔中心坐标位置的计算非常烦琐，容易发生计算错误，一旦有一个孔位做错将造成整个工件报废，造成很大损失。

高速电火花小孔加工机床一般都带有 X、Y 两轴坐标工作台，并且具有孔位计算和孔位存储、孔位数显定位功能，计算机数显定位的计算精度可以达到 0.001mm，X、Y 两轴坐标工作台的机械定位精度可以达到 0.005mm，完全可以满足密集小孔加工的定位要求。密集小孔加工实例如下。

如图 6-13 所示，在一个 ϕ120mm、厚 6mm 的不锈钢圆板上进行密集小孔加工。

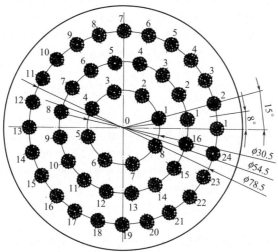

■ 图 6-13　不锈钢圆板上进行密集小孔加工

在 $\phi30.5\text{mm}$、$\phi54.5\text{mm}$、$\phi78.5\text{mm}$ 的圆周上从中心向外分别均布 8 组、16 组、24 组 $\phi0.4\text{mm}$ 的小孔。每组 $\phi0.4\text{mm}$ 小孔以中心孔作为坐标基准，在 $\phi0.85\text{mm}$、$\phi3.6\text{mm}$、$\phi5.436\text{mm}$ 的圆周上分别均布 6 个、12 个、18 个 $\phi0.4\text{mm}$ 小孔。在不锈钢圆板上总共需要加工 1776 个 $\phi0.4\text{mm}$ 的坐标定位小孔。分布放大图如图 6-14 所示。

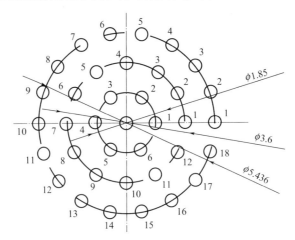

■ 图 6-14　孔位分布放大图

① 工件准备。按图样准备 $\phi120\text{mm}$、厚 6mm 的不锈钢圆板，圆板两面应采用机加工的方法磨光，保证两面的平行度和平面度。

② 电极准备。由于需要加工的孔直径为 $\phi0.4\text{mm}$，考虑单面放电间隙为 $0.02\sim$ 0.03mm，因此准备直径 $\phi0.35\text{mm}$ 的工具电极黄铜管一根，与其配套的导向器一只。

③ 加工要点。在 $\phi120\text{mm}$ 的不锈钢圆板上密集加工 1776 个直径 $\phi0.4\text{mm}$ 的小孔，每组小孔要按坐标正确定位、均匀分布排列。高速电火花小孔加工机床一般都带有 X、Y 两轴坐标工作台，并且具有孔位计算和孔位存储、孔位数显定位功能，数显定位的计算精度可以达到 0.001mm，X、Y 两轴坐标工作台的机械定位精度可以达到 0.005mm，完全可以满足密集小孔加工的计算和定位要求。

④ 使用设备。使用 SDS8-3E 型高速电火花小孔加工机床进行加工，可以应用计算机数显面板来计算所有加工孔位的坐标数值，并能够储存在计算机的存储器内，随时调用显示，计算大量的数值非常迅速方便。

⑤ 数据计算。加工时，可以从计算机内调出储存的各个孔位坐标数值，根据 X、Y 两轴的坐标数值移动工作台，逐个进行小孔的电火花穿孔加工任务。

在图 6-13 所示的工件中，加工过程中，加工既有"小圈"分度，又有"大圈"分度，显然一个基准零位是不够的。加工此类工件，需要用"等分圆"功能和"200 点辅助零位"功能，两功能交替使用方可完成。"200 点辅助零位"功能，也称作 200 个用户坐标系（UCS）功能。先采用 ALE（绝对坐标），以一个基准零位利用"等分圆"功能，加工出每组的中心孔，再采用 UCS（用户坐标），设定每组的中心孔位作为子坐标，利用"200 点辅助零位"功能，加工以每组的中心孔位为基准的每组系列孔。这样交替使用两功能，完成工件的加工。

⑥ 加工规准。加工规准参数见表 6-2。

■ 表 6-2　加工规准参数

电极管径/mm	加工材料	脉宽/μs	脉间/μs	功放管/只	压力/MPa	电压/V	电流/A	旋转
0.35	不锈钢	2	2	2	5~6	25	3	Y

⑦ 加工效果。加工完毕，用大型投影仪检验，所有孔位误差小于0.02mm，符合图样要求。

2）深型腔内孔加工　生产实践中有些工件需要在很深的型腔内加工一些深孔和小孔，孔的位置离深型腔的侧壁较近，使用高速电火花小孔加工机床进行加工时，机床的导向器部位外形尺寸较大，会与深型腔的侧壁发生干涉，不能进行加工。为了解决在深的型腔内加工一些深孔和小孔的问题，可以采取下面的方法。

松开导向器座前部的螺钉，取下导向器，装上接长杆，如图6-15所示，接长杆的上端外圆直径等于导向器座内孔直径尺寸，接长杆的长度应略大于型腔的深度，在接长杆的下端内孔装好导向器，拧紧螺钉，就可以进行深的型腔内一些深孔和小孔的加工。

在制作接长杆时需要注意的关键是一定要保证接长杆的下端内孔和接长杆上端外圆的不同心度应小于0.01mm，以免影响孔的定位精确度。

如图6-16所示，在箱体中间部位加工两个$\phi0.8$mm的小孔，小孔距离内壁只有1mm。

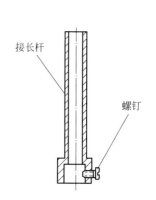

■ 图6-15　导向器接长杆示意图

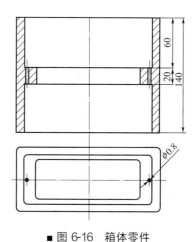

■ 图6-16　箱体零件

① 工件准备。在箱体内中间部位加工两个$\phi0.8$mm的小孔，小孔距离内壁只有1mm，使用常规机加工方法不能加工。

② 电极准备。由于需要加工的孔$\phi0.8$mm，考虑单面放电间隙为$0.02\sim0.03$mm，因此准备$\phi0.7$mm的工具电极黄铜管一根。

③ 专用导向器准备。加工的小孔距离侧壁只有1mm，需要准备专用导向器。如图6-17所示，松开导向器座前部的螺钉，取下导向器，装上专用导向器，接长杆的上端外圆直径等于导向器座内孔直径尺寸，接长杆的长度应略大于型腔的深度；在接长杆的上下两端内孔装好工具电极管，就可以进行深的型腔内一些深孔和小孔的加工。在制作接长杆时需要注意的关键是一定要保证接长杆的下端内孔和接长杆上端外圆的不同心度应小于0.01mm，以免影响孔的定位精确度。

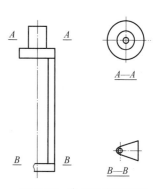

■ 图6-17　专用导向器准备

④ 加工要点。找正定位时，注意导向器下端与工件侧壁的距离要合适，以免在电加工过程中发生接触短路，使得导向器与侧壁产生放电，烧伤工件侧壁。

⑤ 加工规准。加工规准参数见表6-3。

■ 表 6-3 加工规准参数

电极管径/mm	加工材料	脉宽/μs	脉间/μs	功放管/只	压力/MPa	电压/V	电流/A	旋转
0.75	45 钢	3	2	3	6	25	5	Y

3）薄壁深孔加工 薄壁工件的刚性差，装夹困难，在薄壁上加工孔，余量小，定位要求高，所以要求加工小孔的精度高。

如图 6-18 所示，在壁厚 0.9mm 的圆筒零件上加工 ϕ0.5mm 的深小孔。

① 工件准备。工件材料为 45 钢材质的圆柱管，两端面经机加工后，保证与轴线垂直度偏差小于 0.01/100。

② 电极准备。由于需要加工的孔直径为 ϕ0.5mm，考虑单面放电间隙为 0.02～0.03mm，因此准备 ϕ0.4mm 的工具电极黄铜管一根。

③ 加工要点。为保证小孔电火花加工时不会打穿侧壁，在装卡时必须精确找正工件。将工件安放在高速小孔机床的工作台上，将千分表装在机床主轴上，上下升降主轴，在 X、Y 两个方向测量工件的外圆母线与工作台面的垂直度偏差，反复调整工件，使两个方向的垂直度偏差均小于 0.01/100，方可开始进行小孔电加工。

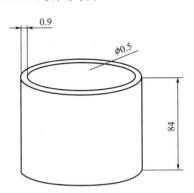

■ 图 6-18 圆筒零件上加工深小孔

④ 使用设备。使用 SDS8-3E 型高速电火花小孔加工机床进行加工。

⑤ 加工规准。加工规准参数见表 6-4。

■ 表 6-4 加工规准参数

电极管径/mm	加工材料	脉宽/μs	脉间/μs	功放管/只	压力/MPa	电压/V	电流/A	旋转
0.5	45 钢	3	2	3	6	25	5	Y

⑥ 加工效果。经加工完毕实际测量，小孔上端中心偏差 0.005mm，小孔下端中心偏差 0.018mm，完全符合图样要求。

6.2 精密微细加工

通常将小于 0.1mm 的孔或槽的加工称为微细加工，尺寸公差要求高时则为精密微细加工。这些微孔及窄槽采用传统的机械加工工艺是根本无法完成的。因此，精密微细加工应当作为电火花加工的重点发展方向之一。

化纤工业的迅速发展，促进了大批异形截面化学纤维的问世。这些异形截面纤维无论从着色、保温性、透气性及手感方面均大大优于圆形截面纤维。因而对异形纤维喷丝板孔的加工就显得尤为重要。目前喷丝板异形孔的加工方法有三种。

第一种是电火花线切割加工：因需打穿丝孔，故辅助时间较长，适合加工形状复杂的细窄曲线形孔〔如图 6-19（a）所示〕。

第二种是电火花扁电极拼合加工法：由于孔形要靠几个槽拼起来，因此对机床定位精度要求较高。适用于由直线拼接的图形的加工〔如图 6-19（b）所示〕。

第三种是电火花成形加工法：如图 6-19（c）所示。适用于同一孔形，且数量大的孔的加工，电极拉制成形后，固定在一块板上，可同时加工上百个孔，工艺简单，但电极组装与装夹定位比较困难。

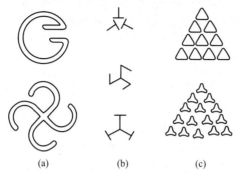

■ 图 6-19　微细异形孔加工图例

6.3　电火花回转加工

电火花回转加工是电火花加工的又一应用。在加工过程中，电极与工件都旋转，并保持一定的相对运动。共轭回转加工包括同步回转式、展成回转式、倍角速度回转式、差动比例回转式、相位重合回转式等不同方法，但有共同特性，即工件与工具电极之间的切向相对运动线速度的值很小，几乎接近于零。在放电加工区域内，工件和工具电极近于纯滚动状态，因而有着特殊的加工过程。如图 6-20、图 6-21 所示，同步回转式加工精密螺纹时，在加工过程中，工件与带有螺纹的工具电极始终保持同步回转，两者之间没有轴向位移，工具电极不断做径向进给，使工具电极与工件维持在能产生火花放电的距离内，这样就可在工件上得到与电极螺纹齿形和螺距相同的内螺纹或外螺纹。

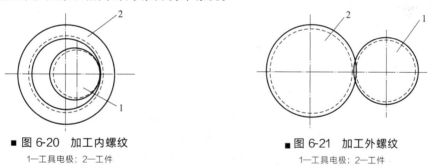

■ 图 6-20　加工内螺纹
1—工具电极；2—工件

■ 图 6-21　加工外螺纹
1—工具电极；2—工件

电火花回转加工适于加工复杂型面，可加工具有渐开线、摆线、螺旋面等复杂型面的工件，能达到较高的加工工艺指标。由于电极对相对运动的特点，有利于蚀除产物的排除，可使工件获得较高的加工速度、良好的加工精度和表面粗糙度。可加工不圆度不大于 $1\mu m$ 的某些曲面，表面粗糙度可达 $Ra0.05\mu m$。

共轭回转式电火花加工的应用范围日益扩大。主要应用于：各类螺纹环规及丝规，特别适于硬质合金材料的加工；精密的内、外齿轮；精密的旋转圆弧面、锥面等；静压轴承油腔、回转泵体的高精度成形及对合加工等；梳刀、滚刀等刀具。加工后工件的尺寸精度一般能达到几微米，表面粗糙度 $Ra0.05\mu m$。

6.4　电火花跑合加工

电火花跑合加工的工作原理是：在相互绝缘的工件与工具电极（或工件与工件）之间，

加上交变的脉冲电压和电流，使其对磨跑合放电加工。一般采用多点、电刷（炭刷）进电的方式。由于是对磨放电加工，因而不需要考虑极性效应和损耗。这种加工采用最简单的 RC 线路就可得到良好的效果。

电火花跑合加工能有效地消除毛刺及不规则的棱边、拐点等，有效地降低表面粗糙度。由于电极对运动，有利于蚀除物的排出，可使加工件达到较高的精度和平行度。

跑合加工适用于加工压辊、轧辊、高速齿轮、重载齿轮，包括直齿轮、锥齿轮以及圆弧锥齿轮等工件。根据电火花跑合加工的特点，将主、从动轮作为两极，相互靠近时，在其狭小间隙中产生瞬时高温的电火花放电现象，尤其尖锋处放电更强烈。经过电火花跑合加工后的齿轮，毛刺及不规则的棱边、拐点被有效地消除。通过选取适合的加工介质（工作液），可有效地改善齿形表面的粗糙度。电火花跑合加工，模拟齿轮啮合的运动状态，不产生接触点，即始终保持间隙的啮合运动状态，无切削负载，所以无啮合振动变形，适宜高精度加工。

6.5 电火花表面加工

6.5.1 电火花表面强化

（1）金属电火花表面强化的原理

金属电火花表面强化是利用工具电极与工件表面之间在气体中放电，使金属表面产生物理化学变化，借以提高工件表面硬度、强度、耐磨性等性能的金属表面处理方法。图 6-22 是金属电火花表面强化的加工原理示意图。在工具电极和工件之间接上直流或交流电源，由于振动器的作用，电极与工件的放电间隙频繁发生变化，电极与工件间不断产生火花放电，从而实现对金属表面的强化。

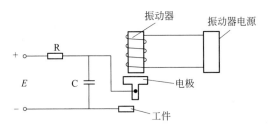

■ 图 6-22　金属电火花表面强化的加工原理示意图

图 6-23 为强化过程示意图。当电极与工件分开较大距离时，电源经电阻 R 对电容器充电，工具电极在振动器带动下向工件运动，如图 6-23（a）所示；当工具电极与工件之间的间隙接近到某个距离时，两者间产生火花放电，如图 6-23（b）所示；工具电极继续接近工件，并与工件接触，火花放电停止，在接触点流过短路电流，使该处继续加热，由于电极以适当压力压向工件，使熔化了的材料互相黏结、扩散而形成合金或产生新的化合物，如图

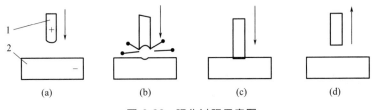

(a)　　　(b)　　　(c)　　　(d)

■ 图 6-23　强化过程示意图

6-23（c）所示；工具电极在振动器作用下，离开工件，工件放电部位急剧冷却，如图 6-23（d）所示。经多次放电，并相应移动电极的位置，就能在工件表面形成强化层。

金属表面层能够强化是由于在脉冲放电作用下，金属表面发生了物理化学变化过程，主要包括超高速淬火、渗氮、渗碳、工具电极材料的转移四个方面。

（2）电火花强化的应用

电火花强化金属表面简单，效果较好，在生产中得到了应用。利用电火花强化装置可强化各种模具和金属切削刀具、木工工具、机车的易磨损工件，在磨料介质中工作的各种机械零件（如钻探工具，挖土机和筑路机的零件，煤和沙土、矿石等运输机的零件）及较大型机械零件的工作面、易磨损面（如大型机床的导轨等）。还可对高温和尘土介质中工作的机器相应表面进行强化。例如燃气轮机的叶片、机车的排烟机轮叶及压铸模、锻模等。

刀具和零件经过电火花强化后，为得到所要求的精度，可进行适当的磨削加工，磨削后并不会影响强化层的硬度和耐磨强度（在保持表面层的硬度条件下）。磨削后在强化层表面会残留微孔，将显著改善配合零件的润滑条件，这从另一方面又可提高耐磨性能。

6.5.2　电火花刻蚀（刻字）

在量具、刀具上刻字和打印记，过去常用酸洗的办法，工艺复杂，缺点很多。而采用电火花刻字打印的方法，工艺简单，有很大优越性。用铜片或铁片制成字头图形，使之与工件在气体中脉冲放电，而实现刻字打印，如图 6-24 所示。

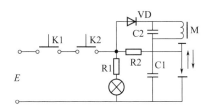

■ 图 6-24　刻字打印工作原理

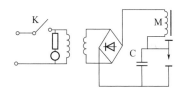

■ 图 6-25　刻字电笔工作原理

图中工具电极（字头）和工件均置于空气之中，靠自重两者相互接触，当同时按下 K1 和 K2 时，两极短路，这时电磁铁中通过电流吸引字头向上。在字头瞬时离开工件时，由 R2 和 C1 等组成的弛张式脉冲电源使字头与工件间产生放电。当 K1 和 K2 打开时，字头复位仍和工件相接触。如此重复，字头上下振动，反复短路开路，便将放电蚀出产物镀覆在工件表面，与字头图形相仿。一般说，每打一个印记需 0.5～1s。如果不用成形字头而用铁丝、钨丝等作工具电极，仿形刻字，每打一件需 2～3s。

为了刻字方便，可制成手刻字的电笔，如图 6-25 所示。为操作安全，电源电压取 36V。不过使用低电压工作，刻字的清晰度差。

6.6　电熔爆加工

电熔爆是一种非接触强电加工，在加工过程中，带电工具电极与工件表面间产生特殊的电作用，形成高密度的强电子电流，极间的电弧受到强烈的收缩效应，达到很高的能量密度，在电弧通道中瞬时产生很高的温度和热量，使工件表层局部迅速熔化，在高速工作液的冲击下，熔化金属迅速爆离，达到零件加工要求的尺寸精度和表面粗糙度。

电熔爆加工的原理如图 6-26 所示。电磨头（工具电极安装在上面）接阴极，被加工的

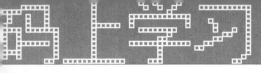

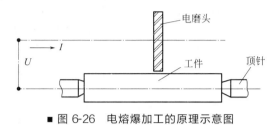

■图 6-26　电熔爆加工的原理示意图

工件作为阳极。该加工方法采用低电压（≤30V）、大电流（可达 3000A）非接触脉冲直流放电，配以良好的冷却功能，使得工件表面局部的高温和热量来不及过多地传导和扩散到其他部分，不会使整个工件发热，不会像持续电弧放电那样，使工件表面"烧糊"。由于工件内部不受热的影响，因此，工件不会产生变形和改变金相组织，加工表面硬度有所提高。

电熔爆加工主要应用于石油化工、铝冶炼企业的高压泵柱塞的制造，如采用热喷、电熔爆加工，比机械加工降低成本 90%。

轧辊修造使用过的冷、热轧辊经高硬度、高耐磨焊丝修复后，表面极粗糙且尺寸差较大，使用电熔爆加工技术修造是非常经济的方法。

轧辊是冶金行业高消耗零件，表面一旦开裂、剥落，很难修复。采用传统工艺修复轧辊，因受加工设备限制，堆焊材料的硬度一般在 50HRC 以下，修复后的轧辊的使用寿命有限。电熔爆加工因不受材料硬度的限制，为在轧辊修造中采用高硬度耐磨药芯焊丝创造了条件，对堆焊后高低不平的表面有很高的加工效率。使用寿命是新轧辊的 3～6 倍，而成本仅为新轧辊的 1/2。并使板材产品质量提高，节约了大量换辊时间，提高了生产效率。

6.7　超声电火花复合加工

6.7.1　超声电火花复合抛光

在电火花加工过程中引入超声波，使工具电极作高频超声振动，以改善放电间隙状况，强化电火花放电蚀除过程，称之为超声电火花复合加工。

例如，在加工硬质合金冲模时，先进行电火花粗加工，留下 0.1～0.3mm 的余量，再利用超声尺寸加工，除去电火花粗加工产生的表面变质层，这样能提高硬质合金冲模的表面质量。

近年来，为提高超声电火花复合加工的加工效率，人们研制出超声与电火花脉冲放电交替进行的装置，即当电极向下振动时冲击工件表面，使自由磨粒从工件表面切下众多的细微料屑；而当工具电极向上振动时，脉冲电源将适时送入放电脉冲，靠放电能量蚀除部分工件材料，放电产生的爆炸力将工具电极与工件表面间隙中的自由磨粒从放电间隙抛出。当工件再次向下振动时，间隙已恢复绝缘，新的磨粒随同液体进入间隙，又开始了超声加工，如此反复进行。通过控制系统的调节作用，使超声频振动与放电脉冲频率同步，随着工具的上下振动，电火花加工和超声加工交替进行，复合加工的生产率超过两者单独加工时的效率。

超声电火花复合抛光是在超声波抛光的基础上发展起来的。这种复合抛光的加工效率比纯超声机械抛光要高出 3 倍以上，表面粗糙度 Ra 值可达 0.2～0.1μm。特别适合于小孔、窄缝以及小型精密表面的抛光。超声电火花抛光的工作原理如图 6-27 所示。抛光时工具接脉冲电源的负极，工件接正极，在工具和工件间通乳化液作电解液。这种电解液的阳极溶解作用虽然微弱，但有利于工件的抛光。

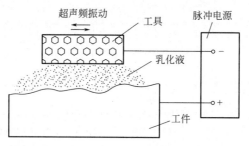

■ 图6-27　超声电火花复合抛光原理

　　抛光过程中，超声的"空化"作用一方面会使工件表面软化，有利于加速金属的剥离；另一方面使工件表面不断出现新的金属尖峰，这样不但增加了火花放电的分散性，而且给放电加工造成了有利条件。超声波抛磨和放电交错而连续进行，不仅提高了抛光速度，而且提高了工件表面材料去除的均匀性。

6.7.2　超声电火花复合打孔的加工

　　（1）超声电火花复合打孔的加工原理

　　超声与电火花加工相结合的超声电火花复合打孔，是将超声声学部件固定在电火花加工机床的主轴头下部，电火花加工用的脉冲电源加到工具（电源）和工件上（孔加工时工件接正极）。加工时，主轴做伺服进给，工具端面做超声振动。这样，可有效提高放电脉冲利用率（达50%以上），提高生产率数倍至数十倍，加工面积越小，加工用量越小，生产率提高越多，故适合微孔加工。

　　（2）超声电火花复合打孔的工艺效果与应用

　　① 提高加工深度和加工速度。在同样的条件下打孔，超声电火花复合打孔的深度是电火花打孔深度的3倍以上。加工 $\phi0.25mm$ 孔时，超声电火花复合打孔的极限深度为10mm以上，深径比高达40以上。超声电火花复合打孔与电火花打孔相比，当孔深小于0.4mm时，前者所需加工时间是后者的1/4～1/5，当孔深增加到1mm时，前者加工时间则为后者的1/10～1/12。

　　② 提高打孔精度及降低孔的表面粗糙度。由表6-5可知，超声电火花复合打孔的尺寸精度、形位精度和孔的表面粗糙度明显优于电火花打孔。

■ 表6-5　不同打孔方法加工效果的对比

mm

加工方法	尺寸精度	不圆度	同轴度	垂直度	表面粗糙度 $Ra/\mu m$
电火花打孔	$\pm0.01\sim\pm0.02$	0.01	0.05	1	0.2～3.2
超声电火花复合打孔	±0.01	0.005	0.03	小于1	0.1～0.8

6.7.3　超声电化学复合加工

　　电解加工时，阳极上经常产生不易导电的脆性钝化膜，由于钝化膜的覆盖与阻隔作用，使得工件阳极溶解速度很快下降。引入超声后，由混入电解液中的自由磨粒将这层钝化膜去掉，使工件表面由钝化态变成活化态，确保阳极溶解过程顺利进行，大大提高了加工效率。据有关资料介绍，采用超声电化学复合加工硬质合金零件时，生产率可达 400～

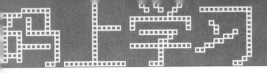
$800mm^3/min$。

目前国内外已研制出大批通用或专用超声加工设备，其功率为 $20\sim4\,000W$，其结构形式多为"立式"和"卧式"两大类型，广泛应用于脆性材料的孔加工、切割与雕刻，以及金刚石拉丝模的研磨加工等。

随着硅单晶、光学玻璃及工程陶瓷材料的广泛应用，硬脆材料的高精度三维微细加工成为重要的研究课题。目前可采用的加工方法主要有光刻加工、电火花加工、电解加工、电子束加工、激光加工和超声加工等。与电火花加工、电解加工及其他几种特种加工方法相比，超声加工最大的特点是它不依赖工件材料的导电性，同时又没有热物理作用。与光刻加工相比，它更适于加工三维结构。这些特点，确定了超声加工在陶瓷、半导体等非导电硬脆材料加工方面的优势地位。

微细超声加工除了加工尺寸微小外，其加工原理和特征与传统的超声加工相同。传统超声加工所需振幅一般在 $0.01\sim0.1mm$ 之间，而压电或磁致伸缩的变形量很小，为 $0.005\sim0.01mm$，能满足微细超声加工的需要，因而在微细超声加工装置上不需要上粗下细的变幅杆将振幅扩大，这是与传统超声加工不同之处。目前利用微细超声加工技术，采用工件加振方式，能在工程陶瓷材料上加工出直径仅 $5\mu m$ 的微孔。

超声电解复合抛光是超声波加工和电解加工复合而成的，它可以获得优于靠单一电解或单一超声波抛光的抛光效率和表面质量。超声电解复合抛光的加工原理如图 6-28 所示。抛光时，工件接正极，工具接直流电源负极。工件与工具间通入钝化性电解液。高速流动的电解液不断在工件待加工表层生成钝化软膜，工具则以极高的频率进行抛磨，不断地将工件表面凸起部位的钝化膜去掉。被去掉钝化膜的表面迅速产生阳极溶解，溶解下来的产物不断被电解液带走。而工件凹下去部位的钝化膜，工具抛磨不到，因此不溶解。这个过程一直持续到将工件表面整平时为止。

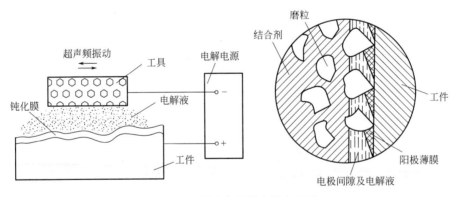

■ 图 6-28　超声电解复合抛光原理

工具在超声波振动下，不但能迅速去除钝化膜，而且在加工区域内产生的"空化"作用可增强电化学反应，进一步提高工件表面凸起部位金属的溶解速度。

6.8　液体束流电火花微孔加工

导电液体在一定压力下通过有微孔的喷头形成微细束流射向被加工件，同时在喷头与被加工件间施加几百至几千伏直流高电压形成高压强电场，使带电离子高速冲击工件而放电，从而达到对工件加工的目的。工作原理示意图如图 6-29 所示。

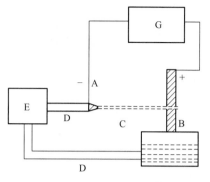

■ 图 6-29 工作原理示意图

6.9 电解切削加工

　　电解加工是利用电解液中的金属在外加直流电压的情况下能产生阳极溶解的原理，对金属材料进行成形加工的一种工艺方法。如图 6-30 所示为电解加工的原理图。

　　电解加工时，工件接直流电源的正极（阳极），工具电极接直流电源的负极（阴极），高压电解液在两极间狭小的间隙内流过，阳极溶解的产物被快速流动的电解液及时带走。随着阳极材料的不断蚀除，两极间隙将加大。为维持工件的快速溶解，工具电极将连续地向工件做进给运动，使两极间隙能维持一个最佳的距离，工件的相应表面就被加工出和阴极型面近似相同的反形状。

　　由于金属在电解液中发生阳极溶解时，其表面会形成一层钝化膜，阻止内层金属的进一步溶解。所以，为了提高

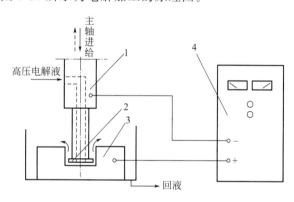

■ 图 6-30 电解加工原理图

1—主轴头； 2—工具电极； 3—工件； 4—直流电源

加工效率，必须将电解反应生成的钝化膜及时、不间断地剥离去除，使工件表面总是处于活化状态。电解切削采用高压输送电解液，利用电解液的高速冲刷，将钝化膜冲碎并从加工部位带走，使电解作用连续进行，其加工过程如同刀具切削工件一样，一层层地剥离工件，因此又称为"电解切削加工"。

　　电解切削的特点是：低的直流电压（6～24 V），高的电流密度（10～100 A/cm²），狭小的加工间隙（0.1～0.8mm）和高的电解液压力（0.5～3MPa/cm²）。

6.10 电解磨削

　　电解磨削就是电解作用和机械磨削相结合的一种复合工艺方法，其加工原理如图 6-31 所示。

　　磨削时，工件接直流电源正极，电解磨轮接直流电源的负极，在二者之间供给电解液。当直流电源接通时，工件表面将产生电化学反应，表层金属原子变成离子并形成阳极膜。这层膜钝化作用强，又称为钝化膜。它覆盖在工件表面，阻止电化学反应的继续进行。当工件

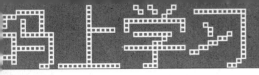

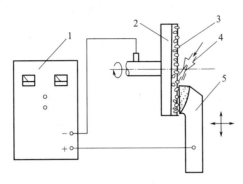

■ 图 6-31　电解磨削原理图

1—直流电源；2—电解磨轮；3—磨料；4—电解液喷嘴；5—工件

进一步向电解磨轮靠近并接触时，电解磨轮表面凸出的磨料高速运动，将钝化膜刮除，基体金属外露，继续产生电化学反应。如此反复进行，工件材料被一层层地去除，从而达到加工的目的。工件与电解磨轮接触时，磨轮表面凸出的磨料使二者保持一定的间隙，不致发生短路，且间隙中的电解液因磨轮的高速旋转不断被更新，使得阳极溶解反应能持续进行。

如图 6-32（a）所示为航空发动机压气机机匣弹性支撑环结构示意图。为了使压气机机匣与涡轮轴的同轴度误差有一定的补偿作用，机匣要有一定的弹性变形，因此，整个支撑环最厚的部位只有 2mm，而槽宽 3mm，深度达 35mm，深槽的壁厚只有（1.5±0.05）mm。支撑环的材质为高温合金，机加工性能较差。采用切削加工制作，每件需 16～20 h，成品率不足 20%，常常因切削力大导致工件变形而报废，特别是宽 3mm、深 35mm 的窄槽，切刀刃宽只有 2mm，为防止与槽壁发生干涉，刀头高度又不能大，因此切刀的刚度很差，高温合金既韧又黏，易冷作硬化，切到 25mm 左右时，往往因刀具变形、排屑不畅而"扎刀"，致使工件报废。

采用电火花加工工艺加工，每件加工工时不足 6 h，且成品率大幅提高，可达 75% 以上（若电蚀产物排除不及时，在深 30mm 左右时因大量的二次放电，使槽下部宽度超差导致工件报废）。

图 6-32（b）所示是压气机机匣结构示意图。机匣内分布有三层蜂窝密封环。蜂窝结构是用厚度仅 0.05～0.07mm 的不锈钢箔粘接或钎焊后拉制而成，其蜂窝状六边形内接圆直径不足 1mm。采用机械加工方法加工时，因蜂窝侧壁筋板厚度很小（0.05～0.07mm），在

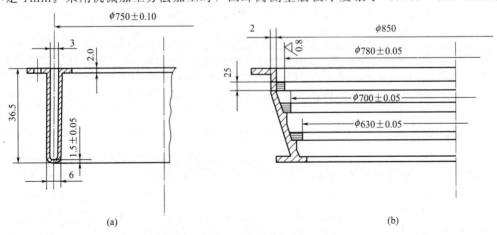

（a）　　　　　　　　　　　　　　　　（b）

■ 图 6-32　电火花磨削典型工件示意图

刀具切削力的作用下，除少量材料成切屑被剥离外，大部分倒向刀具运动方向的前方，未能与材料本体脱离，加工后，不仅尺寸精度低，而且因材料倒下而将蜂窝的孔眼堵死，需人工用针尖一个个挑开，将加工毛刺去除，既费工时，质量也不理想，经常因切削力大产生的变形使工件尺寸超差而报废。

采用电火花磨削加工，因为材料靠放电蚀除，从根本上解决了蜂窝孔堵塞的问题，而且电火花磨削几乎没有切削力，对这类弱刚度薄壳零件的加工非常合适，工件变形极小，加工后的蜂窝环误差很小（主要取决于电火花机床工作台的旋转精度或工作台 Z、Y 坐标的插补精度），成功地解决了机匣加工的工艺难题。

此外，单电极电火花三维数控展成加工包括共轭回转式电火花精密加工新工艺，其加工方式近似于电火花磨削加工，已能成功地解决硬质合金螺纹环规、塞规、变模数齿轮等圆柱面、圆锥面、平面、旋转曲面的电火花精密加工，还可加工渐开线、摆线、螺旋线、二次曲面等组成的复杂型面，或者单一的型面，以及几种型面的组合，使这些型面精确成形并具有良好的啮合性能。有关共轭回转式电火花加工的具体应用实例，本书就不再详细介绍了，读者需要了解时，可以查阅相关资料。

6.11 非导体的电火花加工

非导体材料因不具有导电性，不能直接作为电极对的一极进行电火花加工。一般采用高电压法和电解液法对玻璃、香烟过滤嘴、红宝石、蓝宝石、金刚石等非导体材料进行加工。

6.11.1 高电压法

图 6-33 是一种打孔装置的脉冲发生器原理示意图，该电源是由 R、L、C 组成脉冲发生器，非导体材料工件放在两工作电极之间。当开关 K 导通后，电容器 C 开始充电，当 u_c 等于间隙的击穿电压时，间隙被击穿产生火花放电，电容器 C 将能量瞬时放出，工件材料被蚀除。间隙击穿后，电容器 C 所储存的电能瞬时放完，电压降到接近于零，火花放电完成。之后，电容器再次充电，又重复上述放电过程。这种脉冲电源可用于在纸张、塑料、无纺布及胶布上高速穿打直径在 $20\sim50\mu m$ 的微细小孔。放电的频率决定加工效率，放电的能量决定加工孔径的大小。

图 6-34 为高电压法加工原理示意图，在尖电极与平板电极间放入绝缘的工件，两极加以高压直流或工频交流电压，则尖电极附近部分绝缘被破坏，发生辉光放电，但辉光电流小，加工效果差。由于两极间存在寄生电容，把电源变为高频或脉冲性，可以流过相当多的辉光电流。一般使用高压高频电源，其电压为 $5000\sim6000V$，最高电压 $12000V$，频率为数十千赫兹到数十兆赫兹，如图 6-34 所示。

图 6-35 是尖电极加工金刚石工件示意图。当尖电极以自重压力约 $0.5gf$ 压在金刚石上

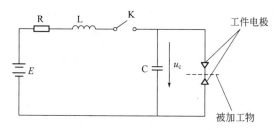

■ 图 6-33 打孔装置脉冲发生器原理

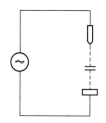

■ 图 6-34 高电压法加工原理

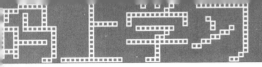

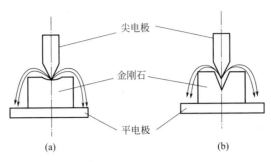

■ 图 6-35　尖电极加工金刚石工件示意图

时，两极接上 50Hz 交流电源，电压逐渐升高，当到达 1200V 时开始放电，到 5000V 时引起强烈地放电，在加工间隙得到频率非常高的重复放电，如图 6-35（a）所示，再提高电压会使电极烧红，且加工速度低。这种放电加工在加工浅坑时尚可，在加工深坑时将发生侧面放电，使加工不能进行，如图 6-35（b）所示。此方法加工的坑形状粗糙，要用机械加工修研达到加工要求。但作为粗加工来说，加工速度快，也比较经济。

6.11.2　电解液法

图 6-36 为电解液法非导体材料电火花加工原理。采用普通工频交流电源，电压降至 100V 使用。加工时将非导体材料的工件 3 浸入电解液 2 中，安装在对着工件的针状电极 1 的附近。利用电解液中产生的气泡放电的热作用来蚀除工件，其中电解作用和化学作用也起了重要影响。

当用直流电源加工玻璃小坑时，加工表面较光滑，锥度小。此法加工效果随电解液种类、浓度及工具电极材料的变化而变化。用 Fe-Cr 或 Ni-Cr 电极加 15％氢氧化钠水溶液时，小坑裂纹少，加工速度高。

电解液法由于采用电极和电解液种类多种多样，加工结果各不相同。

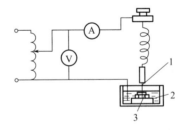

■ 图 6-36　电解液法非导体材料电火花加工原理

1—针状电极；　2—电解液；　3—工件

［1］ 周燕清．数控电加工操作入门．北京：机械工业出版社，2009．

［2］ 张学仁．数控电火花线切割加工技术．哈尔滨：哈尔滨工业大学出版社，2004．

［3］ 孙庆东．数控线切割操作工培训教程．北京：机械工业出版社，2014．

［4］ 人力资源和社会保障部教材办公室组织编写．数控电加工技术．北京：中国劳动社会保障出版社，2010．

［5］ 罗学科 李跃中．数控电加工机床．北京：化学工业出版社，2003．

［6］ 李忠文．电火花机和线切割机编程与机电控制．北京：化学工业出版社，2004．

［7］ 韩鸿鸾．常用数控设备和特种加工的编程与操作实例．北京：中国电力出版社，2006．

［8］ 林岩．数控特种加工机床维修．北京：化学工业出版社，2010．

［9］ 周晖．数控电火花加工工艺与技巧．北京：化学工业出版社，2009．

［10］ 劳动和社会保障部教材办公室组织编写．数控机床编程与操作（电加工机床分册）．北京：中国劳动社会保障出版社，2002．